南京社科学术文库

再造“老城南”：旧城更新与社会空间变迁

何　淼◎著

中国社会科学出版社

图书在版编目（CIP）数据

再造“老城南”：旧城更新与社会空间变迁／何淼著．—北京：
中国社会科学出版社，2019．12
（南京社科学术文库）
ISBN 978－7－5203－5786－9

Ⅰ．①再…　Ⅱ．①何…　Ⅲ．①旧城改造—研究—南京
Ⅳ．①TU984．253．1

中国版本图书馆 CIP 数据核字（2019）第 286339 号

出 版 人　赵剑英
责任编辑　孙　萍
责任校对　闫　萃
责任印制　王　超

出　　版　中国社会科学出版社
社　　址　北京鼓楼西大街甲 158 号
邮　　编　100720
网　　址　http://www.csspw.cn
发 行 部　010－84083685
门 市 部　010－84029450
经　　销　新华书店及其他书店

印　　刷　北京君升印刷有限公司
装　　订　廊坊市广阳区广增装订厂
版　　次　2019 年 12 月第 1 版
印　　次　2019 年 12 月第 1 次印刷

开　　本　710×1000　1/16
印　　张　16．5
字　　数　261 千字
定　　价　79．00 元

凡购买中国社会科学出版社图书，如有质量问题请与本社营销中心联系调换
电话：010－84083683
版权所有　侵权必究

《南京社科学术文库》编委会

主　编　叶南客

副主编　石　奎　张石平　季　文
　　　　张佳利　张　锋

编　委　邓　攀　黄　南　谭志云
　　　　周蜀秦　吴海瑾

总　序

2018年是改革开放40周年，也是我们全面贯彻党的十九大精神的开局之年和决胜全面建成小康社会、实施“十三五”规划承上启下的关键一年。这一年，南京市进入了创新名城建设的起步阶段，南京市社会科学事业也迎来了学术繁荣、形象腾跃的大好时节。值此风生水起之际，南京市社科联、社科院及时推出“南京社科学术文库”，力图团结全市社科系统的专家学者，推出一批有地域风格和实践价值的理论精品学术力作，打造在全国有特色影响的城市社会科学研究品牌。

为了加强社会科学学科高地建设、提升理论引导和文化传承创新的能力，我们组织编纂了“南京社科学术文库”。习近平新时代中国特色社会主义思想，是对中国特色社会主义理论体系的丰富和发展，是马克思主义中国化的最新理论成果，是我国哲学社会科学的根本遵循，直接促进了哲学社会科学学科体系、学术观点、科研方法的创新，为建设中国特色、中国风格、中国气派的哲学社会科学指明了方向和路径。本套丛书的重要使命即在于围绕实践中国梦，通过有地域经验特色的理论体系构建和地方实践创新的理论提升，推出一批具有价值引导力、文化凝聚力、精神推动力的社科成果，努力攀登新的学术高峰。

为了激发学术活力打造城市理论创新成果的集成品牌、推广社科强市的品牌形象，我们组织编纂了本套文库。作为已正式纳入《加快推进南京社科强市实施意见》资助出版高质量的社科著作计划的本套丛书，旨在围绕高水平全面建成小康社会、高质量推进“强富美高”新南京建设的目标，坚持马克思主义指导地位，坚持百花齐放、百家争鸣的方针，创建具有南京地域特色的社会科学创新体系。在建设与南京城市地位和定位相匹配的国内一流的社科强市进程中，推出一批具有社会影响力和文化贡献力的理论精品，建成在全国有一定影响的哲学社会科学学术品牌，由此实现由社科资源大市向社科发展强市的转变。

为了加强社科理论人才队伍建设、培养出一批有全国知名度的地方社科名家，我们组织编纂了本套文库。本套丛书的定位和选题是以南京市社科联、社科院的中青年专家学者为主体，团结全市社科战线的专家学者，遴选有创新意义的选题和底蕴丰厚的成果，力争多出版经得起实践检验、岁月沉淀的学术力作。借助城市协同创新的大平台、多学科交融出新的大舞台，出思想、出成果、出人才，让城市新一代学人的成果集成化、品牌化地脱颖而出，从而实现社科学术成果库和城市学术人才库建设的同构双赢。

盛世筑梦，社科人理应承担价值引领的使命。在南京社科界和中国社会科学出版社的共同努力下，我们期待“南京社科学术文库”成为体现理论创新魅力、彰显人文古都潜力、展现社科强市实力的标志性成果。

叶南客

（作者系江苏省社科联副主席、南京市社会科学院院长、
创新型城市研究院首席专家）

2018 年 10 月

目　录

第一章

绪　论

第一节　研究背景与问题意识

一　研究背景

1. 旧城更新成为当代城市社会空间变迁的基本形式之一

城市化是当今世界发展的主题之一。一方面，城市作为一种前所未有的聚居形式为人类创造了全新的生活方式、经济结构与文化模式；另一方面，城市化也带来了各种资源要素在城市的集中，使城市进入了高速发展的时期。随着城市化进程的不断深入与城市区域的加速发展，城市功能与结构往往需要按照一定时期的发展需求而不断地进行重构与重组。由此，在当代城市社会空间结构变迁运动中，城市郊区化与城市中心区的更新构成了两种基本形式：前者意味着伴随着城市扩张而形成的城市生活方式的蔓延，是城市结构变迁的替代性结构的生成；后者代表着城市的集聚与扩散效应在传统的城市中心区位以新的方式和形式重新出现。[①] 从这个层面而言，旧城更新构成了城市化进程中城市社会空间结构变迁的重要一维。

早在20世纪30年代，通过对城市增长与城市发展进行实证研究，美国芝加哥学派的城市社会学者提出了城市与邻里变迁的“生命周期”（life-cycle）理论，即城市以投资扩张和实质增长而兴起，最终也将不

---

① 张鸿雁：《城市中心区更新与复兴的社会意义——城市社会结构变迁的一种表现形式》，《城市问题》2001年第6期。

可避免地步入衰退，[①] 同时，他们也借用生物学中的“接替”（succession）来描述城市所具有的新陈代谢功能与永恒不变的“流变性”。由此，这一理论中所提出的城市所具有的有机体般的新陈代谢与“再生”功能成为西方城市更新的理论基础，也为其赋予了正当性。而西方各大城市的城市更新起源于“二战”后遗留的中心城区的物质空间问题以及日益增加的居民住房问题，清除贫民窟、增加住房量构成了20世纪50年代城市更新的主题。进入20世纪60年代，城市中心地区商业机能与社会服务机能的恢复就成为城市更新的重点，“公众的注意力越来越集中于中心商业区的复兴问题上”“城市更新成为60年代的中心性政策议题”[②]。20世纪70年代以来，西方城市面对的是大规模的郊区化与因城市经济方式“去工业化”转型而带来的内城持续衰退，如居住环境恶化、动乱骚乱频发、中产阶级流失、贫困日益集中等情景。为了重振内城，避免城市社会空间朝着不均衡的方向持续发展，美国提出“社区经济发展计划”[③] 以推动内城更新，其目标包括商业发展、创造就业、提升人居与社会环境，以此提升内城社区的经济价值与活力，[④] 英国出台《城市白皮书：内城》[⑤] 以引导城市中心的商业发展与市场竞争力的提升。[⑥] 在这些国家层面政策的推动下，20世纪70年代中后期开始，城市中心地区的更新成为西方城市建设的重要任务，巴尔的摩内港、匹兹堡黄金三角、纽约时代广场、伦敦码头区的更新都是其中的典型代表，而其社会空间的结果则是“时尚空间、高消费群体和光鲜亮丽

---

① Kevin F. Gotham, “Urban Redevelopment, Past and Present”, in Ray Hutchison, ed., *Research in Urban Sociology*, Bradford: Emerald Group Publishing Limited, 2001, pp. 1 – 31.

② 卡尔·艾伯特：《大都市边疆——当代美国西部城市》，王旭等译，商务印书馆1998年版，第58页。

③ Michael E. Porter, “New Strategiesfor Inner-City Economic Development”, *Economic Development Quarterly*, Vol. 11, No. 1 (1997): pp. 11 – 27.

④ Rita M. Kelly, *Community Participation in Directing Economic Development*, Cambridge, MA: Center for Community Economic Development, 1976.

⑤ Carol-Ann Beswick, Sasha Tsenkova, “Overview of Urban Regeneration Policies”, in SashaTsenkova (ed.), Urban Regeneration: Learning from the British Experience, 2002, pp. 9 – 16.

⑥ Andrew Tallon, *Urban Regeneration in the UK (second edition)*, London, New York: Routledge, 2013, p. 38.

的建筑形态最终取代了贫穷落后的老旧街区”[1]。进入 20 世纪 90 年代以来，虽然更新的强度与规模都有所下降，但是城市中心的更新已成为西方国家城市发展的普遍主题之一，其目的在于使城市中心更具吸引力，继续促使原先住在郊区的中产阶级再次回到城市中，从而形成城市经济发展的新的基础，最终实现城市复兴，如在 2001 年英国白皮书中就提出通过城市更新将城市成长“集中在中心和再利用之土地上”，同时“避免蔓延到城市边缘”，使城市更具吸引力[2]，而由此引发的“绅士化”的过程则成为西方城市社会空间结构变迁的最突出表现。

总体而言，在西方城市，城市更新的发展是城市化进程发展到一定阶段而形成的一种城市社会空间的结构性调整：高速城市化带来各类社会问题在城市中心地区的集聚与爆发、中心地区的空间与功能结构难以满足城市的发展需求等，都要求城市中心地区持续不断进行更新与调整，其目的在于实现物质空间以及物质空间内所承载功能结构、人口结构的变迁。而在中国，虽然城市化进程与西方国家有所差异，不同城市在城市化与现代化水平上亦存在不均衡性，但自改革开放以来，旧城更新作为城市发展的调节机制，正以空前的规模和速度在中国各大城市内展开，[3] 成为解决计划经济体制时期城市停滞发展、推动城市产业结构调整、“退二进三”、提升城市服务功能以及增强城市吸引力、塑造城市品牌等目标的重要手段。[4] 在数年来旧城更新的推动下，中国大城市的旧城区往往都经历了或正在经历大规模的拆迁改造，原先破损衰败的旧城地区建筑与风貌得到了更新与改造，同时也对嵌入于旧城实体空间内的社会空间产生了巨大的影响，引发了城市社会空间的剧烈变迁。

① James C. Fraser, “Beyond Gentrification: Mobilizing Communities and Claiming Space”, *Urban Geography*, Vol. 5, No. 25 (2007), pp. 437 – 457.

② 易晓峰：《从地产导向到文化导向》，《城市规划》2009 年第 6 期。

③ 阳建强：《中国城市更新的现状、特征及趋向》，《城市规划》2000 年第 4 期。

④ 如：2011 年中国因旧城更新改造相关项目而进行旧房拆迁总量约为 1.3 亿平方米，上海仅 2006 年一年为实施城市更新而进行的房屋拆迁面积就达到 1516.85 万平方米，深圳全市截至 2013 年在建的城市更新项目已高达 72 个，广东省于 2008 年在全省层面启动“三旧”改造等。

2000 年以来，不少城市更通过出台《城市更新实施办法》[①] 等手段而将城市更新作为一种城市政策与发展战略而确立下来。可以说，正如有关学者指出的“城市更新是城市的永恒主题”[②]，无论是西方城市自 20 世纪 50 年代以来应对内城衰退的城市更新，还是处于城市化社会结构变迁关键时期[③]的中国城市的旧城改造与更新，均表明城市更新作为城市化进程深化的必然结果（也是过程），已成为当代中西方城市的普遍实践，亦成为塑造城市社会空间变迁的一种基本形式与重要力量。

2. 以符号消费与文化经济为导向的旧城更新模式的兴起

20 世纪中后期以来，西方国家的城市逐渐进入稳定的发展轨道，全社会的物质生活也日益丰盛，由“匮乏的生产社会”迈进了“丰盛的消费社会”[④]。在这一结构性的转型中，人们对于消费的选择开始注重个性化与体验性，符号消费由此兴起，消费开始与身份、品味产生了莫大的关联。文化开始成为一种重要的经济资源与日常消费品，不仅促进了后工业时代城市服务经济的发展，也成为一种城市社会空间转变的动力。[⑤] 20 世纪 80 年代以来，运用地方文化资源推动城市更新在北美、西欧和澳洲城市中蓬勃兴起：地方政府运用文化回应后工业化产业变迁、市中心衰退等课题，[⑥] 被称为“文化导向的城市更新”（culture-led urban regeneration）。

具体而言，文化导向的城市更新主要有以下三种实践方式：一是兴建文化旗舰项目，以此塑造城市品牌、吸引精英群体、促进对内城的投

---

① 如：深圳于 2012 年出台《深圳市城市更新办法实施细则》并于 2015 年设立城市更新局；上海于 2015 年出台《上海市城市更新实施办法》并提出将“城市更新”作为城市战略；广州也于 2016 年 1 月 1 日起正式出台《广州市城市更新办法》。

② 伍江：《保留历史记忆的城市更新》，《上海城市规划》2015 年第 5 期。

③ 张鸿雁：《城市中心区更新与复兴的社会意义——城市社会结构变迁的一种表现形式》，《城市问题》2001 年第 6 期。

④ 鲍德里亚：《消费社会》，刘成富、全志钢译，南京大学出版社 2000 年版，第 2—13 页。

⑤ 谢涤湘、常江：《文化经济导向的城市更新：问题、模式与机制》，《昆明理工大学学报》（社会科学版）2015 年第 3 期。

⑥ Franco Bianchini, “Remaking European Cities: The Role of Cultural Policies”, in Michael Parkinson, Franco Bianchini, eds., *Cultural Policy and Urban Regeneration: The West European Experience*, Manchester: Manchester University Press, 1993, pp. 1 – 20.

资。文化基础设施与节庆活动被视作创造就业、实现城市更新的催化剂（catalysts）。[①] 二是规划文化专区，将文化产业、创意产业引入城市，并成为未来的支柱产业，由此创造就业、促进城市繁荣。大量旧城废弃工业区向创意产业园区的转型即为示例。三是对地方文化等无形资产的再利用，转译为特定的象征与符号，并整合于城市空间生产过程中，形成一种象征经济。[②] 主要的做法就是在翻新历史地区的同时，营造地方文化氛围，引入艺术、休闲、商业等综合功能，以此构筑城市的文化旅游区、特色商业区、娱乐休闲区。这一路径旨在迎合城市新中产阶级的怀旧和文化品牌，重塑内城形象，促进文化消费与地方经济的结合。而其中，城市的历史地区因其特殊的文化资本价值，在当下的城市更新中就被赋予多重价值意义，成为现阶段地方政府纷纷力图挖掘的空间增长点。佐京曾指出，在西方城市近二三十年的城市更新中，"地方""文化"与"经济"三者正呈现出一种共生关系，[③] 并逐渐在城市形成新的文化经济形式与社会空间形式。

在全球化时代的政策转移（policy transfer）作用下，东亚与东南亚城市也开始在城市更新中开发文化的价值，[④] 如在韩国、新加坡等不同的城市中心内，文化导向的城市更新都是处于核心地位的优先发展事项。[⑤] 而观之中国，随着21世纪以来城市化进程的快速推进、全球化程度的不断提高，中国城市（尤其是发达城市）在城市产业结构层面开始诉求转型，在城市文化层面也开始出现消费社会的种种特征。同时随着20世纪90年代城市更新中大规模拆迁引起的城市文化特色逐渐丧失

---

① 详见：K Bassett，"Urban Cultural Strategies and Urban Regeneration：a Case Study and Critique"，*Environment and Planning A*，Vol. 25，No. 12（1993），pp. 1773－1788；Ron Griffiths，"The Politics of Cultural Policyin Urban Regeneration"，*Policy and Politics*，Vol. 21，No. 1（1993），pp. 39－46。

② Sharon Zukin，*The Cultures of Cities*，London：Blackwell，1995，p. 141.

③ Ibid.，p. 125－136.

④ Cheng-Yi Lin，Woan-ChiauHsing，"Culture-led Urban Regeneration and Community Mobilisation：The Case of the Taipei Bao-an Temple Area"，*Urban Studies*，Vol. 46，No. 7（2009），pp. 1317－1342.

⑤ BeatrizGarcia，"Deconstructing the City of Culture：The Long-term Cultural Legacies of Glasgow 1990"，*Urban Studies*，Vol. 42，No. 5－6（2005），pp. 841－868.

等问题，以文化经济为导向的城市更新也开始为中国许多城市所采纳，成为一种与全球化接轨、增强城市文化竞争力、彰显城市地方特色的重要方式。如《国家新型城镇化规划（2014—2020年）》提出了“文化传承的中国特色新型城镇化道路”，在旧城改造中要“促进功能提升与文化文物保护相结合”“保存城市记忆”，由此解决“我国快速城镇化过程中存在自然历史文化遗产保护不力、城乡建设缺乏特色等问题”；在城市历史地区更新的实践也出现了一批诸如上海“新天地”、北京“南锣鼓巷”、福州“三坊七巷”、重庆“磁器口”、南京“1912街区”的“文化式”项目。本书的实证区域——南京“老城南”核心片区的旧城更新也被视作“打开发展空间”“发展文化旅游优势”“构建文化休闲旅游板块”的重要手段，政策目标直指“国家级文化创意产业园”。因此，可以说，通过开发利用城市历史地区所具有的历史文化资源，发展以文化旅游为主体的文化经济部门，迎合以消费文化为导向的符号消费，已成为近年来推动中西方城市更新的重要策略。

然而，城市更新中的文化经济导向也依旧面临着各类争议与质疑。由于这一策略大多采用“旧瓶装新酒”的模式，即在选择性地保留历史建筑的同时，在内里置换以现代文化旅游产业。这就引起了对文化“本真性”的质疑：在城市社会学的理解中，城市文化是“人类文化的高级体现”，[①] 是人在密集化的时空中形成的体验与生活方式[②]；而在城市更新的过程中文化是否已经脱离真实历史过程中的“文化”意涵而成为地方改造的工具与实践方式成为质疑的焦点所在。同时，将文化引入城市更新也可能会带来空间不正义的问题。大量城市历史地区借由城市更新而成为具有独特空间美学的文化消费街区，周边地价随之上涨，原本城市历史地区的居民不得不大规模迁移至城郊，面临社会网络断裂、公共设施不足、通勤成本增加等“空间失配”问题。在一些案例中，部分旧城居民逃脱了“被拆迁”的命运（如上海“田子坊”），但由于原先的生活空间已在城市更新的过程中发生了意义和功能的转换，

① 刘易斯·芒福德：《城市发展史——起源、演变和前景》，宋俊岭等译，中国建筑工业出版社1989年版，第74页。

② 彭嬿：《城市文化研究与城市社会学的想象力》，《南京社会科学》2006年第3期。

依旧面临着传统市井文化的瓦解、社区生活空间的撕裂，留下的“原住民”也被质疑是否只是“文化化”的历史街区的空间符号之一。

3. 社会学理论的“空间转向”与空间研究的“文化转向”

空间意识的复兴是20世纪六七十年代以来社会理论发展的重要脉络。空间曾一度被视为社会事件与历史的发生背景，是一种无生命而需要意义填充的空洞容器，关于“空间”的议题总是依附在时间的范畴下被讨论，正如索亚所言，“历史决定论是空间贬值的根源”。[①] 虽然在经典社会家，如齐美尔、马克思、涂尔干、韦伯中不乏具有洞见的空间论述片段，但直至经由列斐伏尔、福柯、吉登斯、哈维、苏贾、卡斯特尔、桑德斯、詹姆逊等理论家的共同努力，空间维度才重回哲学、社会学、地理学、经济学等诸多领域学术视野，才在社会理论中相对完整地“在场”，“空间转向”（spatial turn）也得以在当代西方社会学理论乃至社会理论中发生[②]。由此，在重视人类生活的历史性和社会性意义的同时，一种结合空间性的批判性视角开始为历史和社会研究注入思考和诠释的新模式。[③] 这一空间转向强调“思维、存在的经验和文化的产品”的“空间化”，强调社会问题、政治问题、经济问题、文化问题、日常生活问题都与空间产生了纠葛，“自然空间已经无可挽回地消逝了”[④]，空间开始成为一种社会性的存在。也正是受到这一认知转向的影响，城市社会学家戈特迪纳与亨切森在《新城市社会学》（*The New Urban Sociology*）中明确提出了社会空间视角（Social Spatial Perspective），强调采用社会空间的方法对城市社会进行分析[⑤]，社会空间的范式也因此成为城市学研究的重要取向。[⑥] 由此，城市社会空间开始成为研究社会阶

---

① 苏贾：《后现代地理学：重申批判社会理论中的空间》，王文斌译，商务印书馆2004年版，第31页。

② 郑震：《空间：一个社会学的概念》，《社会学研究》2010年第5期。

③ 潘泽泉：《当代社会学理论的社会空间转向》，《江苏社会科学》2009年第1期。

④ Henri Lefebvre, “Space: Social Product and Use Value”, in J. W. Freiberg, ed., *Critical Sociology: European Perspective*, New York: Irvington, 1979, pp. 285 – 295.

⑤ Mark Gottdiener, Ray Hutchison, *The New Urban Sociology: Fourth Edition*, Boulder, Colorado: Westview Press, 2010.

⑥ Peter J. Taylor, “Space and Sustanablity: An Explortary Essay on the Production of Social Space Through City-Work”, *The Geographical Journal*, Vol. 173, No. 3 (2007), pp. 197 – 206.

层、群体界限、权力关系的重要面向，作为一种镶嵌日常生活实践的社会性空间也成为城市社会学，尤其是新城市社会学学者的核心关注点。

另一方面，20世纪80年代以来，空间研究中则出现了“文化转向”（cultural turn），空间的象征性维度与文化意义开始受到重视。社会理论的“空间转向”揭示了空间的“社会性”，以及空间“再现”（representation）政治的能力。空间研究的“文化转向”则进一步指出，空间“再现”往往涉及文化过程。这是因为，“再现”本身具有文化实践性与意义构建性[①]，而“文化”则是一个意义的库藏，其中包含思想、文本、隐喻、价值以及相关联的符号意义，因此，文化可以对空间进行再叙事、再想象、再隐喻、再塑造，而使得空间的再现“包括所有符号和意义”[②]，再现的空间则成为特定价值、符号和意义相对应的“社会发明”。从这一层面而言，对空间的理解必须转变为对文化和权力的诠释及相互穿透[③]，需要分析文化的内部运作、符号生产与价值内涵，进而再进一步考察社会空间的构成、秩序、竞争与冲突[④]。加之近年来城市空间的实践朝向“文化化”，因此无论空间理论还是城市研究，近来的发展都不可避免地涉及了文化议题，文化研究的视野也逐渐被吸纳进来。

由此，空间维度与文化维度的交织将构成城市社会学研究的一个新的理论视角。以此理解当下旧城更新中的社会空间变迁，一方面，可以摆脱单纯地将历史地区视作物理空间的桎梏，更多地关注社会/人如何与空间进行互动，并且将作为“空间”的旧城视为“对象”而非“背景”，则更有助于理解中国城市化进程中的社会空间过程；另一方面，当文化遗产保护、传统空间再生、提振老旧城区成为中国城市更新的惯常性制度话语时，从城市文化视角来看待这一社会空间变迁的过程，则

---

① Stuart Hall, *Representation: Cultural Representations and Signifying Practice*, London: SAGE Publisher in Association of the Open University, 1997.

② 薛毅主编：《西方都市文化研究读本》（第3卷），广西师范大学出版社2008年版，第98页。

③ Sharon Zukin, “Space and Symbols in an Age of Decline”, in Anthony D. King, ed., *Representing the City*, New York: New York University Press, 1996, pp. 43–59.

④ 唐晓峰：《文化转向与地理学》，《读书》2005年第6期。

有益于理解文化在社会生活中的作用与意义，并重新定位“文化”在城市社会空间生产中的位置。

二　问题意识

在中国高速城市化的宏大背景下，中国城市创造了一个又一个城市建设的“中国奇迹”，① 而在其中，城市扩张与城市更新都是使得这些奇迹变为可能的重要手段。在上述两重力量的作用下，中国城市空间数量、类型与规模急剧扩大，尤其表现为社会空间的剧增与差异化②，同时，各种大量实证研究均表明，中国城市社会空间结构已呈现出全面的转型之势：由历史到未来、传统到时新、内城到外城，中国城市的社会空间总体表现为旧空间向新空间的演替，分化强度的不断加剧，以及社会空间边界重构与固化的日益显现。③ 在这样的城市社会空间的转型过程中，随着近年来制度话语层面对“城市开发边界”的刚性约束，旧城更新在塑造城市社会空间的作用日益凸显。观之当代中国的城市建设，旧城更新已在这一过程中逐渐成为一种空间政治语言，被赋予促进城市进步与发展、提升地方经济与形象的正当内涵，似乎已经构成了一种甩掉历史包袱、迎来发展机遇的应然手段。然而，随之而来的却是争论不休的各类社会问题。“旧城更新”所引发的各类社会问题时常见诸报端，旧城更新中涉及的大量历史地区更因其文化特质而使得各类社会问题表现得更为显性化：城市历史文脉的破坏、谋求经济利益的商业化改造、拆迁补偿措施的不到位、远离市中心的拆迁安置等，使得居民与政府在旧城更新问题上的矛盾日趋激化。

从社会学的角度探究此类争端所隐藏的问题实质，则是由旧城更新所带来的“城市社会空间的变迁”。“社会空间”的辩证法指明，城市空间不仅仅是城市社会经济活动的载体，同时也决定着城市中各种资源与利益的分配模式。城市更新不仅仅是城市物质空间的重构，更涉及了

① 斯蒂格利茨：《中国大规模的增长世上从未有过》，2006 年 3 月 21 日，http://finance.sina.com.cn/economist/jingjixueren/20060321/15552435350.shtml。

② 参见顾朝林《中国城市化：格局·过程·机理》，科学出版社 2008 年版。

③ 李志刚、顾朝林：《中国城市社会空间结构转型》，东南大学出版社 2011 年版，第 15—16 页。

各种城市利益的碰撞、城市社会关系的重组以及城市分配机制的调整。作为一种城市的“空间生产场域”，城市更新中涉及了怎样的利益主体的竞争与对抗，最终产生了怎样的空间实践？这些都与具有制度解释力的城市空间密不可分，亦构成这一场城市社会空间变迁中的空间社会学议题。同时，结合前文所述，“文化”已经成为旧城（尤其是历史地区）更新中的策略性力量，特定的文化如何被选取，如何被转换为特定的空间符号，如何生产出具有文化经济价值的城市空间，实则都隐喻着空间所具有的解码能力与社会性意涵。

本书所选取的案例——“老城南”核心片区的旧城更新，既涉及数万户居民家庭的被迫拆迁与生活重建的过程，又包含其原有生活空间向城市增长空间的转换过程，并因其历史文化内涵而被纳入“文化式”更新的策略之中，可以说是中国旧城更新的典型案例。借助对这一案例的研究，将空间生产的理论置于具体的经验情境之中，深入分析各参与主体作为社会关系的承载者与反应者如何作用于城市社会空间的生产，其间的关系又如何被城市社会空间所重组，则有助于理解在中国特定的社会政治经济背景下，城市社会空间变迁的动力机制，从而进一步把握当前中国城市发展的本质与规律。本书将“老城南”核心片区社会空间与居民生活空间的重构视作旧城更新所带来的双重空间生产，并聚焦以下五个议题：

第一，作为政治经济框架在地方实践中的表征，特定时期的政治、经济、社会、文化脉络产生了怎样的政策话语并作用于南京旧城更新实践之中？表现出的特点是怎样的，又产生了何种社会空间效应？

第二，“老城南”核心片区的传统社会空间样态表现如何？这样的空间样态又承载了怎样的社会关系结构？

第三，“老城南”的旧城更新是在怎样的社会空间格局下开启的？经由阶段性的旧城更新，“老城南”核心片区空间主体、场所文化、空间形态、空间功能发生了怎样的变化？新的社会空间格局表现为何种样态，又支持了怎样的社会关系重组？

第四，就“老城南”核心片区的居民而言，在现阶段拆迁安置政策的作用下，其生活空间发生了怎样的地理转移，又将如何重建？这一从“中心”到“边缘”的空间迁移路线又指涉了怎样的社会空间意涵？

第五，如何理解“文化”与旧城更新中社会空间过程的关系？文化策略如何在“老城南”核心片区中生产出被赋予特定意义的空间形态？这样的空间最终支持了怎样的社会关系重组，又带来了怎样的社会文化意义与社会空间结果？

第二节 社会空间视角的引入与延伸

一 社会空间辩证法：空间“社会性”的确立

从19世纪中叶社会学诞生至20世纪70年代“空间转向”以前，辩证的空间思维的缺席在社会学研究中尤为明显，“空间”被视作一种外在于社会的给定背景，是各种社会行动发生、社会关系演变的“容器”或“平台”，而缺乏具体实在的价值。零星可见的有关“空间”的议题，也往往是囿于时间范畴内的探讨，正如爱德华·苏贾（Edward Soja）所言，“历史决定论是空间贬值的根源”①。虽然在经典社会学理论家齐美尔、马克思、涂尔干的论述中不乏“空间基因”，出现了诸如“空间使相互作用成为可能，相互作用填充着空间”②，“较多的工人在同一时间、同一空间，为了生产同种商品，在同一资本家的指挥下工作，这在历史上和逻辑上都是资本主义生产的起点”③，“与原始社会组织相似，空间、时间和其他思维类型，在本质上是社会性的”④ 等若干联结空间与社会的论述，但是正如哈维所言，“他们在考虑时间、历史与空间、地理的问题时，总是优先考虑前者，而认为后者是无关紧要

---

① 盖奥尔格·西美尔：《社会学——关于社会化形式的研究》，林荣远译，华夏出版社2002年版，第461页。

② 爱德华·苏贾：《后现代地理学：重申批判社会理论中的空间》，王文斌译，商务印书馆2004年版，第31页。

③ 卡尔·马克思：《资本论》（第一卷），郭大力、王亚南译，人民出版社1975年版，第358页。

④ 刘易斯·科瑟：《社会学思想名家》，石人译，中国社会科学出版社1990年版，第158页。

的，往往视空间和地理为不变的语境或历史行为发生的地点”。空间概念与时间概念呈现出不均衡的悬殊关系，空间与社会之关系也被置于先验性的时间框架而表述，这一方面使得空间在历史主义的霸权下难以获得主体地位，另一方面也导致对空间与社会之关系的探讨与论述缺乏系统性。20 世纪初期美国的芝加哥学派虽然在经验研究的基础上提出了种种城市空间结构模型，弥补了欧洲经典社会学过于抽象的经验研究，却因为理论化不足与方法论缺陷而被认为没有跳脱表象的束缚，将复杂的空间过程与社会行为简化为了经济关系。因此，可以认为，早期对空间的研究与探索中，空间思维往往被历史主义的霸权所遮蔽，对于空间的定位也大多指向一种背景化、几何化的空间。

进入 20 世纪中叶，时空经验的转型、哲学观念的转变以及传统理论解释力的下降共同开启了所谓的“空间转型”，呼唤打破长期以来对空间意识的压抑与漠视，恢复空间的本体性与异质性。在这一过程中，空间得以脱离地理学的学科霸权，而进入社会理论的视域。空间从一般意义上的背景、容器、生产要素升格为政治、意识形态上的空间，成为西方当代空间政治批判的重要突破。而在这一新意识确立的过程中，法国马克思主义社会学家亨利·列斐伏尔（Henri Lefebvre）被视作开创性的“元哲学家”，他“概括出研究空间生产的基本本体论构架，这也许是当代其他哲学家无法望其项背的”[①]。跟随他的脚步，爱德华·苏贾、大卫·哈维（David Harvey）等学者分别提出了“第三空间”“空间性的一般矩阵”等概念与理论，进一步诠释了列斐伏尔“空间生产”的概念三元组。经由这一系列致力于挖掘空间的价值维度和理论范式维度的学术努力，空间生产的理论框架日趋丰满，空间思维的辩证链条不断延伸，空间与社会之间互相形构的关系得以建立：空间既是社会行为与社会结构作用之产物，同时也是反作用于社会过程的积极因素。由此，社会空间成为理解现代性与后现代、全球化的重要视角与新维度，空间分析也开始具有了与社会分析互为内涵的主体性价值，俨然成为当代社会理论的重要主题之一。

列斐伏尔“空间生产”的思想立足于对“（社会）空间是（社会

① 包亚明：《现代性与空间的生产》，上海教育出版社 2003 年版，第 108 页。

的）产物"[①]。首先，空间不是抽象的名词，而是关系化与生产过程化的动词，[②]"隐喻性的'空间'，最好理解为一种社会秩序的空间化（the spatialization of social order）"[③]。对空间的理解必须回到特定的历史脉络与社会生产方式。在列斐伏尔看来，"资本主义与新资本主义产生了一个抽象空间"[④]，这一空间是在资本主义将一切抽象为交换价值的过程中产生的，是每个资本主义社会中占有统治地位的空间，是充满权威性、政治性、控制性与压迫性的空间，也是"空间生产"理论研究与批判的对象。其次，列斐伏尔指出，空间更是一种生产方式，它决定了生产关系中的交换网络与能源的流动，进而牵制着整个社会关系的再生产。[⑤]由此，"空间的生产"具有战略性地位，"空间中事物的生产"的重要性就逐渐让位于"空间"本身的生产。最后，列斐伏尔指明社会与空间的相互构建关系。一方面，"任何一个社会、任何一种与之相关的生产方式……都生产一种空间，它自己的空间"[⑥]；另一方面，空间具有能动性，支持或限制一定的社会行为，并作用于社会关系的再生产。总体而言，列斐伏尔认为空间在"生产"或"形成"过程中，"具有了概念性和精神性，也具有了物质性和真实性"[⑦]。这实际上也是以空间生产的历史方式来理解社会形态与生产方式的变迁。在资本主义空间生产与形成的过程中，空间早已不再是消极的地理环境，而是延续和维持资本主义逻辑结构并实现再生产的重要工具，是一种"具体的抽

---

① Henri Lefebvre, *The Production of Space*, trans, by Donald Nicholson-Smith, Malden, Oxford, Carlton: Blackwell Publishing Ltd., 1991, p. 16.

② 刘怀玉：《历史唯物主义的空间化解释：以列斐伏尔为个案》，《河北学刊》2005年第3期。

③ Rob Shields, *Lefebvre, Love and Struggle: Spatial Dialectics*, New York: Routledge, 1999, pp. 154 – 155.

④ 夏铸九、王志弘：《空间的文化形式与社会理论读本》，台北：明文书局1994年版，第21页。

⑤ 康哈拿：《空间的社会批判：列斐伏尔空间理论研究》，硕士学位论文，台湾淡江大学，2012年，第56页。

⑥ Henri Lefebvre, *The Production of Space*, trans, by Donald Nicholson-Smith, Malden, Oxford, Carlton: Blackwell Publishing Ltd., 1991, p. 33.

⑦ 吴宁：《日常生活批判——列斐伏尔哲学思想研究》，人民出版社2007年版，第383页。

象”，空间与社会形成了一种相互映射关系，空间需要被辩证地加以把握，由此，“社会空间”概念得以建立。

“社会空间”是一个多重交叠的概念，列斐伏尔以“空间实践”（spatial practice）“空间再现”（representations of space）及“再现性空间”（spaces of representation/ representational spaces）的概念三元组，构筑了物理空间、精神空间与社会空间之间的辩证关系，进一步论述社会空间所包含的感知、构想与亲历三个不同的面向。首先，“空间实践”是为一般人所“感知的”（perceived）空间，“对应于每个社会形构的特殊地方与整体空间”[①]。它“反映出日常现实（例行生活）与都市现实（联结工作、居家和休闲的道路和网络）之间的紧密关联”[②]，构成了社会空间的物质维度。其次，“空间再现”是社会精英“构想的（conceived）空间，“是概念化的”（conceptualized）空间[③]。这种空间大多倾向于文字与符号的系统，是知识权力的产物，也是社会精英达到与维持统治的手段，在任何社会中都占有主导地位。如通过城市规划或城市建设，社会精英所构想的“真实空间”得以生产出新的（抽象）空间，或是重组旧的空间，从而改变旧有的生产方式。因此，空间的再现紧密联系了生产关系，以及生产关系所强加的“秩序”，从本质而言是为统治阶层服务的一种生产方式。最后，“再现的空间”是居民和使用者“透过相关意象和象征而直接亲历的（lived）空间”，但由于资本主义的空间再现已成为社会的主导空间，再现性空间所具有的想象的可能性被压抑，处于空间再现的统治与控制之中。由此，通过对空间三重性的辩证关系的解析，列斐伏尔确立了空间的社会特性。该三重辩证的理论视角不但有助于实现不同层次的空间解读，也使得更为全面地理解与观照城市社会空间成为可能。

苏贾认为空间与社会之间存在一种复杂的辩证关系。如果人类时空经验是整体性的，那么就存在地理学知识与历史学智慧之间沟通的可能

① Lefebvre，H.，The Production of Space，trans，by Donald Nicholson-Smith，p. 33.

② Ibid.，p. 38.

③ Ibid..

性。[①] 因此，苏贾采取海德格尔意义上的存在论入径，试图在“历史性”（historicality）诠释与“社会性”（sociality）分析之外，建立一种以“空间性”（spatiality）为主的思考模式，“达成空间性、历史性与社会性这三者的适当平衡”[②]。这一理论分析宗旨在于打破传统理论的二元对立，形成三元辩证的本体论与认识论，使得“地理学的想象力”与社会理论产生互动。在苏贾看来，我们必须在政策策略层面上强调空间性的战略地位，通过强调“社会—空间”辩证法及历史性—空间性的相互作用，推动历史性、社会性向空间性的彻底开放。[③] 人类集体创造出的空间性带来的社会后果往往具有策略性，社会、历史、空间层面在20世纪末越来越同时并存，并复杂交织、难以分割。[④] 因此，他主张，“没有非空间的社会过程”[⑤]，脱离了空间性，任何具体的社会、历史都会沦为抽象的形式，必须以“开放、变动的方式来看空间及其建构”[⑥]。

在该空间意识驱动下，苏贾提出了“第三空间”的理论。首先，苏贾用“第一空间”认识论和“第二空间”认识论来描述“周旋于空间思考的一种二元模式”。“第一空间”认识论关注的是空间形式具象的物质性与客观性，将空间视作可由经验描述的“真实的”物理空间；“第二空间”认识论假定空间知识的生产来自话语建构式的空间再现、精神性的空间活动，空间是一种由空间观念、空间认知构思而成的“想象的”心灵空间。“第三空间”则是一个持续开放、不断衍生、具有无限可能性的领域，是“经验、情感、事件与政治选择的可知和不可知、

---

① 李晓乐、王志刚：《后现代地理学想象与社会理论的再激进化》，《云南社会科学》2014年第2期。

② Edward W. Soja，“Postmodern Geographies and the Critics of Historicism”，in J. P. Jones and W. Natter，eds.，*Reassessing Modernity and Postmodernity*，New York：Guilford Press，1991，pp. 65 – 98.

③ 唐正东：《苏贾的“第三空间”理论：一种批判性的解读》，《南京社会科学》2016年第1期。

④ Edward W. Soja，*Journeys to Los Angeles and Other Real-and-Imagined Places*，Oxford：Blackwell，1996，p. 3.

⑤ Ibid.，p. 46.

⑥ Ibid.，p. 1.

真实和想象的生活世界”[①] 与社会空间。并且，“第三空间”的意义是由生活于其间的个体所创造的，因此可以成为一种反抗支配的抵抗场域。可以说，“第三空间”通过确立“空间性”在社会理论中的核心地位，解构并重构二元对立模式，是“空间思考另一种模式的创造”。其次，“第三空间”提供了关乎空间正义的反支配理论与实践视野，将控制与反抗置于同一场域，使反抗者拥有重新建立主体性的可能，从而“通过有意识的空间性的实践和政治把这个世界变得更美好”[②]。

苏贾通过确立人类生活的社会性、历史性与空间性的三元辩证，运用“第三空间”开启了一种具有开放性的社会空间批判意识，引导城市研究者重视社会、历史、空间的共存性、复杂性与相互依赖性。在《后大都市：城市和区域的批判性研究》一书中，苏贾运用“第三空间”理论描绘了城市空间的地理性历史，对空间实践进行了批判性的研究与反思。另外，从某种程度上而言，“第一空间”与“第二空间”“多少巧合了列斐伏尔的感知和构思空间”，而“第三空间”也因为“策略性地打开了每种重新思考和创造空间的可能性”[③]，而具有列斐伏尔所谓的“再现空间”的内涵。

二　从“生产空间”到“消费空间”

自20世纪六七十年代开始，伴随着西方社会剧烈的经济与文化转型，消费社会成为社会理论家关注的焦点之一。所谓“消费社会”，即消费成为社会关系构建与表达的一种方式，消费主义成为普遍的价值观念、文化取向的社会。消费社会的兴起源于随资本主义商品生产的扩张而来的闲暇与消费活动的增长；消费成为社会关系与资本主义再生产的维系手段。列斐伏尔曾以“消费受控的科层制社会”指出20世纪60年代的法国“日常生活”世界已被消费社会中的消费主义意识形态牢固控制。在其启发之下，情境主义国际的领军人物居伊·德波（Guy De-

① Edward W. Soja, *Journeys to Los Angeles and Other Real-and-Imagined Places*, Oxford: Blackwell, 1996, p. 39.

② 爱德华·索亚：《后大都市》，李钧等译，上海教育出版社2006年版，第476页。

③ 王志弘：《多重的辩证：列斐伏尔空间生产概念三元组演绎与引申》，《（台湾）地理学报》2009年第55期。

bord）进一步宣称资本主义物化统治现实在今天已经变成一个消费景观的王国，是由商品堆积而成的意象与幻觉统治的世界。[①] 因此，对城市空间、城市文化的理解必然不可抛弃这一宏观背景，同时，空间本身所具有的“再现”能力，也使得当下对于城市空间的探讨不能脱离其再现的文化意义或象征意义。

列斐伏尔指出，当被纳入资本主义生产—消费体系之后，空间就悄然地由“生产空间”转变为“消费空间”。鲍德里亚（Jean Baudrillard）则直接宣称了“消费社会”的来临，并从符号政治学的角度阐释了其空间批判的思想。鲍德里亚从形而上学的层面重新思考了消费在现今社会中的作用，断言“我们处在‘消费’控制着整个生活的境地”[②]。由此，消费不但取代生产成为社会的中心，消费主义意识形态也创造出符合自身逻辑的社会空间，“所有这一切制造了一种关乎空间的新经验”[③]，乃至于“杂货店可以变成一整座城市”[④]。消费意象在城市的空间层面被不断地制造与生产出来。

在鲍德里亚看来，消费社会通过消费的自主选择创造出一幅自由、平等的幻象，实则充斥着规训与操纵，更是不平等得以生产的空间。这是因为，在当代资本主义社会消费结构中起根本性支配作用的东西，是由符号话语制造出来的暗示性的结构性意义和符号价值（风格、威信、豪华和权力地位），“消费的主体，是符号的秩序”[⑤]。任何商品的使用价值已完全被符号价值所取代。因此，被囊括进这一逻辑的空间也成为身份、地位、品味的象征，并降格为一种漂浮的能指：通过符号对空间价值及其社会属性进行再编码，从而使得占有、消费何种空间有着明确的阶级指向性，成为塑造自我认同、凝聚集体意识的重要方式。

鲍德里亚进一步指出，当符号生产解构了消费物品的本身意义之

① 刘怀玉、伍丹：《消费主义批判：从大众神话到景观社会——以巴尔特、列斐伏尔、德波为线索》，《江西社会科学》2009 年第 7 期。

② 让·鲍德里亚：《消费社会》，刘成富等译，南京大学出版社 2008 年版，第 5 页。

③ 让·波德里亚：《美国》，张生译，南京大学出版社 2011 年版，第 92 页。

④ 让·鲍德里亚：《消费社会》，第 5 页。

⑤ 同上书，第 7 页。

后，便进而将其象征意义上升到本真的高度，“仿真空间”就降临了。[①] 所谓“仿真空间”，是比真实看起来还要真实的超真实空间，是消弭了想象与真实界限的空间。苏贾曾如此解读：“人们越来越多地把自己伪装进空间表象和模拟的环境中去，地点和场所想象代替了记忆、经验与历史。”[②]“仿真空间”形成了一种新的空间认知范畴，它消解了空间本身所具有物质性、地域性与时间性，而由一连串符号暗示意义连接而成。在詹明信（Fredrick Jamason）看来，这一种经验与地点的剥离是出现在晚期资本主义的“超空间”。以洛杉矶的弘运大饭店为例，詹明信指出超空间是一种幻象，它已经超越了个体的身体与认知能力，并由模拟体与仿真充斥，成为被多重符号化与高度碎片化的空间。[③] 从这个层面上而言，在当今的社会结构中，由符号的指向性激发的特定空间想象反而构成了超真实的城市体验，商品化的城市空间则因为对影像媒介的过度依赖而呈现出片段化、符号化、虚拟化的特征，“真实的”城市早已在符号构建的过程中消失殆尽。

同时，在消费主义的控制下，文化与经济之间形成了一种互惠关系，文化变得商品化，商品则变得更加审美化，也更具文化性。[④] 如此时代发展语境下，资本入侵城市文化易如反掌，城市文化的内涵也逐渐发展出“工具性”的取向，成为全球化情境下创造地方经济发展的重要资源，也构成企业主义倾向下地方政府的城市治理策略。在此背景下，哈维提出了“区辨标识”（mark of distinction）的概念，用以解说“城市文化商品化”在空间运作中的体现。所谓“区辨标识”是指利用城市具有的地方特殊性与差异性来形成一种独特性、真实性与特殊性的宣称，从而奠定“垄断地租”（monopoly rent）的基础。而“文化”理念之所以越来越和这些确保垄断力量的尝试纠结在一起，正是因为独特

① 陈良斌：《当代资本主义的“完美罪行”——解读让·鲍德里亚〈符号政治经济学批判〉等文本中的空间思想》，《国外理论动态》2014 年第 7 期。

② 爱德华·索亚：《后大都市：城市和区域的批判性研究》，上海教育出版社 2006 年版，第 446 页。

③ 弗雷德里克·詹明信：《晚期资本主义的文化逻辑》，上海三联书店 2003 年版，第 423—515 页。

④ ScottLash and John Urry, *Economies of Signs and Space*, London: Routledge, 1994.

性与真实性的宣称可以最好地展现为特殊且无法复制的文化宣称。[①] 由此，通过介入文化、历史、史记、美学和意义的场域获取垄断地租构成了消费主义时代任何资本家的要务，城市文化也成为消费主义时代资本主义的重要修补机制。

佐京（Sharon Zukin）更进一步地在消费主义背景下将“城市文化”和“后现代城市空间”联系在了一起，挖掘出了空间维度的文化意义。佐京把后现代城市描绘成日趋商业化的消费主义场所，而在这一转变过程中，文化所构成的“象征经济”（symbolic economy）发挥着重要的作用。所谓“象征经济”是指通过文化实现经济生产，也即哈维所称的“消费的美学经济”（aestheticized economic of consumption）[②]。具体而言，佐京认为，当城市由服务业经济主导时，美学对于空间使用与形象构建而言具有重要的意义。制造业衰落将会使得文化在城市中的经济角色日益重要。于是，旅游、博物馆、艺术馆、地道食品与生活模式、市场营销均在经济中扮演着重要角色。[③] 其中涉及了有关城市意象与城市符号的生产，以及这些符号与意象如何通过实质空间来落实。象征经济带来了特定城市空间形式的拓展，如艺术家聚落、博物馆、主题公园、历史建筑的商业性利用等。从这个层面而言，通过城市空间的生产，需要“向外推广的”城市文化才得以界定与再现。由于依托文化而形成的“象征经济”对于城市空间的占用与改造程度相当之高，文化与美学也就成为控制城市空间的有力手段。[④] 同时，佐京进一步指出，城市空间文化意象的再现，往往涉及了处于支配与统治地位的城市经济、政治、文化领导权，背后隐藏了权力阶层的精英话语。

---

① David Harvey, “The Art of Rent: Globalization, Monopoly and the Commodification of Culture”, in Leo Panitch, Colin Leys eds., *Socialist Register 2002: A World of Contradictions*, New Yokr: Monthly Review Press, 2002, pp. 93 – 110.

② Anne-Marie Broudehoux, *The Making and Selling of Post-Mao Beijing*, London: Routledge, 2004, p. 24.

③ Sharon Zukin, “Space and Symbols in an Age of Decline”, in Anthony King, ed., *Representing the City*, London: Macmillan, 1996, pp. 43 – 59.

④ 莎朗·佐京：《城市文化》，朱克英等译，上海教育出版社 2006 年版，第 105 页。

三　“绅士化”：城市更新中的社会空间过程

西方学者普遍认为城市更新是不同社会阶层在城市空间重新分布的空间过程，在这一过程中存在城市空间资源的不公平分配并由此诱发社会排斥的现象。这在西方理论界多通过“绅士化”（gentrification）这一概念予以解说。这一概念最初由英国社会家格拉斯（Ruth Glass）于1963年提出，用来指代当时的新兴的“城市绅士”（即中产阶级）进入破败的工人阶级住区进行整修并定居的现象[①]。随后，随着对旧城更新过程与机制的认知不断加深，西方学者将导致中产阶层迁入内城居住的各种更新改造现象都视作“绅士化”，其最为普遍的定义可表述为：城市中较低收入的工人阶级被逼迁离其原住区，让出空间来兴建中产阶级住宅大楼或商业大厦，因而房地产价格大为上涨，导致原来居住于此地的居民无力再留在原区居住与生活[②]。戴维森（Mark Davidson）将格拉斯所提出“住区更新”视为“绅士化”的一个方面，并将当代绅士化的主要特征进一步总结为：资本再次进入城市中心；高收入群体的侵入带来社会阶层地位的提升；城市物质景观得到改变；低收入群体被直接或间接地替代；居民的职业构成、收入水平、生活方式均出现结构性变化。[③] 而在有关绅士化的种种议题中，最为城市社会学者所关注的问题便是绅士化过程所带来的人群置换以及由此而来的社会公平正义的问题。

近年来，越来越多的研究将绅士化视作一种空间性的社会排斥。史密斯（Neil Smith）认为，在绅士化的过程中，低收入原居民不仅丢失了栖息之所，还丢失了长期以来形成的社会关系网所能提供的支持与便利[④]；通过对圣保罗一个低收入邻里更新的实证研究，桑德勒（Daniela

---

① Tim Butler, *Gentrification and the Middle Classes*, Sydney: Ashgate, 1997, pp. 36 – 37.

② 郭恩慈：《东亚城市空间生产：探索东京、上海、香港的城市文化》，田园城市出版社2011年版，第174页。

③ Mark Davidson, Loretta Lees, “New-build ‘Gentrification’ and London’s Riverside Renaissance”, *Environment and Planning A*, Vol. 37, No. 7 (2005), pp. 1165 – 1190.

④ Neil Smith, “New Globalism, New Urbanism: Gentrification as Global Urban Strategy”, *Antipode*, Vol. 34, No. 3 (2002), pp. 427 – 450.

Sandler）直接指出："绅士化就是一种社会排斥"[①]。研究绅士化的学者大多同意上述观点，认为绅士化是一种严重的不公平现象，使原本已经失衡的美国城市社会更加不平等，在阶级和种族鸿沟的基础上重新构建出特权阶层和贫困阶层之间的地理区隔[②]：城市政府以"更新"赋予"旧城改造"看似"光鲜"的外衣，并赋予其改善旧城贫困居民的边缘化处境、降低其社会排斥，提升不同阶层居民社会融合的正面功能，但实际上却通过将贫困居民置换至城市边缘（或建筑质量更差的住房之中），反而会加剧社会排斥并最终带来社会极化的畸形格局，而无益于改善旧城贫困居民所面临的社会排斥状况。[③] 需要指出的是，虽然绅士化发生的先决条件之一是城市更新的存在，但是城市更新并不必然导致绅士化的出现。绅士化更加注重考察的是在城市更新的过程中是否存在社会阶层的更替过程，是否使得部分居民的权益受损、面临排斥而出现社会不公平、不争议以及由此诱发的社会阶级矛盾，甚至冲突的现象。

论及"社会排斥"时，相关学者曾指出社会排斥往往伴随着空间的排斥。[④] 在旧城更新的过程中，"绅士化"构成了一个最为政治化的概念，因为其讨论的中心概念在于"动迁"，在于空间资源在不同阶级之间的不公平分配，是关于不同阶级之间的矛盾与冲突[⑤]。因此，绅士化过程中的对城市社会空间的重塑往往只能满足特定群体的空间诉求，而使得大量原居民面临一种空间性排斥。美国学者纽曼（Kathe Newman）与怀利（Elvin K. Wyly）曾以纽约的城市更新为例，提出一个重要的研究问题，即"如何度量因城市更新而引起的居民动迁的影响"，并得出结论，即"绅士化带来的最严重的社会问题，即是由于更新后地

---

① Daniela Sandler, "Placeand Process: Culture, Urban Planning, and Social Exclusion in São Paulo", *Social Identities*, Vol. 13, No. 4 (2007), pp. 471－493.

② 宋伟轩：《欧美国家绅士化问题的城市地理学研究进展》，《地理科学进展》2012 年第 6 期。

③ Alan Walks, Martine August, "The Factors Inhibiting Gentrificationin Areas with Little Non-market Housing: Policy Lessons from the Toronto Experience", *Urban Studies*, Vol. 45, No. 12 (2008), pp. 2594－2625.

④ 李易骏：《社会排除：流行或挑战》，《社会政策与社会工作学刊》2006 年第 10 期。

⑤ Neil Smith, *Gentrification of the City*, Boston: Allen & Unwin, 1986, p. 38.

区房价提升而带来的居民‘迫迁’”。[1] 而这被这两位学者进一步诠释为资本主义社会转化过程在空间上出现与成形（making）的过程，旧城内的低收入群体面临的是资本主义不公平的空间资源分配以及由此而来的“被驱逐”“被排斥”，承担了负面的影响。[2]

第三节　既有研究述评

严若谷等学者运用文献引文网络分析软件 Citespace，对 1998 年到 2010 年间发表的有关城市更新和城市再开发的 680 篇英文文献进行了处理，并绘制出相关的知识图谱。图谱显示：21 世纪以来，西方城市更新研究出现了文化主导、去工业化背景下的新经济以及可持续发展三个重要主题，并仍将在今后一段时间构成城市更新研究的主要方向。[3] 朱铁佳等学者进一步梳理了 1990 年至 2014 年国内外城市更新文献的总体概况、热点问题与前沿趋势等。他们指出，2000 年以来中西方城市更新中历史、文化的出场频率渐盛：创意阶层、文化建设是近年来西方城市更新文献中的高频词汇；中国则在 2000 年以来对传统（历史）街区更新保持高度关注。[4] 热点词汇的更迭，实则反映了城市在不同发展阶段所表现出的社会空间变迁的模式与特征。近年来，城市历史地区（街区）以“文化”为导向或策略的城市更新模式既成为城市空间实践的热点，也构筑了新的时空条件下城市更新研究的焦点。其中，有相当数量的文献从具体实践层面出发，总结城市历史街区更新模式，并思考更加优化的模式，这大多集中在城市规划、城市设计等学科领域。从本书的学科视角出发，相关研究主题主要包括四方面：一是从城市宏观结

① Kathe Newman, Elvin K. Wyly, “The Right to Stay Put, Revisited: Gentrification and Resistance to Displacement in New York City”, *Urban Studies*, Vol. 42, No. 1 (2006), pp. 23 – 57.

② Ibid..

③ 严若谷、周素红、闫小培：《西方城市更新研究的知识图谱演化》，《人文地理》2011 年第 6 期。

④ 朱铁佳、李慧、王伟：《城市更新研究的演进特征与趋势》，《城市问题》2015 年第 9 期。

构出发，探讨城市历史地区更新的动力机制及其带来的社会空间效应；二是从消费主义理论着手，分析以文化旅游业为主导的城市发展策略如何操弄空间表征与文化象征符号；三是从利益博弈的视角切入，探索历史街区更新中不同行动者的角色，以此探究与城市权、城市空间权相关的公平正义问题；四是从城市微观层面进行研究，分析特定城市更新事件对社区原居民的影响。

一　旧城更新的动力机制与社会空间效应研究

西方对于城市历史街区更新动力机制的探讨大多置于经济全球化、城市经济"去工业化"以及新自由主义趋势之下，从政治经济学的相关理论出发予以探讨。其中，首先涉及的是对特定经济背景下城市历史街区价值的重新评估。20世纪七八十年代以来，"城市历史街区"的价值不再局限于传统的文化与美学价值，而被纳入了生产、消费、投资等层面进行考量。蒂耶斯德尔（Steven Tiesdell）等学者指出，历史城区之于发展地区的价值从过去单一的历史文化价值，扩张至美学、建筑多元化、环境多元化、功能多元化、资源、文化记忆与历史遗产之传承延续、经济与商业等七类价值。[①] 哈维则进一步指出，在"企业主义的城市治理与城市更新"（urban governance and regeneration of entrepreneurialism）中，城市历史地区作为最能宣称特殊性与本真性的历史建构之文化产物和特殊的文化环境，是最具垄断性的"集体象征资本"。[②] 在当代城市发展的语境中，城市历史地区仅被赋予工具性角色，成为创造街巷美学、编织生活风格、刺激消费、实现城市营销的工具。

西方政治经济学的学者进一步指出，在城市企业主义逻辑下，"资本"（或者更确切地说，"修补资本主义危机"）是历史地区重组的根本动力。如哈维曾以巴尔的摩市的内港区为例，分析了这里从衰落的城市中心变成了旅游业、酒店餐饮业、金融服务业和其他服务性行业的集聚

---

① Steven Tiesdell, Taner Ocand Tim Heath, *Revitalising Historic Urban Quarters*, London: Routledge, 1996.

② DavidHarvey, "From Managerialism to Enterpreneurialism: The Transformation in Urban Governmance in Late Capitalism", *Geografiska Annaler*, *Series B*, *Human Geography*, Vol. 71, No. 1 (1989), pp. 3－17.

区，其本质是更能有效适应资本流动与运作的城市空间生产。史密斯更为明确地指出，旧城改造的动机源于“地租落差”（rent gap）创造巨大的资本收益，即“潜在地租水平与现状土地使用下资本化的实际地租之间的差异”。近年来，更多学者以具体的城市历史实践为研究对象，分析城市历史地区的更新如何变成促进城市品牌、增强地方意象以实现资本积累的有效工具。如佐京[①]通过对纽约市布鲁克林区（Brooklyn）、布朗克斯区（Bronx）和皇后区（Queens）内历史地区的研究指出，“历史丰富的地段，地方特色的小商店，穷人、富人和广大的中产阶层紧密连接在一起的棋盘式图景都淹没在了奢华公寓和高级连锁商业的整形浪潮中”。Ulldemolins[②] 通过分析巴塞罗那市拉瓦尔（Raval）历史街区的更新过程，指出垃瓦尔（Raval）历史街区的更新的本质在于创造一个“本真的巴塞罗那”（authentic Barcelona）的品牌区域，从而使得城市可以更好地适应后福特主义的转型。

近年来，中国、日本、韩国、新加坡的相关学者也纷纷针对国内日渐兴起的历史街区更新现象进行了探讨。亚洲学者的论述也往往以空间生产、资本循环等政治经济学的概念为起点，指出历史街区的更新大多因着眼于城市经济复兴、介入全球经济等工具性价值而简化为一种追求经济效益的城市空间策略。Pow[③] 以新加坡内城的 Marina 中心的更新为例指出，“促增长”的城市政策与经济动力已成为城市景观变迁的主导力量。Shin[④] 以韩国光州（Gwangju）的城市更新为例指出，政府对于经济增长、地方营造（place making）的诉求构成当地空间重构的主要

---

① 莎朗·佐京：《裸城：原真性城市场所的生与死》，上海人民出版社 2015 年版，第 3 页。

② Joaquim Rius Ulldemolins，“Culture and Authenticity in Urban Regeneration Processes: Place Branding in Central Barcelona”，*Urban Studies*，Vol. 51，No. 14（2014），pp. 3026 – 3045.

③ C. P. Pow，“Urban Entrepreneurialism and Downtown Transformation in Marina Centre，Singapore: a Case Study of Suntec City”，in: Tim Bunnell，Lisa Barbara Welch Drummond，Ho Kong Chong，eds.，*Critical Reflections on Cities in Southeast Asia*，Singapore: Times Academic Press，2001，pp. 153 – 184.

④ Haeran Shin，Quentin Stevens，“How Culutre and Economy Meet in South Korea: The Politics of Cultural Economy in Culture-led Urban Regeneration”，*International Journal of Urban and Regional Research*，Vol. 37，No. 5（2013），pp. 1707 – 1723.

动力。何深静与吴缚龙[①]通过对上海“新天地”项目的研究指出，市场运作与政府干预是城市更新最为重要的影响力。陈映芳[②]、张京祥[③]、于海[④]等学者均将经济增长视作中国内城、历史街区更新的主要诉求，将其本质视作商业利益驱动之下的资本的空间再生产。

同时，相关学者进一步将关注点置于城市更新所带来的社会空间效应，引发了对“绅士化”（gentrification）现象、空间公平与社会排斥等问题的思考。Beauregard[⑤] 指出，“绅士化”的特点在于以“绅士”的高尚生活方式所依存的空间为蓝图去重建城市，使得城市空间呈现出严重的贫富悬殊：内城地区被重建为高档的休闲商业消费区，而原先居住于此的低收入群体则被迫迁离。Cameron[⑥] 检视了英国纽卡斯尔市（Newcastle upon Tyne）以“追求增长”（going for growth）政策为引导的城市更新，其结果是“大规模的动迁与邻里置换”；Huning 与 Schuster[⑦] 以德国柏林市的新克尔恩（Neukölln）街区为例，指出该街区的更新策略较之于“贫困的、失业的、被剥削的工业阶级”，优先考虑“优秀的、受过良好教育的、工作体面的中产阶级”。Catungal 等以加拿大多伦多市自由村（Liberty Village）的更新为例，分析说明当自由村“变身”为一个文化创意产业街区时，带来的是对原有邻里社区的破

---

① Shengjing He, Fulong Wu, “Property-led Redevelopment in Post-reform China: A Case Study of Xintiandi Redevelopment Project in Shanghai”, *Journal of Urban Affairs*, Vol. 27, No. 1 (2005), pp. 1 – 23.

② 陈映芳:《城市开发的正当性危机与合理性空间》,《社会学研究》2008 年第 3 期。

③ 张京祥、邓化媛:《解读城市近现代风貌型消费空间的塑造——基于空间生产理论的分析视角》,《国际城市规划》2009 年第 1 期。

④ 于海:《城市更新的空间生产与空间叙事——以上海为例》,《上海城市管理》2011 年第 2 期。

⑤ R. A. Beauregard, “Trajectories of Neighborhood Change: The Case of Gentrification”, *Environment and Planning A*, Vol. 22, No. 7 (July 1990), pp. 855 – 874.

⑥ Stuart Cameron, “Gentrification, Housing Redifferentiation and Urban Regeneration: ‘Going for Growth’ in Newcastle upon Tyne”, *Urban Studies*, Vol. 40, No. 12 (2003), pp. 2367 – 2382.

⑦ Sandra Huning, NinaSchuster, “ ‘Social Mixing’ Or ‘Gentrification’? Contradictory Perspectives on Urban Change in theBerlin District of Neukölln”, *International Journal of Urban and Regional Research*, Vol. 39, No. 4 (2015), pp. 738 – 755.

坏，大量原居民被排斥在被“创意阶层”所占据的自由村外，被迫迁移。[①] 亚洲地区学者也将这一理论和观点引入对城市更新的社会空间效应的考量之中。如台湾学者庄翰华等[②]以丰乐重划区的更新为例，指出其着眼点越来越偏离“社会底层”的利益，更新之后的丰乐区是一个充满“排除”的绅士化空间。朱喜钢等[③]以南京市为个案，指出 20 世纪 90 年代中后期，大规模城市更新的直接后果就是“绅士化”现象：中心城区日渐成为高档精品店、会员休闲消费场所的集聚区。徐建[④]、邵任薇[⑤]等进一步从社会排斥的视角考察城市更新的社会空间效应：前者以上海为例，指出城市更新带来了内城绅士化与环外环线贫困带的社会空间极化效应，被拆迁安置群体作为弱势群体陷入了空间失配的困境；后者指出，城市更新在改变城市面貌的同时，也使得原居民面临着劳动力市场、公共服务、机动性、文化心理和社会关系等多种维度的排斥。

总体而言，既有研究指出城市更新往往会带来两重社会空间效应，而这两重效应在人口稠密的、具有地方历史文化特征的历史街区更新中表现得尤为突出：一是内城地区逐渐为城市精英阶层所占据，成为休闲服务业、文化旅游业、高档消费场所的集聚区；二是内城地区的原居民在市场机制或政策安排的作用下而不得不栖身于城市的边缘，在宏观层面指涉着城市社会空间的极化，在微观层面存在空间失配等种种问题。

二　消费主义视角下的旧城更新研究

消费主义的关注点在于，具有特殊历史文化资源的城市历史街区如

---

① John P. Catungal, Deborah Leslie, Yvonne Hii, “Geographies of Displacement in the Creative City: The Case of Liberty Village, Toronto”, *Urban Studies*, Vol. 46, No. 5 - 6 (May 2009), pp. 1095 - 1114.

② 庄翰华、蔡国士、曾宇良、李建平：《资本主义都市的空间生产考察——台中市丰乐重划区为例》，《华冈地理学报》2012 年第 29 期。

③ 朱喜钢、周强、金俭：《城市绅士化与城市更新——以南京为例》，《城市发展研究》2004 年第 4 期。

④ 徐建：《社会排斥视角的城市更新与弱势群体——以上海为例》，博士学位论文，复旦大学，2008 年。

⑤ 邵任薇：《城市更新中的社会排斥：基本维度与产生逻辑》，《浙江学刊》2014 年第 1 期。

何经由“文化”的包装而推动文化消费型城市空间的生产。在西方国家，20 世纪 80 年代开始，城市更新政策出现了明显的“文化导向”，许多地方政府开始提倡“文化商业化，商业文化化”的文化经济发展。学界也出现了许多对文化经济之于城市价值的研究，如 Florida①、Luandry② 等学者将文化因素视作城市经济或吸引人才的重要指标；Myerscough③ 将地方文化资源视作城市经济活动之本质；Barker④ 也认为文化可以充当城市的商标招牌、文化产业资源，以及具有提供商业聚会和旅游消费空间的经济价值。Evans⑤ 与 Krätke⑥ 则指出，以文化作为导向的城市更新策略实际已构成城市治理的新手段，用以实现城市再发展与竞争力的提升，并解决各种城市发展策略与社会文化之间的僵局。伴随着文化的经济价值与商业价值被不断揭露，城市历史街区的文化与传统风貌成为一种重要的观光资源或文创亮点，通过植入特定的产业类型（文化旅游业）、特定的美学品味（传统建筑风情）与特定的生活风格（都市休闲）而被成功地与后工业转型中的城市发展愿景联结在了一起。这一文化策略在西方城市兴起，也逐渐成为后进的亚洲城市学习之典范，呈现出“通行”模式的特征。文化与城市空间再生产之间的关联也吸引了广大学者的关注。具体而言，主要是沿着以下两个脉络展开：

一是认为以文化为策略的城市更新中，现阶段强调的多是经济效益，而使得城市文化“被工具化”为一种美学层次的景观营造。Krätke⑦ 与 Peck⑧ 指出，公私部门借由投入各种公共文化设施、培育文

---

① Richard Florida, *The Rise of the Creative Class*, New York: Basic Books, 2002.

② Charles Landry, *The Creative City: A Toolkit for Urban Innovators*, London: Earthscan Publications, 2000.

③ John Myerscough, *The Economic Importance of the Arts in Britain*, London: Policy Studies Institute, 1988.

④ Chris Barker, *Cultural Studies: Theory and Practice*, London: Sage, 2000.

⑤ Graeme Evans, "Creative Cities, Creative Spaces and Urban Policy", *Urban Studies*, Vol. 46, No. 5 – 6 (April 2009), pp. 1003 – 1040.

⑥ Stefan Krätke, *The Creative Capital of Cities: Interactive Knowledge Creation and the Urbanization Economies of Innovation*, Malden and Oxford: Wiley-Blackwell, 2011.

⑦ Stefan Krätke, *The Creative Capital of Cities: Interactive Knowledge Creation and the Urbanization Economies of Innovation*, Malden and Oxford: Wiley-Blackwell, 2011.

⑧ Jamie Peck, J., "The Creativity Fix", *Eurozine*, No. 28 (2007), pp. 1 – 12.

化创意街区与群体、打造城市营销活动等，在城市更新的过程中将新自由主义的发展与资本积累逻辑介入社会文化面向，其本质是发展意识形态向城市文化的扩张。Evans① 指出 20 世纪 90 年代末期以来的文化导向的城市更新策略重经济振兴而轻文化发展。Dicks② 指出城市文化现已被整顿、重组、包装成为各式景观，如散步道、公园、微缩景观、旧城区等，其终极目的是将历史文化彻底“超真实化”而成为可以贩卖及获利的生意策略。Yung 与 Chan③ 以香港的前水警总部与中区警署建筑群的更新为案例指出，将历史遗存用作促进经济增长的文化资本已日益成为香港城市政治的范式；指定的历史建筑的价值往往存在于商业开发与旅游吸引之中。Wai④ 指出新天地项目中重建的弄堂明显排斥了旧上海的日常历史，实质是历史“碎片化”下的“跨历史”空间（tran-historical），保留被拆解后的历史与文化要素的目的仅在于促进地方营销。

二是强调消费主义笼罩下的文化的空间再现大多是“符号化”的仿真，实则是对地方文化的解构。Zukin⑤ 分析了布鲁克林如何从一个廉价的、不起眼的移民社区迅速复兴为美国都市“名列第三的社区”，指出艺术画廊、表演空间、小啤酒厂、邮差包等看似“布鲁克林制造”的创意组合实则与其起源毫无关联，而仅仅是象征性符号经济的生产，其目的在于凝结成某种可识别且可供全球性文化消费的当地产品——“原真性的布鲁克林酷炫”。颜亮一等⑥学者以台湾莺歌陶瓷文化城的更

① Graeme Evans，“Measure for Measure：Evaluating the Evidence of Culture's Contribution to Regeneration”，Urban Studies，Vol. 42，No.（5/6）（2005），pp. 959－983.

② Bella Dicks，*Culture on Display：the Production of Contemporary Visitability*，Maidenhead：Open University Press，2003.

③ Esther H. K. Yung，Edwin H. W. Chan，“Re-examining the Growth Machine Ideology of Cities：Conservation of Historic Properties in Hong Kong”，*Urban Affairs Review*，Vol. 52，No. 2（2016），pp. 182－210.

④ Albert W. Ti Wai，“Place Promotion and Inconography in Shanghai's Xintiandi”，*Habitat International*，Vol. 30，No. 2（2006），pp. 245－260.

⑤ 莎朗·佐京：《裸城：原真性城市场所的生与死》，第 52—58 页。

⑥ 颜亮一、许肇源、林金城：《文化产业与空间重构：塑造莺歌陶瓷文化城》，《台湾社会研究季刊》2008 年第 71 期。

新案例为研究对象，指出通过对历史的拟像、符号乌托邦的构建，莺歌的“过度传统”（hyper-tradition）得以生产，作为社会过程的文化则在这一过程中被筛选与凝结，成为被消费的对象。张佳与华晨[①]以当前国内城市历史地区的更新策略作为解读对象，指出其本质是将历史空间作为城市的文化符号进行提炼和再开发，这种更新策略也仅仅创造了一个将历史文化符号资本化的消费场所。

近年来，更多的研究开始将城市更新中的文化策略与新中产阶级的生活方式、审美需求联系起来，关注其中涉及的文化权力问题。Lees 等人[②]的研究指出，新中产阶级主导的城市中心更新，极其注重表面展示及展览，热衷于强调建筑物的文化特色，希望城市中心能够成为一个与众不同、充满美感的空间。Rousseau[③] 以法、英的两个工业城市为例，分析地方政府如何通过文化重新包装内城地区，以迎合中产阶级品味、吸引中产阶级回归内城地区，从而刺激内城经济增长、实现城市向后工业城市的转型。郭恩慈[④]以香港利东街的更新为例，指出原本作为居民日常生活空间的利东街被“去芜存菁”，转化为充满文化意涵的“喜帖街”，并进一步提出疑问，即在城市中产阶级享有文化论述权的今天，要追求的到底是哪一个“过去”，这个“过去”又属于谁。王志弘[⑤]通过对台北城市更新的研究指出，地方文化在更新过程中往往必须经过主流美学与价值的“过滤、净化”。在于海[⑥]对上海田子坊产业空间品牌的研究中也可以看出，艺术精英和学术精英掌握了田子坊的文化叙事

① 张佳、华晨：《城市的文化符号及其资本化重组——对国内城市历史地区仿真更新的解析》，《马克思主义与现实》2014 年第 5 期。

② Loretta Lees, Tom Slater, Elvin Wyly, *Gentrification*, New York: Routledge, 2008, p. 114.

③ Max Rousseau, “Re-imaging the City Centre for the Middle Classes: Regeneration, Gentrification and Symbolic Policies in ‘Loser Cities’”, *International Journal of Urban and Regional Research*, Vol. 33, No. 3 (2009), pp. 770 – 788.

④ 郭恩慈：《东亚城市空间生产：探索东京、上海、香港的城市文化》，台北：田园城市文化出版社，第 172—211 页。

⑤ 王志弘：《都市社会运动的显性文化转向？1990 年代迄今的台北经验》，《台湾大学建筑与城乡研究学报》2010 年第 16 期。

⑥ 于海：《三重社会命名意义下的城市内城复兴——以上海田子坊的产业空间品牌诞生为例》，《上海城市管理》2015 年第 3 期。

权，前者创造了田子坊的空间传奇，使其从"俗物"变为"圣物"，后者则从历史保护的正当性与文化产业的先进性为田子坊构建了意义丰富的叙事。这些研究意在表明地方政府、开发商所推动的文化策略具有的封闭性与排斥性，正如 Catungal[①] 与 Curran 等人[②]指出的，地方原居民的日常生活文化往往处于一种先验性的被边缘化处境。

三　旧城更新中的多元主体与利益博弈研究

从本质上来说，城市更新是对城市社会关系进行调整、对城市空间利益进行再分配的过程，必然涉及不同主体的空间权益。中国城市正处于社会政治转型时期，居民对城市事务的政治参与诉求日益增强，城市更新也日渐成为多元主体进行博弈的场域。并且，伴随着我国城市更新由物质层面的形体改造转向综合经济、社会、文化等多重目标的综合再造，城市空间利益的分配不均以及由此带来的城市权问题成为广受关注的焦点。其中，城市历史地区的更新由于涉及大量城市居民的搬迁安置以及文化保存的问题，更引发了多元主体针对城市土地更新带来的经济收益、市民权利、社会福利等相关利益而进行争夺和博弈。因此，学界也越来越重视城市历史地区更新中的多元主体的浮现，以及由此而来的利益博弈问题。其核心议题主要有两个方面：对博弈主体、博弈方式以及由此形成的博弈结构的研究。

一是对城市更新中的多元主体及其博弈方式的研究。陈煊[③]以武汉汉正街的更新为例，指出地方政府、开发商与民众是主要的空间实践主体：地方政府依赖行政权力，通过对城市政策与规划的制定来介入博弈；开发商依赖资金、技术、关系来介入博弈；民众则通过自身人力、

---

① John P. Catungal, Deborah Leslie, Yvonne Hii, "Geographies of Displacement in the Creative City: the Case of Liberty Village, Toronto", *Urban Studies*, Vol. 46, No. 5 – 6 (May 2009), pp. 1095 – 1114.

② Winifred Curran, "In defense of Old Industrial Spaces: Manufacturing, Creativity and Innovationin Williamsburg, Brooklyn", *International Journal of Urban and Regional Research*, Vol. 34, No. 4 (2010), pp. 871 – 885.

③ 陈煊：《城市更新过程中地方政府、开发商、民众的角色关系研究——以武汉汉正街为例》，博士学位论文，华中科技大学，2009 年。

各种中介机构、国家法律、外界舆论压力等形式来发挥作用，大多依靠的是非正规性渠道。谢涤湘等[①]以广州恩宁路的更新为例，指出其中集中了地方政府、市民大众、专家学者与新闻媒体四类主体：地方政府凭借行政权威、经济实力、资源动员能力以及作为“科学理性”的城市规划而掌控更新改造的方向，但传统的“绝对权威”受到其他利益主体的制约；市民大众依靠微型社会抵抗活动来争取空间权益，部分地影响了政府决策；专家学者依赖大众传媒表达呼声，但存在被操控的可能；新闻媒体则依靠制造舆论。王春兰[②]以上海的城市更新为例，指出政府、商业利益群体、居民是城市更新中博弈的三方：城市政府依赖其自身的强制权、资源控制权、审批权以及制度主导权；商业利益群体从经济理性出发进行联盟或反抗；不同社会阶层的城市居民则因其社会资本、经济资本、文化资本的差异而选择不同的博弈策略。

二是对现阶段城市更新中形成的博弈结构的研究，指出现阶段地方政府、开发商、地方居民间形成非均衡结构，地方政府与开发商主导的政治经济议题仍掌控着城市更新的发展主流，地方居民的博弈与抗争往往只能促成有限目标的实现。吴春[③]的研究指出北京的旧城改造中，开发商与政府形成了共同渔利的“增长联盟”，旧城居民的话语权与反抗能力受限。方长春[④]指出现阶段城市更新过程中组织化的权力及资本与多元利益主体之间形成了不对等博弈结构：前者侵蚀其他主体利益，或是一厢情愿地代表其他主体利益诉求和公共利益诉求。陈浩、张京祥等[⑤]基于对南京南捕厅历史街区的实证研究，指出城市更新过程中“反增长联盟”的形成：其参与者主要包括原住民、知识精英、中央政府（国务院及其相关职能部门）、新闻媒体、地方政府等；但由于价值追

① 谢涤湘、朱雪梅：《社会冲突、利益博弈与历史街区更新改造——以广州市恩宁路为例》，《城市发展研究》2014年第3期。

② 王春兰：《上海城市更新中利益冲突与博弈的分析》，《城市观察》2010年第6期。

③ 吴春：《大规模旧城改造过程中的社会空间重构——以北京市为例》，博士学位论文，清华大学，2010年。

④ 方长春：《组织化的权力和资本与碎片化的多元利益主体——旧城改造中的公众参与及其本质缺陷》，《江苏行政学院学报》2012年第4期。

⑤ 陈浩、张京祥、林存松：《城市空间开发中的“反增长政治”研究——基于南京“老城南事件”的实证》，《城市规划》2015年第4期。

求、参与强度存在差异，这一“反增长联盟”呈现出松散型与碎片化的组织结构。因此，“反增长联盟”往往只能促成实现有限的目标，很难从根本上制约“增长联盟”推进的政治经济议题。

四　旧城更新对社区原居民的影响研究

在中国，旧城区历来是人口最为密集的区域，历史街区往往聚集稠密的民居。因此，中国的城市更新包含着大规模的拆迁安置工程，关乎相当数量居民的民生问题。根据 2001 年颁布的《城市房屋拆迁管理条例》与 2011 年颁布的《国有土地上房屋征收与补偿条例》，被拆迁人在面临房屋被征收时可选择货币补偿或房屋产权调换两种方式。旧城区居民大多教育水平较低、住房面积狭小，凭借个人经济能力与货币补偿难以购置新住房，因而，房屋产权调换则成为大多数原居民的选择。对于原居民而言，现行的拆迁安置使其居住的物质条件得到改善，如置换后的居住面积增大、房屋质量提高，但同时，“我们需要关注的是空间转换造成了原住区居民遭受社会排斥的风险增加，并在一些维度上已经出现了被排斥的事实”[①]。城市更新事件对社区原居民在经济、政治、社会关系、家庭结构等方面的影响，已成为学术界和社会舆论的热点。针对这一领域的研究将关注点置于更新地区的原居民，从微观层面解读了城市更新的公平正义问题。目前相关研究主要围绕以下四个方面而展开：

一是缺乏合理设计的城市更新使社区原居民面临生活、社会关系、文化心理等多方面的负面影响，如失业现象增加、社区邻里破坏、社会网络断裂等，原居民事实上成为城市更新的社会成本承担者。如周素红[②]、何深静[③]、吕陈[④]等学者指出原居民在安置社区内通常面临就业排

① 邵任薇：《城市更新中的社会排斥：基本维度与产生逻辑》，《浙江学刊》2014 年第 1 期。

② 周素红、程璐萍、吴志东等：《广州市保障性住房社区居民的居住—就业选择与空间匹配性》，《地理研究》2010 年第 10 期。

③ 何深静、袁振杰、李洁华：《广州亚运会旧城改造项目对社区居民的影响研究》，《规划师》2010 年第 12 期。

④ 吕陈：《保障性社区居民的居住—就业变迁与空间匹配性——基于南京市西善花苑小区的调查研究》，《转型与重构——2011 中国城市规划年会论文》2011 年 9 月。

斥、基本公共服务缺乏、社会资本减少等问题，尤其是居住—就业空间的不匹配对居民的生活质量造成了相对严重的影响。二是简单的拆迁、安置的做法致使原社区的社会网络与城市肌理遭受破坏，致使居民面临社会网络的重建、城市社会面临场所精神的重构。如何深静[①]、郭凌[②]指出，以老街区改造为核心内容的城市更新往往面临着社会网络瓦解、城市肌理切断、历史遗迹消失、城市空间变异等问题。三是聚焦于城市更新中的中低收入居民在此过程中面临失去家园、谋生环境以及原有社会经济网络的困境。如黄亚平[③]、徐建[④]等学者发现拆迁安置群体以中老年为主，教育水平较低、下岗失业情况严重，城市更新可能导致其整体性地遭受社会排斥，在就业、生活、人际交往上都面临重重困境。四是近年来日益增多的对原居民的跟踪研究，通过对比更新前后社区居民在物质、社会和心理层面上遭受的影响，展开了更为系统的分析与纵向比较研究。如何深静[⑤]通过跟踪研究广州亚运会期间更新改造的三个案例，指出由于城市更新缺乏对社区居民的全面考虑，导致部分居民的社会经济地位降低、社会网络破坏、邻里关系拆散、社区满意度下降。

第四节　研究对象与研究方法

一　研究对象

秉持“社会空间辩证统一”的认知观，本书的研究对象为南京“老城南”核心片区与该片区中被拆迁安置的居民：在旧城更新的过程

---

① 何深静、于涛方、方澜：《城市更新中社会网络的保存和发展》，《人文地理》2001 年第 6 期。

② 郭凌、王志章：《历史文化名城老街区改造中的城市更新问题与对策——以都江堰老街区改造为例》，《四川师范大学学报》（社会科学版）2014 年第 4 期。

③ 黄亚平、王敏：《旧城更新中低收入居民利益的维护》，《城市问题》2004 年第 2 期。

④ 徐建：《社会排斥视角的城市更新与弱势群体——以上海为例》，博士学位论文，复旦大学，2008 年。

⑤ 何深静、刘臻：《亚运会城市更新对社区居民影响的跟踪研究——基于广州市三个社区的实证调查》，《地理研究》2013 年第 6 期。

中，“老城南”核心片区在空间形态与功能、社会结构与关系上都经历了重组与转换，片区内居民的生活空间因拆迁安置而面临置换与重建，表现为“社会空间”意义上的重构，因此，本书既关注旧城空间是如何生产的，也关注旧城居民生活空间的生产是如何生产的。由此，通过对“老城南”核心片区旧城更新这一具体的城市过程所带来的城市社会空间变迁进行全面描摹，以深入探究现阶段中国城市更新如何实现城市特定空间的重构，又如何催生社会关系的重组与社会秩序的重建，以此把握城市社会空间变迁的动力机制。

本书的实证区域为南京的门东、门西与南捕厅地区，这三块地区共同组成了南京政府部门划定的“老城南历史城区”①（以下简称“老城南”）核心片区，② 面积共计0.63平方千米③，隶属于南京市秦淮区④。由于存有大量的明清建筑风格的民居，这三个地区在《南京历史文化名城保护规划（2002）》中被划定为“历史文化保护区”。在修编后的《南京历史文化名城保护规划（2010—2020）》中这三个地区中包括两条“市级历史文化街区”，其余部分则被划定为“历史风貌区”。自2006年南京市提出“建设新城南”计划后，作为“老城南”的核心片区，门东、门西、南捕厅都率先启动了大规模的旧城更新，至2016年，已先后建成“熙南里”金陵历史文化风尚街区、“老门东”箍桶巷示范段与胡家花园等文化商业与文化旅游空间，以及“雅居乐·长乐渡”、南捕厅三期等居住或商住两用的别墅群落。剩余地块也基本完成规划与设计方案，更新工程也在不断地推进之中。作为南京地区历史悠久的居民聚居区，“老城南”核心片区的更新工程共涉及万余户居民的拆迁与

---

① 2012年发布的《南京历史文化名城保护规划（2010—2020）》中划定了三片历史城区，其中“城南历史城区”北至秦淮河中支、东西分别至外秦淮河、南至应天大街，总面积约6.9平方千米；而老城南历史城区则是城南历史城区位于明城墙内部的部分，北至秦淮河中支，南、东、西方向均至明城墙外侧，总面积约5.56平方千米。

② 《南京市政府关于南京老城南历史城区保护规划与城市设计的批复》。

③ 其中：门东地区北起剪子巷，南至明城墙，西起中华门瓮城，东至转龙巷，总面积约15.0万平方米；门西地区南侧与西侧以明城墙为界，北至南京印染装饰总厂北界—凤游寺—集庆路，东至鸣羊街，总面积约30.9万平方米；南捕厅地区东起中山南路，北靠千章巷、泥马巷，西临鼎新路，南至升州路的传统民居片区，总面积约16.8万平方米。

④ 2013年南京行政区划调整之后，原隶属于白下区的南捕厅地区被并入秦淮区。

安置，其中南捕厅地区、门东地区、门西地区的更新改造分别涉及6000余户、1100余户、3800余户居民的搬迁，[①] 居民的生活空间也因这一过程而发生变化。

本书之所以将"老城南"的核心片区的旧城更新作为研究案例，是基于"目的性抽样"原则的考虑。目的性抽样是指按照研究的目的抽取能够为研究问题提供最大信息量的研究对象，也被称为"理论性抽样"，即按照研究设计的理论指导进行抽样。其目的并非强调可以发展为泛化的相似性，而是为了展现使得情境具有独特风格的各种细节，[②] 其研究结果的效度也不在于样本数量的多少，而在于样本的限定是否适合以及这些样本是否可以比较完整地、相对准确地回答研究者的研究问题[③]。从本书的关注点出发，即现阶段中国城市更新所涉及的空间形式的社会生产过程、构建出来的空间结构和社会结构之间的内在关联，以及文化在城市空间生产中的作用与角色，本书在样本选择上主要有以下三方面的考虑：第一，应相对完整地经历了城市更新的过程，存在实质性的空间实践可被观察；第二，应在空间重构的过程中涉及了大规模的人群更替，能够体现社会结构与空间结构互构的意涵；第三，应具有一定的历史文化脉络并被应用于构建特定的空间内涵（见图1.1）。

就第一点而言，自2006年南京市开始大规模推进"建设新城南"的城建工程后，"老城南"核心片区已历经十年的更新改造历程，其中已有相当数量的街区完成了物质空间层面的更新，并以旅游文化街区的"新"空间形式作用于城市空间结构与社会结构的再生产，存在典型的空间向度的呈现形式。就第二点而言，"老城南"核心片区是稠密的人

---

① 数据由秦淮区房屋拆迁安置办公室相关负责人提供。需要说明的是，以上统计数据是按照"户口人头"进行统计的，而非按照实际居住的居民户数进行的统计。

② 许华琼、胡中锋：《社会科学研究中自然主义范式之反思》，《自然辩证法研究》2010年第8期。

③ 陈映芳等：《都市大开发：空间生产的政治社会学》，上海古籍出版社2009年版，第199页。

图 1.1　本书的重点调查研究范围

口居住区，也是典型的城市贫困区①，其城市更新过程在当前的拆迁安置政策下往往伴随着大量内城被拆迁居民向城郊安置社区的空间转移，如仅在门东 C2 与 D4 地块的更新中，涉及的拆迁居民户数就达到 2200 余户，而更新后的空间则以文化旅游空间的属性迎接着新的空间使用

① 吴缚龙、何深静、刘玉亭、宋伟轩、汪毅等人的研究均指出，南京老城南地区具有典型的贫困社区特征，贫困人口比例较高。具体参见刘玉亭、吴缚龙、何深静《转型期城市低收入邻里的类型、特征和产生机制：以南京市为例》，《地理研究》2006 年第 6 期；何深静、刘玉亭、吴缚龙《南京市不同社会群体的贫困集聚度、贫困特征及其决定因素》，《地理研究》2010 年第 4 期；宋伟轩、陈培阳、徐旳《内城区户籍贫困空间剥夺式重构研究——基于南京 10843 份拆迁安置数据》，《地理研究》2013 年 8 月；汪毅、何淼、宋伟轩《侵入与接替：内城区更新改造地块的社会空间演变——基于南京 6907 个外迁安置家庭属性数据》，《城市发展研究》2016 年第 3 期。

者，这构成了城市社会空间变化的基础。就第三点而言，“老城南”迄今已有2500余年历史，是被专家、学者公认的“南京文化之根”“南京本地文化的活化石”[①]。其更新过程也体现了从推倒历史遗存向发现历史遗存价值而策略性地进行保护和激活的转变，近年来更出现了以其文化价值作为其未来发展定调的倾向，其具体实践将有助于探讨文化对于城市空间再结构的意义。另外，由于“老城南”核心片区中具体地块的更新启动时间不一，因此在具体的更新目标、更新内容、更新方式上存在一定的阶段性调整与差异，这既是特定时期城市政治、经济、文化等综合背景下的发展选择，也是城市多元主体进行博弈后的权衡。这对于研究者而言就构成了一个相对完整且全面的解读样本。

进一步而言，从个案研究的内涵出发，本书追求的是所选取个案的“典型性”而非“代表性”。个案研究的目的在于形成对某一类共性（或现象）的较为深入、详细和全面的认识，包括对“为什么”（解释性个案研究）和“怎么样”（描述性个案研究）等问题类型的认识[②]，因此，个案研究的任务重点并非弄清某类现象的边界，而是通过研究人员对个案的具体分析，借助于分析性的扩大化推理而上升至理论层面的演绎，即遵循定性研究的逻辑：基于描述性分析，本质上是一个归纳的过程，从特殊情景中归纳出一般的结论[③]。由此，这种个案的“可外推性”依赖的是个案的典型性，而非代表性，同时，典型性不是个案“再现”总体的性质（代表性），而是个案集中体现了某一类别的现象的重要特征。[④] 从这个意义上而言，典型性是某一种共性的集中体现，

---

① 周学鹰、张伟：《简论南京老城南历史街区之文化价值》，《建筑创作》2010年第2期。

② Robert K. Yin, *Case Study Research: Design and Methods* (*2nd Edition*), Campell: Sage, pp. 4－9.

③ 风笑天：《社会学研究方法（第二版）》，中国人民大学出版社2008年版，第12页。

④ 王宁：《代表性还是典型性？——个案的属性与个案研究方法的逻辑基础》，《社会学研究》2002年第5期。王宁在这篇文章中指出，个案并非统计学意义上的样本，并不存在样本与总体的预设关系，因此关于个案研究的代表性问题是“虚假问题”。并且，在个案研究中的“扩大化推理”逻辑并不同于统计性的扩大化推理，其目的并非将结论扩大至总体，而是一种分析性推理，即从个案上升到一般结论的归纳推理形式，这是个案研究的逻辑基础所在。因此，在个案的代表性不清楚的情况下，必须通过选择典型性个案来实现可外推性。

个案的选择也需要遵循集中性的标准。

本书所选取的“老城南”核心片区的更新过程即是具有集中性特性的典型个案。首先，“老城南”核心片区集中体现了现阶段中国处于更新之中的旧城的普遍特征：基础设施落后、大量城市中下阶层聚居，又地处城市中极富区位价值的中心区域，是当下中国大规模城市更新的重点区域。其次，“老城南”核心片区的更新集中反映了中国城市更新中的空间利益分配问题，构成了国家、市场和社会直接产生接触与碰撞的场域。城市更新所涉及的城市公共物品与发展利益的分配问题已成为近年来众多城市社会矛盾爆发的源头所在，同时伴随着市民意识的不断增长，围绕城市更新的利益博弈乃至社会冲突都呈现增长之势。在“老城南”的更新改造过程中，多元的利益群体都展现了丰富的空间实践，各主体之间的利益博弈过程也使得“老城南”的更新改造显得尤为曲折，其间的矛盾、争议也曾引起国务院、中央部门以及社会各界的广泛关注，是具有一定社会影响力的经典案例。同时，大量被拆迁居民在此过程中经历的生活空间置换，集中体现了城市更新对日常生活尺度造成的种种影响。最后，“老城南”核心片区的更新集中展现了现阶段中国旧城更新中文化策略的空间铺陈过程。在近年来一系列推动文化经济、文化产业发展的政策作用下，我国的城市更新出现了明显的“文化转向”，纷纷以“文化”作为包装。“文化”作为城市空间重构的新动力也引发了对这一工具性视角下城市文化命运的反思。在“老城南”核心片区的更新过程中，文化旅游、文化经济的发展一直是政府规划强调的重点，近年来更是作为重要的“文化旅游项目”频频出现在各类政府文件中①。在“老城南”十余年的更新历程中亦伴随着对文化价值的不断探讨，其具体实践也呈现了文化作为一种新兴策略、历史建筑作为一种价值资源如何介入城市空间的发展。综合以上因素考量，“老城南”核心片区都可被视作一种典型性个案，存在分析性的扩大化推理的可能性。

---

① 如在《关于完善“畅游南京”体系，加快旅游业改革发展三年行动计划（2015—2017）》中就提出“坚持旅游与文化融合发展，综合保护和利用南京丰厚的历史文化资源”，并将“老城南历史文化街区”的建设作为17个文化旅游项目之一予以打造。资料来源：http：//www.nanjing.gov.cn/njszfnew/qzf/glq/glqlyj/201501/t20150121_3172609.html。

二 研究方法

霍利（Amos Hawley）曾指出，城市是一种累积性与连续性的社会变迁，若过度依赖横断面的静态分析就无法掌握纵断面的系统变化，以致获得错误的结果或推论。[①] 因此，本书希望借助相应的研究方法既从横断面上剖析具体现象，又从纵断面上把握研究对象的发展脉络与演化逻辑，从而在历时态与共时态的双重维度中考察变迁中的城市社会空间：在共时态的维度中，笔者希望借助于对政府法规、政策及相关文件的分析，以及对相关人员的长期跟踪访谈、特定事件的观察，实现对特定时期的社会治经济与文化背景进行把握，对各种不同因素的交织、各种多元主体的互动进行考察，从而理解不同力量如何作用于“老城南”核心片区的社会空间重构，以此探寻城市更新过程中主导城市空间走向的动力机制；在历时态的维度中，一方面借助 2001—2011 年南京市内城区 155 个拆迁地块拆迁前与拆迁后的用地功能、土地使用等空间属性数据，来描摹“老城南”核心片区在更新前后物质空间形态的变化；另一方面通过对“老城南”未拆迁居民与已拆迁安置居民的深度访谈，以及 2001—2011 年“老城南”核心片区内共 2299 户拆迁安置家庭的社会属性数据，来把握社会空间阶段性特征与演化历程。

笔者对“老城南”核心片区的研究主要以对事件的长期观察为基础：借由导师负责的南捕厅历史街区的课题项目，笔者自 2009 年就开始关注南京“老城南”核心片区的更新改造，并对其持续关注至今，其间针对相关参与主体进行了数次深度访谈，并就特定主题开展了问卷调查，积累了大量的经验资料。在具体方法上，本书综合运用个案访谈法、文献研究法、实地观察法及城市空间分析法等多种方法，以期能够搜集与掌握更多的实证资料，深入研究对象的具体背景之中。

1. 个案访谈法

本书采取非结构式访谈法，着重对以下三类人群进行了个案访谈。

---

① Amos H. Hawley，“Human Ecology：Persistence and Change”，American Behavioral Scientist，Vol. 24，No. 3（1981），pp. 424 – 444.

第一类是“老城南”核心片区的未拆迁居民：笔者于2009年7—8月、2010年1—2月、2013年10—11月、2016年3—4月先后多次对“老城南”核心片区的被拆迁居民进行了深度访谈，内容主要包括被拆迁居民的日常生活与社区认同、祖居历史与风俗文化、拆迁补偿与安置意愿、对“老城南”已更新区域的评价、对“老城南”后续更新的期待等。其中，2009年7—8月与2010年1—2月的深度访谈均依托于导师的课题而进行，访谈对象为南捕厅地区的未拆迁居民，共计访谈居民48名；2013年10—11月的访谈主要以“老门东”箍桶巷示范段的开街为契机，访谈对象为门东地区的未拆迁居民，共计访谈居民22名。由于这两个时间段内进行的深度访谈在访谈对象上存在一定的局限性，因此，笔者于2016年3—4月对门东、门西、南捕厅三个地区内共计41名未拆迁居民进行了深度访谈，一方面补足前期访谈的缺陷，另一方面与前期访谈资料相结合以把握“老城南”核心片区在旧城更新中所呈现出的阶段性社会空间。作为“老城南”核心片区更新的“亲历者”，这些居民的讲述既帮助笔者从社区生活的层面理解“老城南”核心片区传统的社会空间样态，也使得笔者可以更好地理解他们在面临旧城更新与被迫搬迁时的心理变化与行动选择。这些访谈均在“老城南”核心片区内进行，采取半结构式入户访谈的方法。

第二类是“老城南”核心片区的已动迁安置居民：从“社会空间辩证统一”的观点出发，“老城南”核心片区的旧城更新不仅仅带来其本身空间的重塑，也使得被拆迁居民的生活面临重构。在“老城南”核心片区的被拆迁居民中，多数居民通过产权置换的方式选择了安置住房，迁往南湾营、岱山等保障性社区。因此，笔者于2012年1—2月、2014年6—7月、2016年1—2月对共48位“老城南”核心片区拆迁安置居民进行了深度访谈，了解其拆迁之前的个人与家庭基本生活情况、拆迁安置过程以及迁居后的生活状况、个人认同、社会交往等多方面的内容。其中，对个别个案进行了三次跟踪调查，从而更好地把握其生活空间的重构过程。这些访谈均在被拆迁居民的现居住小区内进行。同时，笔者还对这些小区的社区管理人员进行了访谈，从而获取了社区整体在人口特征、经济收入、公共服务等方面的信息。

第三类是“老城南”已更新区域的游客、消费者、经营商家：作为新的空间使用者，这类人群对于“老城南”核心片区的空间感知有助于理解象征经济与消费文化在社会空间重构中的作用机制。因此，本书选取了“老城南”核心片区已建成开街的熙南里街区与老门东街区，采用一般访谈法于2016年3月对7户经营商家、23位游客进行了随机访谈。同时还对南京城南历史文化保护与复兴有限公司、南京城建历史文化街区开发有限责任公司、老门东管委会相关工作人员进行了访谈。

2. 文献研究法

除采用个案访谈法对研究对象进行具体分析外，本书还采用了大量的文献资料进行研究。同时，为了更加全面地了解研究对象，笔者还搜集了以下二手资料：

（1）2006—2015年南京市政府关于旧城改造、城市更新和城市拆迁等的相关政策、法规、条例和政府文件；

（2）2001—2011年南京市内城区6907户城市被动外迁安置家庭的主要属性数据，其中包含门东、门西、南捕厅三个地区共2299户拆迁安置家庭；[①]

（3）从南捕厅、门东、门西三个地区动迁安置到南湾营保障性片区（包括宁康苑、润康苑、文康苑、馨康苑等四个社区）中的356户、886名居民的社会经济属性数据；

（4）“老城南”核心片区的各种规划文本以及上位规划文本，包括《南京老城保护与更新规划》（2003）、《南捕厅街区历史风貌保护与更新调整规划》（2006）、《门东“南门老街”复兴规划》（2006）、《南京老城南历史城区保护与复兴规划》（2010）、《南京历史文化名城保护条例》（2010）、《南京历史文化名城保护规划（2010—2020）》（2012）、《南京老城南历史城区保护规划与城市设计》（2012）、《评事街历史风貌区保护规划》（2013）、《荷花塘历史文化街区保护规划》（2013）、《评事街历史风貌区大板巷西侧地块保护与复兴规划设计方案》（2015）等等；

（5）大众媒体中关于“老城南”核心片区的各种文章资料，包括

① 数据来源：利用南京市住房和城乡建设委员会所提供的相关数据进行整理所得。

报纸、杂志、旅游网站、微博等自媒体中“老城南”核心片区的文字资料、影像资料，以及对于“老城南”核心片区更新改造的正负面评价与报道等；

（6）实地调研中受访居民提供的材料，包括居民对于南捕厅历史街区更新改造的“上书”、申请经济适用房的安置的回执、拆迁补偿款领借款单据等；

（7）关于“老城南”的调研报告、研究文章、著作等，以求为本书提供启发与思路。

3. 实地观察法

实地观察法是观察者在一定的目的与计划的指引下，能动地了解社会现象的方法。因此，本书也采取了长期的实地观察法，以期获得嵌入性与跟踪性，更加细致与深入地把握研究对象各个方面的特征。本书主要采取非参与式观察法，以旁观者身份进入场所，对实地的观察主要集中在两个层面：一是物质空间层面，重点在于“老城南”核心片区在不同更新阶段所呈现出来的物质景观、公共空间特征，是具体的空间营造；二是社会空间层面，重点在于更新改造之前与之后“老城南”核心片区的人群特征、活动模式、互动交往等，以及拆迁安置居民在现居住社区的日常社区交往等。对于前者的实地观察，往往以特定空间事件为节点（如老门东开街）进行观察，从而形成对物质空间变迁的直观感受；对后者的实地观察，则考虑到时间点对人群活动的直接影响而尽可能地覆盖了工作日与节假日等不同时间段。

4. 空间分析法

本书的立足点在于社会结构与空间结构的互构性，因此利用空间数据进行可视化分析对于本书也至关重要。在南京市住房和城乡建设委员会所提供的相关数据上，本书整理了“老城南”核心片区更新前后的用地功能、土地使用等空间属性数据，以及被拆迁家庭的主要属性数据。前者可以从宏观层面对“老城南”核心片区更新前后的物质空间演变进行可视化的呈现，直观地揭示空间格局的变迁；后者可以用于呈现“老城南”核心片区在更新前的社会空间特征，从而更好地从社会脉络中与更新后的社会空间进行比较，理解空间形式的社会生产过程，以及特定空间的城市迁移轨迹。

第二章

南京旧城更新的时空脉络与特征分析

这是个关于起源的故事——实际上，是一则创世故事——一则永久不熄的关于新开端、不停更新以及都市大改造的现代化洪流的故事；简言之，故事诉说的是起源的起源。

——赫伯特·马斯卡姆[①]

第一节 “城市更新”的内涵与中国的本土实践

“城市更新”作为一种思想、学说和运动，它的被提出和大规模实践，主要发生在近代，尤其是“二战”以后。战后的西方各国，为其战后城市重建、经济复兴等需求，纷纷通过制定、颁布各种城市计划与政策，借助土地再开发，来解决内城衰退和经济凋敝等问题。[②] 在英文文献中，由于城市更新指涉着城市变迁的动态且复杂的过程，因此，在其进阶式的演进过程中，“城市更新”一词的内涵也发生着变化，出现了 Urban Reconstruction、Urban Redevelopment、Urban Renewal、Urban Regeneration、Urban Renaissance 等数个不同的英文术语。而每一个不同的术语都是一定的时代背景与城市问题的产物，代表着西方社会所经历的城市更新的历程。如作为西方城市更新的代表，英国的城市更新经历了从福利色彩的国家工程到多方合作的城市治理的转变，美国的城市更

---

① 莎伦·佐金：《裸城》，丘兆达、刘蔚译，上海人民出版社 2015 年版，第 1 页。

② 陈映芳等：《都市大开发：空间生产的政治社会学》，上海古籍出版社 2009 年版，第 41 页。

新则由清理贫民窟的形体改造逐渐发展至振兴市中心的综合开发。其中，早期的城市更新理论与实践深受“形体决定论”的影响，出现了“扫除式”的内城重建，不仅导致城市空间日益非人性化与去脉络化，也摧毁了城市当地的邻里与社区，如美国在20世纪50年代中期至70年代初期的Urban Renewal就被批评为“‘黑人’清除”运动（Negro Removal）①。伴随着芒福德、雅各布斯等学者的批评，以及社会各界对20世纪50年代至70年代的城市更新的反思，西方城市更新开始强调回归人本主义，从而使得城市更新跳脱出物质层面的改善，而逐渐结合物质、社会和经济等多方面诉求，更加强调综合环境层面的再生，并在延续公私伙伴关系的基础上，加强与社区层面的合作。由此，城市更新开始囊括进了更加丰富的内容，参与主体也日趋多元。在一系列城市更新的政策引导与实践推动下，西方的城市更新在20世纪70年代以来出现了“地产主导的城市更新”（Property-led Urban Regeneration）与“文化主导的城市更新”（Culture-led Urban Regeneration）两大主要模式。在这两大模式的主导或交互作用下，西方城市衰落破旧的内城重新恢复繁荣，实现了大量中产阶级自主回迁内城，并助推了城市第三产业与文化经济的兴起。在此过程中，城市社会空间则出现了“绅士化”（Gentrification）② 的过程与“迪斯尼化”（Disneyfication）③ 的特征（见图2.1、表2.1）。

① 在1956年至1972年间，美国共有380万人口因城市更新计划与城市高速公路建设而被迫迁移，然而地方政府公共住房与低成本的私建房产供给短缺，难以满足安置需求。并且，由于重点在于城市中心的“黑人”社区，这一时期的城市更新被批评为“‘黑人’清除”（Negro Removal）运动。具体参见Peter Dreier，John Mollenkopf，Todd Swanstrom，*Place Matters：Metropolitics for the Twenty-first Century*，Lawrence：University Press of Kansas，2004。

② 所谓“绅士化”是指由于“作为规划方案主要评价标准的综合性与公平性被经济理性与地方竞争力取代”，城市更新带来了对城市中下阶层居民的驱逐，他们无力承担城市更新后地价与租金的上涨而被迫迁至郊区，城市中心的空间与土地资源则吸引了中产阶级家庭的回迁。具体参见Neil Smith，“Toward a Theory of Gentrification：A Back to the City Movement by Capital，not People”，Journal of American Planning Association，No. 45（1979），pp. 538 – 548。

③ 所谓“迪斯尼化”是指在城市更新过程中，文化旗舰项目在城市中心的出现以及大量主题环境的营造，其目标都在于娱乐业和旅游业的发展。具体参见Kevin F. Gotham，“Urban Redevelopment，Past and Present”，in Kevin Fox Gotham ed.，*Critical Perspectives on Urban Redevelopment*（*Research in Urban Sociology*，*Volume 6*），Bingley：Emerald Group Publishing Limited，2001，pp. 1 – 31。

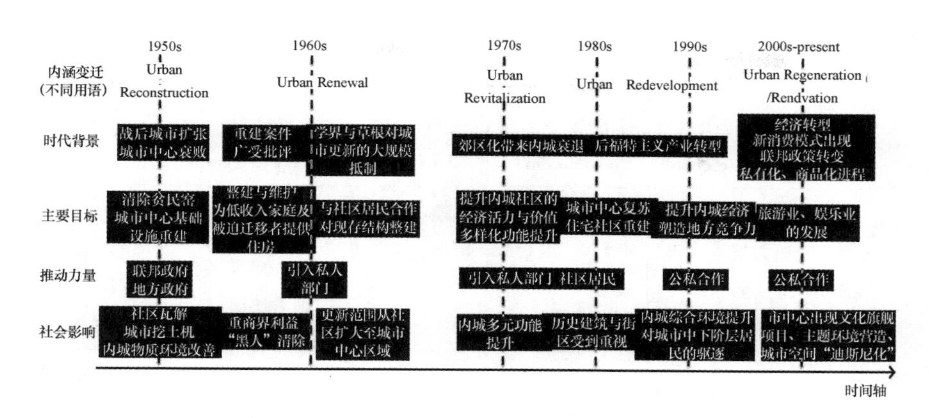

图 2.1　美国城市更新内涵演化图（作者自绘）

表 2.1　　英国城市更新内涵的变迁（1950s－1990s）①

时期/政策类型	20 世纪 50 年代：reconstruction	20 世纪 60 年代：revitalization	20 世纪 70 年代：renewal	20 世纪 80 年代：redevelopment	20 世纪 90 年代：regeneration
主要策略与导向	城市老旧地区的重建与扩大；以总体规划为基础；郊区发展	延续 50 年代的主题；对整建的初步尝试	关注原地更新与邻里方案；依旧开发城市外围地区	城市开发与再开发旗舰项目；远离市镇方案	转向综合性的政策与实践；强调整合性计划
主体及利益相关者	国家和地方政府；私人开发商和承包商	公共部门和私有部门共同作用	私有部门逐渐承担越来越重要的作用；地方政府的角色“去中心化”	强调私有部门、公共基金的作用；公私伙伴关系增长	公私伙伴关系是主导；地方政府权力下放；社区赋权与社区参与

① Peter Roberts, Hugh Sykes, *Urban Regeneration: A Handbook*, London: Sage Publications, 1999, p. 14.

续表

时期/政策类型	20世纪50年代：reconstruction	20世纪60年代：revitalization	20世纪70年代：renewal	20世纪80年代：redevelopment	20世纪90年代：regeneration
空间层面	地方层面和基地层面	开始关注区域层面	早期关注区域层面；后期更多关注地方层面	早期关注基地；后期关注地方层面	重新引入战略性视角；区域层面的活动增加
经济重点	以公共部门投资为主导；私有部门适度参与	50年代的继续；私有部门作用开始增强	公共部门投资弱化；私有投资日益增长	私有部门主导；公共部门以基金协助	公共部门、私有部门和志愿部门之间更为平衡的投资合作
社会内涵	住房和生活标准的改善	社会与福利的改善	以社区为基础的行动；更大的社区赋权	社区自主，政府协助	强调社区的作用
物质重点	内城重建和外围地区开发	延续前一阶段；同时开始对城市既有地区整建	旧城更加广泛的更新	大型更新开发案；旗舰型计划	较之80年代更为缓和；物质遗产的保护与保存
环境对策	景观和绿化	选择性改善	环境改善；一些创意性的环境策略	更广泛的对环境对策的关注增长	环境可持续发展概念的引入

资料来源：Stohr（1989）和Lichfield（1992）。

总体而言，在西方城市，城市更新是对内城衰败地区的重新规划与设计，以期实现社会、经济、文化等多维度复兴的过程。通过保护、修缮、拆迁或重建，来改变内城地区的产业与人口结构，在内城物质环境现代化的基础上，实现经济和社会发展的诉求。[①] 因此，城市更新构成

① 陈映芳等：《都市大开发：空间生产的政治社会学》，上海古籍出版社2009年版，第43页。

了一个与郊区化相反的社会结构变迁，“发达国家的城市中心区位，正在向更高一个层级变迁，城市中心区位的更新与发展正在成为一个新的增长极”，[①] 具有城市结构调整、产业功能重构、居民生活重建等社会、经济的不同面向。

中国的城市更新是在中国特有的历史时空背景下针对旧城、老城或城市传统的中心地区而展开的空间再造与重构，因此大多被表述为“旧城更新”。不同于英美等西方国家在“二战”后推动的城市更新，中国的旧城更新并不是城市化进程发展到郊区化现象时的城市空间结构的调整，应对的问题也并非内城经济活力下降、动乱骚乱频发、中产阶级流失等，而是由于长期计划经济制约下城市长期缓慢、滞后发展而产生的功能结构性缺失，由此而来对城市空间调整、功能重塑的需求，以解决城市产业结构与时代发展脱节、基础设施建设难以满足城市与居民所需等问题。在这种特定环境下，城市空间、人口、经济规模扩大为主要特征的机械化，假性城市“生产更新”往往成为被强调的重点[②]，也使得中国旧城在进行更新时依旧承载大量人口，引发了种种社会矛盾与问题。

根据相关学者的研究，中国的城市更新经历了以下四个阶段的演化[③]（见表2.2）：第一阶段为解放初期至改革开放之前。在“生产城市”建设的主导下，旧城只能依循“充分利用，逐步改造”的策略，以棚户和危房简屋的改造及最为基本的市政设施的提供作为局部的改建或扩建，为日后旧城面临公共设施的负荷超载埋下了隐患。同时，其间由于特定历史事件的影响，经济持续衰退与城市建设无人管理相伴而

---

① 张鸿雁：《侵入与接替——城市社会结构变迁新论》，东南大学出版社2000年版，第376页。

② 李建波、张京祥：《中西方城市更新演化比较研究》，《城市问题》2003年第5期。

③ 相关研究见：吴明伟：《走向全面系统的旧城更新》，《城市规划》1996年第1期。耿宏兵：《90年代中国大城市旧城更新若干特征浅析》，《城市规划》1999年第7期。阳建强：《中国城市更新的现状、特征及趋向》，《城市规划》2000年第4期。李建波、张京祥：《中西方城市更新演化比较研究》，《城市问题》2003年第5期。陈映芳：《作为社会主义实践的城市更新：棚户区改造》，林拓等：《现代城市更新与社会空间变迁：住宅、生态、治理》，上海古籍出版社2007年版。王凌曦：《中国城市更新的现状、特征及问题分析》，《理论导报》2009年第9期。刘欣葵：《北京城市更新的思想发展与实践特征》，《城市发展研究》2012年第10期。

生，旧城也陷入了发展困境之中。第二阶段为改革开放至20世纪90年代初期。这一阶段的主要目标是解决下放人员和知青的"返城潮"带来的日益增加的住房需求，增强旧城地区的承载能力。此时大多通过"拆一建多"的方式充分利用旧城、补充生活设施，并对条件较为恶劣的地区进行改造。第三个阶段为20世纪90年代。这一时期城市更新的目标在于"成片"的危旧房改造以激发萎缩的商业机能，在追求土地和空间市场利益的导向下，大规模拆建带来的城市空间重构成为这一时期城市空间形态的主要特征。旧城更新也不再只局限于消极地改善城市破败地区的环境质量，再开发、再利用的多重经济价值被挖掘出来，在房地产市场的不断带动下，城市更新也在全国范围内开展，形成了以房地产开发带动为主的改造模式，由此带来了大规模的居民动迁与旧城拆建，引发了诸多社会矛盾，"建设性破坏"尤为严重。第四个阶段始于21世纪。无论是学界还是地方政府都开始对20世纪90年代大拆大建式的城市更新进行了广泛的反思：一方面，承认城市更新在不同程度上解决了旧城空间格局混乱、居住拥挤、基础设施不足、环境恶劣等问题；另一方面，中心区过度开发、传统风貌丧失、社会网络破坏等问题引起了广泛批评与关注。这一时期城市更新的触角进一步延伸至危旧房、城中村、老工业区、历史街区，在此过程中，如何延续、利用、开发、再生产城市文化资源，使之服务现代城市的功能，也成为旧城更新的重点之一。

表2.2　中国城市更新各阶段的主要理论及重要观点（作者整理）

阶段	时间	时代背景与社会影响	指导思想/代表理论	重点内容
"旧城改造"阶段	中华人民共和国成立初期至改革开放	生产性的城市建设，城市改造是为了配合重点工业项目；"文化大革命"导致城市处于失控状态，城市建设出现倒退	"充分利用，逐步改造"	配合城区的重点项目，旧城区充分利用原有的房屋、设施进行局部改造或扩建

续表

阶段	时间	时代背景与社会影响	指导思想/代表理论	重点内容
“旧城改造”阶段	改革开放至90年代初期	城市职工住房需求剧增，多年动乱与贫困造成的城市布局混乱，大规模的棚户区和简屋	从旧城边缘向中心的“填空补实”“拆一建多”	大量修建住宅改善居民居住问题，结合工业布局的调整，进行工业建设项目的规划；非生产性建设增多，以最少的资金解决最多人的居住问题
“城市更新”阶段：综合更新	20世纪90年代	内旧外新的城市景观；伴随经济体制改革，激活商业机能成为核心目的；城市肌理在大规模的更新中遭到破坏，传统风貌丧失	“系统更新”“拆、改、留”“小规模、渐进式”“有机更新”（仅有部分在实践中被采纳）	以房地产为导向的推倒式重建；旧城区的大规模拆建
	2000年迄今	更新改造规模不断扩大，深入城市的危旧房、城中村、老工业区、历史街区；城市第三产业发展；全球化经济	“城市经营”“全面系统”“文化更新”	开始注重城市更新中城市文化的保护，提出要保存城市特色，保留城市多样性；大拆大建的模式被否定，强调更为综合、系统、渐进的城市更新模式；如何利用文化资源塑造旧城形象成为重要课题；注重城市更新与第三产业的协同发展；城市营销、城市品牌的概念确立

由此可以看出，中国的城市更新起初以局部危房改造、基础设施建设为主要目标，尚表现为旧城的形体改造。随后，伴随着政治经济与城市发展之间的关系演变，城市空间的消费性、文化性都在这一过程中被发掘出来，旧城更新也与第三产业发展、全球资本循环等新的城市发展趋势联系起来，涉及了物质性更新、空间功能结构调整、人文环境优化等社会、经济、文化内容的多重目标①，而成为中国各城市实现现代化诉求、城镇化发展、市场化转型的一种空间手段，与中国社会经济的种种转型逻辑交织在了一起。同时，在20世纪90年代以后，中国城市更新的广度与深度都在不断拓展，而成为塑造中国城市社会空间的一股重要力量。

第二节　南京旧城更新的时空脉络与阶段演变

本章第一节的分析已指明，无论在西方还是中国，“城市更新”本质上是一种政府推动的社会政策，因此，不同时期的“城市更新”往往与城市发展特定阶段中的政治、经济、社会脉络紧密相连。基于这一认知，本节的目的即在于将南京的旧城更新放置于城市发展的阶段性背景之中，探究不同阶段的城市政经范畴如何衍生出了特定的政策话语，又如何在具体实践过程中作用于城市社会空间的变迁。同时，也为下文对“老城南”核心片区旧城更新的分析提供一个整体性的背景分析及这一旧城更新所发生的特定阶段的特征分析。

一　计划经济体制中的旧城修补与产权改造（1949—1978年）

结合第一节中对中国城市更新的历程分析，直至1978年改革开放政策实施之前，一个以高度整合为特征的政治体系、以计划经济为主体的经济模式控制着社会运行与城市发展长达三十年。在此期间，政府政策是社会发展的“绝对性”主导力量，并以一种结构性力量作用于城市的发展，刻画出特定时期的城市空间形态。

---

①　李建波、张京祥：《中西方城市更新演化比较研究》，《城市问题》2003年第5期。

具体到南京而言，在资金极度缺乏与“生产性城市”的发展思路下，这一时期旧城更新仅仅停留在充分利用旧城原有设施基础之上的物质层面的小规模改造，如维修现有房屋、市政公共设施等，或是进行小规模的改建或扩建，旧城改造的内涵仅仅是在充分利用旧城的理念指导下的棚户区的修缮。具体而言，这一时期内又可划分为三个阶段：一是中华人民共和国成立初期至“一五”期间。这一阶段南京城市建设首要面临的任务是修复在长期战争动乱下屡遭破坏的城市空间格局。1949年，南京市区居民大部分仍然居住在城南门东、门西以及城中白下路、洪武路、建邺路、北门桥一带具有传统明清风格的民居中。这些住宅大多建设标准低，年久失修，除此之外，还有20余万贫民在约83万平方米的棚户区内栖身。[①] 因此，这一阶段旧城建设的主要任务也大多在于恢复性工作，如道路的修整、秦淮河等河道的疏浚、因陋就简地建房等，未能触及城市空间结构的变化。

二是“大跃进”阶段与三年调整时期。为了适应“大跃进”要求而力图“打破常规”，为了“大办工业”“大办食堂”“大办托儿所”和市政建设而大量拆迁，共挤占、拆除房屋115万平方米，影响居民8000多户[②]，其中，仅为支援“大办工业”，南京市就调出100万平方米住宅[③]，旧城大量民房被工业化改造为厂房，街道工业一度多达520个[④]。这带来了旧城生活空间被生产空间的全面挤压，旧城也由初期的点状工业化空间散布逐渐发展为以单位大院为主要空间单位的碎片化状态。

三是“文革”时期。这一阶段由于对城市规划的全面否定以及国家发展重心的转移，使得南京旧城的建设与改造问题长期无人管理，形成了一种“自构性”的失控状态，任意选点的工厂占用了旧城内的居住用地。此外，极左思想的泛滥，也使得大量文物古迹、寺庙道观等被视作“四旧”而遭到破坏，被查抄、占用和砸毁的不计其数，旧城空

---

① 王承慧、汤楚荻：《救济—福利—补贴：民国以来南京住房保障制度、机制及空间演变》，李百浩《城市规划历史与理论（02）》，东南大学出版社2016年版，第204页。

② 南京市地方志编纂委员会：《南京市志（第一册）》，方志出版社2010年版，第7页。

③ 南京市地方志（住宅建设），http：//www. jssdfz. gov. cn/book/fdcglz/D5/D1J. html。

④ 南京市地方志编纂委员会：《南京计划管理志》，方志出版社1997年版，第53页。

间地方文脉与集体记忆的价值遭受重创。

因此，可以说，从1949年至改革开放之前，南京的旧城仅仅存在针对棚户区和危房的小规模的、时断时续的"修补"，并在特定发展思路的影响下长期缺乏有效的更新。此外，需要提及的是，虽然物质型更新并不是此时的重担，但产权更新成为这一时期的主要内容。[①] 在社会主义房产改造的影响下，私房房主只能保留数个自己居住的房屋，其余大部分通过"国家经租"的方式而转变为公房。由此，南京城市中的私房率持续下降，至1978年仅为17%，内城核心地区由大量的房管局的公房、单位房组成。这也导致在改革开放以后的十余年中，南京的旧城更新多以住房更新为重点任务。

二　体制力量主导下的解困性旧城住房建设（1978—1992年）

如前文所述，从1949年到改革开放，南京的建设重点是物质生产领域，城市住宅建设等具有社会服务性质的领域往往是受到限制甚至是禁止的领域。1978年党的十一届三中全会开启了社会主义的现代化建设，也带来南京城市建设、旧城改造的新阶段。但由于城市经济处于刚刚恢复的起步期与探索期，同时计划经济体制向市场经济体制的转型也需要较长时期的准备与过渡，因此，这一时期，南京的旧城更新主要在于解决传统计划经济时期遗留下来的问题，逐步补足旧城的基本服务功能。具体而言：

在旧城改造的内容上，以"解困""解危"为目的的住宅建设为主，后期也将商业街市的复苏纳入其中。首先，缓解多年积压下来的住房短缺问题是重中之重。统计数据显示，从1949年至1978年，南京直接用于住宅建设的投资只占总投资的5%，[②] 至1978年，人均住房面积仅为5.03平方米，相较1949年仅增加了0.2平方米[③]。加之大规模的返城潮，这一时期南京的旧城改造面临的首要问题是异常尖锐的"住房

---

① 胡毅、张京祥：《中国城市住区更新的解读与重构——走向空间正义的空间生产》，中国建筑工业出版社2015年版，第45页。

② 姚亦峰：《南京城市地理变迁及现代景观》，南京大学出版社2006年版，第120页。

③ 南京市地方志编纂委员会：《南京城市规划志》（上），凤凰出版传媒集团、江苏人民出版社2008年版，第157页。

难”矛盾，住房需求和供应严重失调。统计数据表明，1978年南京全市共有无房户3.07万户，人均4平方米以下的拥挤不便户为5.64万户①。因此，自1978年起，南京市政府出台了一系列政策推动城市住宅建设，如在1983年发布了《关于加快城市住宅建设的暂行规定》，提出“实行改造旧城与开发新区相结合，以改造旧城为主的方针”，并初步划定了40个改造片区。在这些城市政策的引导下，南京市在这一时期内先后改造了绣花巷、张府园、榕庄街、芦席营、龙池庵、如意里、中山东路南侧等96个旧城改造片区，② 并清除了沿路的简易棚户，缓解了数十年累积下来的旧城住房紧张问题。至1990年，南京市累计住宅建筑面积为2865万平方米，人均居住面积达到7.1平方米。③ 其次，更新旧城内的基础设施与调整旧城土地使用问题也是相关的内容。由于长期投资不足，南京旧城内的基础设施也极为落后，“断头路”“瓶颈路”得不到改造，排水设施等公共设施也严重不足，④ 同时，大量工业留存在旧城内，20世纪80年代初，南京旧城（六个城区）内约有850家工业企业，占据着城市中心、中心商贸区等用地，严重阻碍了旧城的发展与改造进程。因此，这一时期也对旧城内的基础设施进行改善，拓宽了雨花路等道路，建设并改造了电力、煤气、自来水等公共设施，并开始迁出旧城内等污染严重的企业。最后，商业街市的复苏也成为后期的更新重点。随着南京被国务院批准进行“城市经济体制综合改革试点”，自1985年开始，旧城改造期间也相继对太平南路商业街、莫愁路商业街、珠江路商业街、湖南路商业街等进行改造建设⑤，同时也将旧城中的商业恢复与一定的旅游开发结合在了一起。如在《南京市夫子庙文化、商业中心发展规划》（1984）的引导下，夫子庙在1984年至1988

---

① 南京市地方志编纂委员会:《南京城市规划志》(上)，凤凰出版传媒集团、江苏人民出版社2008年版，第157页。

② 南京市地方志编纂委员会:《南京计划管理志》，方志出版社1997年版，第70、75页。

③ 南京市地方志编纂委员会:《南京市城镇建设综合开发志》，海天出版社1994年版，第1页。

④ 南京市地方志编纂委员会:《南京市志》(第一册)，方志出版社2010年版，第8页。

⑤ 南京市地方志编纂委员会:《南京市志》(第二册)，方志出版社2010年版，第662页。

年共建设90余幢各类仿古建筑，并引入了大量商业，恢复了原先作为传统文化商业中心的功能。

在旧城改造的方式上，首先是通过“填平补齐”的方式在旧城内剩下的少量未开发用地上进行居住区建设，新建了瑞金新村、后宰门小区等住宅区；随后，在用最少的资金解决更多人的居住问题、最充分地利用旧城已有基础设施的思路上，通过“拆一建多”的方式对旧城十余个已建小区实施改造，张府园小区、中山东路改造片、娄子巷小区即为其中的典型案例。同时，虽然这一时期内涉及了相当规模的拆迁安置，但是多借助于“拆一建多”的方式来实现“就地安置”，因此，对于拆迁安置人群而言，其需要承担的经济成本等相对较低，并且，由于新建房屋在居住面积、硬件设施上都有显著的提升，不少居民将这一时期的旧城改造视为改善生活条件的重要途径，大多抱持积极和欢迎的态度。同时，在严峻的住房压力下，“拆一建多”的方式是将大量1层至2层的破旧民居改造成条式盒状的高层建筑群，并在布局形式上多采用简单的兵营式形式，日照间距也仅为1∶1，这种为大多数城市所采取的建筑空间模式随后也带来了“千城一面”的问题，并在一定程度上损害了南京旧城内传统的城市肌理。

在旧城改造的主体上，其主导力量依旧限于体制内，但是从原来的政府一家逐渐为政府和单位两家所取代。1949年以后，与旧城改造相关的住宅建设主要依靠国家拨款，少量由单位自筹。而改革开放以后，随着各项经济体制改革的实施，住宅建设不再单一靠国家财政拨款，国家拨款建房的比例逐年下降，单位自筹资金建房开始成为一种主流方式，1979年后，南京单位自筹资金建房约占城镇住房建设总投资的比例超过六成。① 由此，以住宅建设为主要内容的旧城改造其主导力量仍旧是体制力量，但与前一时期的差别之处在于体制力量不再局限于国家，由单位筹集资金并在旧城改造的过程中建设住房，随后再作为福利分配给单位职工，使得南京旧城的住宅区改造带有浓烈的单位化福利空间生产的性质。

因此，这一时期南京旧城改造的核心出发点在于增强旧城的服务功

---

① 南京市地方志（住宅建设），http：//www. jssdfz. gov. cn/book/fdcglz/D5/D1J. html。

能，其中缓解多年积压下来的住房短缺问题是重中之重，其主要内容即为住宅建设，一方面在于改善原地居民的住宅条件、增加相当数量的新住宅；另一方面在于充分利用城市现有公用设施和生活配套设施，少占郊区耕地，控制城市发展规模。[①] 同时，虽然这一时期商品住房已有出现，但由于房地产经营单位的实力有限，南京市土地经营政策也依旧延续计划经济体制下的行政划拨形式，即土地资源由政府直接划拨，体现的是资源配置的计划性、土地使用的无偿性和行政干预的强制性，[②] 加之解决城市居民住房问题被作为政府的“民生工程”，这一时期以住宅建设为内涵的旧城改造其主导力量仍是体制力量。另外，从城市更新的内涵出发，这一时期尚处于旧城的“形体改造”阶段，其目的在于扭转“先生产后生活”下的城市空间格局，弥补前一时期城市住宅的“欠账”。

三　社会经济转型中的旧城“现代化”（1992—2000年初）

20世纪90年代是中国社会经济的“转轨期”与城市化的高速发展时期：经济体制从计划经济向市场经济的转轨、日益增强的国际化水平与开放程度，都使得这一时期的城市发展显示出与先前阶段尤为不同的特征。在产业结构的调整、土地有偿使用制度的确立、住房制度的改革、国有企业改革等多重政策的叠加影响下，城市建设进入高速发展期，具体表现为城市内部空间的迅速重构与功能转换，以及外部空间的规模扩张与迅速蔓延。“退二进三”的经济转型、吸引国外资本的压力、孵化土地市场的需求、国家战略布局的调整都使得南京旧城所具有的经济价值被全面激发出来：整顿与更新旧城不再仅仅是为了提升城市破败地区，而是更具有开发与再利用的多重经济价值与资源配置价值。

首先，在“退二进三”的城市经济发展思路下，南京旧城改造的核心目的在于达到城市土地利用结构的重构与城市功能的转换。20世

---

① 南京市人民政府：《关于加快城市住宅建设的暂行规定》，1983年12月12日。

② 汪毅：《城市社会空间的历时态演变及动力机制——聚焦南京1949—1998年的空间结构形成》，《上海城市管理》2016年第1期。

纪 90 年代的南京政府力推“退二进三”的产业战略，这使得旧城内工业企业用地大部分都转化为住宅用地和其他第三产业用地。统计数据表明，1990 年至 1998 年间，旧城内搬迁污染企业 141 家，腾出开发建设用地约 3 平方千米，其中用于住房房地产建设和第三产业的用地占 73% 以上。[①] 由此，通过用地结构的调整，南京旧城，特别是旧城中心区开始为商务金融、贸易流通、信息服务等第三产业所占据：新街口沿中山北路至鼓楼广场的狭长地带内形成了中央商务区，随后在土地极差地租的作用下，这一区域内又聚集了新街口百货商店、金陵饭店、金鹰国际商贸中心、中心大酒店等一系列高档的办公购物、商务服务中心；随着这些产业的兴起，价格不菲的高层酒店式公寓、中上阶层居住区也逐渐出现在南京旧城中心区内，如根据吴启焰、崔功豪的研究，在 20 世纪 90 年代南京新建的此类商品住宅小区中，有 88.3% 位于南京旧城之中。[②] 而旧城功能置换的实现除去依赖大规模的工业外迁以腾挪土地外，还依赖于将大量低收入社区拆除重建：从 1990 年至 2000 年，南京平均每年拆迁面积达到 55 万平方米有余，涉及家庭十余万户（见图 2.2）。

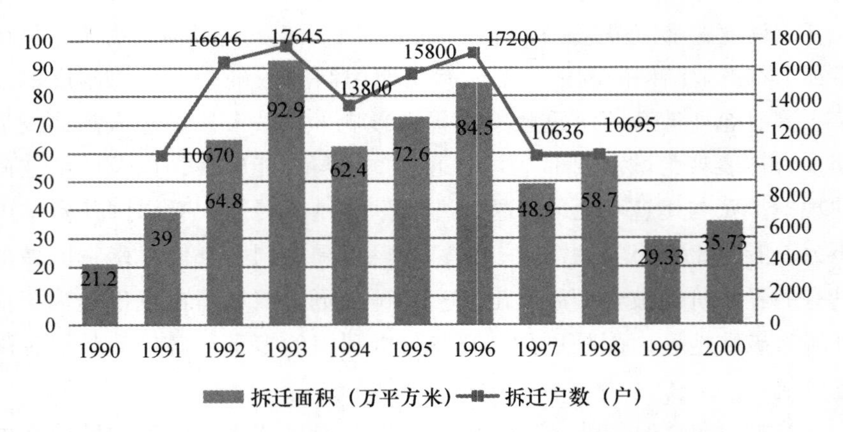

图 2.2　南京 1990 年至 2000 年旧城拆迁面积与拆迁户数[③]

① 李侃桢、何流：《谈南京旧城更新土地优化》，《规划师》2003 年第 10 期。

② 吴启焰、崔功豪：《南京市居住空间分异特征及其形成机制》，《城市规划》1999 年第 12 期。

③ 根据《南京年鉴（1990—2000）》整理。

其次，在以“道路建设”为重点的旧城改造及相关政策的作用下，南京旧城客观上实现了基础设施的改善与综合环境的提升，但也因为缺乏整体性规划，而在一定程度上破坏了旧城的传统肌理与空间轮廓。20世纪90年代初，南京将“以道路建设为重点的城市基础设施建设”作为旧城更新的突破口，寄希望于以此改善投资环境。同时为了筹备1995年全国第三届城市运动会在南京的举办，南京市投入20个亿的资金进行道路建设与体育场馆建设，鼓楼地下隧道、太平门街、中华路、雨花路、中央路、中山路、上海路、御道街、中山北路、山西路至鼓楼段等路段的拓宽改造工程都先后上马。[①] 1996年市政府又提出了“一年初见成效，三年面貌大变”的战略目标，道路建设也成为改善市容的首要途径。因此，道路拓宽、开辟新路成为这一时期南京旧城更新的核心内容。从客观上来说，道路建设确实克服了南京当时城市的基础设施瓶颈，固定投资也以平均每年53.6亿元的速度增加，城市建成环境的确得到了明显改善。但是，道路拓宽却也付出了破坏与拆毁古街巷、古民居的代价。如夫子庙周围的大小石坝街、门东的剪子巷（古乌衣巷）、门西的钓鱼台、南捕厅的七家湾等明清街巷和传统民居均因为集庆门的开辟和中华路、新中山南路的拓宽而遭拆毁，市区街巷数量也从1990年年底的1477条减少至1999年年底的1352条。[②] 同时，南京市政府自1991年开始启动“以地补路”[③] 的政策，虽然为旧城更新拓宽了资金筹措渠道，但却造成了土地开发分散（沿路展开）、零星不成规模“见缝插针”的问题。[④] 其中，由于大量开发位于拓宽道路的两侧，进一步破坏了南京旧城原有的空间肌理，加速了明清街巷与传统民居的消亡。并

---

① 单娟：《“三城会”加速南京成为国际化大都市进程》，《华人时刊》1995年第9期。

② 王毅：《南京城市空间营造研究》，博士学位论文，武汉大学，2010年。

③ 所谓“以地补路”政策是指城市的市政建设（主要是拓宽道路或新修道路）的前期费用（包括拆迁安置等）均由市、区一级政府所属的房地产开发公司负担，政府则给予承担相应实证项目的开发单位以沿路或其他地区的开发权进行冲抵；同时，对未承担道路建设的开发单位减少或甚至不供地。至1999年11月底，这一政策共为南京城市建设筹措供给67.3亿元资金。数据来源：李侃桢、何流：《谈南京旧城更新土地优化》，《规划师》2003年第10期。

④ 周岚、童本勤：《快速现代化进程中的南京老城保护与更新》，东南大学出版社2004年版，第23页。

且，沿路开发的现代化高层往往与其背后尚未更新的破败棚户区形成鲜明对比，而使得旧城空间呈现出典型的“拼贴”性质。

最后，20世纪90年代后期市场主体的介入使得南京的旧城更新开始转向对利润的追逐，旧城出现以“垂直”发展为特征的空间增长模式。一方面，“以地补路”政策在带来城市建设投资多元化的同时，也将市场机制引入了南京的旧城更新；另一方面，南京房地产市场的不断升温，1998年福利分房制度的彻底终结则为房地产市场进一步加温，市场主体开始全面介入旧城更新之中。20世纪80年代南京的旧城改造项目的主体大多来自政府机构及其下属单位，其核心目标在于解决旧城发展矛盾。而自1998年开始，则更多地表现为市场经济环境中对利润的追逐：开发单位在运作旧城更新时越发倾向于住宅项目开发，而非城市功能结构优化。同时，由于这一时期南京旧城更新主要执行的是“就地安置”[①] 政策，为了平衡高额的拆迁安置成本并有所获利，高密度与高容积的开发就成为大多数市场主体的选择。由此，连同“退二进三”的经济战略，南京旧城内开始出现了商业、商务办公、酒店旅馆等高层建筑的开发与建设，至2006年，南京旧城内24米以上的高层建筑有近1000幢（其中50米以上的高层建筑近400幢）[②]，使得旧城内的空间风貌、空间尺度以及传统的生活方式都遭受了严重的影响。

由此，在这一时期内，培育第三产业、吸引外资关注的城市经济结构与产业结构的战略调整，土地有偿使用制度的确立以及城市土地市场的形成，以及长江三角洲地区成为国家重要战略板块等时代背景，均使得南京的旧城更新被注入了新的动力：旧城的物质更新、功能调整、用

① 尤其在房地产开发中，在20世纪90年代，南京在旧城进行住宅类房地产项目开发时，要求开发商对被拆迁户需要按照其户口本上的人数或被拆迁房屋的面积以一定比例折算成相应的建筑面积，在项目完成建设后进行补偿。在缺乏政府资金补贴的情况下，尤其在福利分房制度改革之前，开发商新建的楼盘不仅需要首先能够补偿原有被拆除的住房面积或安置原有居民，还需要有一部分面积来冲抵建筑的土建费用，这样剩余的面积才能作为开发商的利润（还未包括土地成本）。这就导致旧城更新在居住用地的同质更新上必然会出现高强度的建设。具体参见李侃桢、何流《谈南京旧城更新土地优化》，《规划师》2003年第10期。

② 数据来源：周岚、童本勤：《现代化进程中的南京老城保护与更新》，《现代城市研究》2006年第2期。

地结构转换都已成为题中之义，一方面改善了旧城物质环境，并使得旧城形成了以第三产业为主导的经济格局，产业活力得以再造；另一方面却也在“垂直”发展以追求空间收益的过程中，导致旧城社会空间——从空间功能到人群结构都发生了结构性的重组。具体表现为：南京旧城内部的城市功能日趋高端化、高级化，成为商贸商务业、高端房地产业、金融服务业的发展中心；而旧城更新的实现依赖于大规模的拆除重建。如前文曾提及，从1990年至2000年，南京市共拆除房屋610万平方米，新建房屋面积则超过4000万平方米，直观地展现了20世纪90年代南京旧城更新与开发的规模与强度。

当然，对于这种旧城更新模式的评价，并不能脱离当时的时代背景。社会学者于海曾评论道，“90年代的精神是大变样，基础设施的大变样，旧区的大变样，革故鼎新成为时代心理……旧貌换新颜，代表了那个时代几乎所有主政者、建设者和市民的想法”[①]。南京也不例外。在“一年初见成效，三年面貌大变”的战略目标下，南京在20世纪90年代的城市建设其目的就在于扭转破败落后的局面，以全新的姿态介入市场经济的大潮。通过城市更新改造来发展第三产业、增强服务功能，以“搞活城区”带动“搞活南京”是当时城市发展的主体。因此，大量新建高层建筑是当时的社会需求与选择，对于当时的南京城市居民而言，独立体面的住房、崭新整洁的城市面貌是大部分人的愿望，需要的是具有城市美化功能的“样板”，如20世纪90年代初期的社会调查表明，当时有近一半的南京市民认为老城应该发展高层建筑，[②] 老房子太多反而会显得南京不够现代化[③]。因此，可以说，在当时的时代主题与社会情绪中，对空间的认知是相对有限的：在急于摆脱旧束缚、以经济转型为契机来重塑城市“新”面貌的价值取向下，对于旧城空间价值的认知还仅仅限于体现城市“现代化”，无论是旧城内以道路建设为主

① 于海：《城市更新的空间生产与空间叙事——以上海为例》，《上海城市管理》2011年第2期。

② 周岚、童本勤：《现代化进程中的南京老城保护与更新》，《现代城市研究》2006年第2期。

③ 《新南京老南京：城建与文保十年博弈，谁为谁让道》，http://csj.xinhuanet.com/2015-12/06/c_134889410.htm，2015年12月6日。

体的基础设施改造，还是结合旧城改造进行的明城墙风光带、鼓楼广场等大型广场的建设，都使得南京旧城更加具有现代化的功能，彻底扭转了原先衰败失衡的旧城形象。而就拆迁补偿而言，这一时期大体可分为两个阶段：第一阶段是1991—1997年以实物安置为主结合作价补偿的方法；第二阶段是1998—2001年以异地安置为主、货币补偿为辅的补偿方式。由于货币补偿标准依旧沿用20世纪80年代的标准，异地安置的选址过于偏远，因此，这一时期的中后期开始涌现出社会矛盾，并在21世纪以来表现得更为显性化。

四　社会矛盾显现与“文化式”旧城更新的出现（2000年以来）

2000年以来，中国加入WTO成为城市发展的新变量，如何在更加广阔的范围内争取和配置资源、介入全球城市产业分工，是中国城市在日益白热化与广域化的竞争中面临的核心课题。在此过程中，为了吸引更多的外部发展资源，越来越多的地方政府采用城市营销作为城市竞争战略的重要工具。① 在城市营销的理念下，旧城更新也由此被赋予了加速融入全球经济、塑造城市品牌、重构地方文化意象、实现产业结构调整等责任，文化及其所衍生的经济效益开始构筑旧城更新的新思路。在南京，经过20世纪90年代的旧城更新，旧城的商贸、旅游、服务功能都逐渐加强，原有的工业用地也逐渐置换为第三产业用地，使得旧城内部的空间格局呈现出集聚化与立体化的特征，实践了市场经济的发展诉求，也发挥了土地杠杆的调节作用。步入21世纪，随着市场主体的以更大规模、更深层次地介入南京的旧城更新，对土地价值的追求与城市空间的经营日益成为旧城更新的发展目标，并在城市土地市场进一步成熟、城市住房体制改革等多种政策的共同作用下，南京的旧城更新步伐进一步加快。

就旧城更新的范围而言，重点区域逐渐由旧城中心与旧城内原工业用地拓展至旧城中相对边缘的危旧房集中片区。在前一个阶段的南京旧城更新中，旧城中心以及旧城内原工业用地是重点区域，并且由于未采

---

① 唐子来、陈琳：《经济全球化时代的城市营销策略：观察和思考》，《城市规划学刊》2006年第6期。

用整体规划建设的方式，从而使得尚未改造的片区大多属于改造难度较大的区域。根据统计，至2001年，南京旧城内尚未改造地段约3.1平方千米，大部分是建筑和人口十分密集（人口密度最高达6万人/平方千米）的危旧房集中片区，居民居住条件十分恶劣，基础设施缺乏。（见表2.3）① 由此，在21世纪初开始的新一轮旧城改造中，除去原有的旧城中心地区仍在持续更新改造之外，出于对旧城环境以及潜在土地价值的考虑，大量危旧房片区也被纳入新一轮旧城改造的重点。通过对2003年至2011年间历年启动的拆迁地块进行可视化处理，可以发现，从空间特征而言，这一时期南京的旧城更新以旧城中心地区与城南地区为重点区域：一方面，从南京整体形象的打造出发，新街口作为城市中心区、中华门作为城市门户区一直是城市更新的重点，并在2003年至2005年间启动了数个地块的拆迁；另一方面，从2003年开始，城南地区作为旧城外围地区也开始成为旧城更新的重点区域，并在2003年至2011年间每年都有新的地块启动拆迁。可以说，自2003年以来，南京的旧城更新出现了空间上的转移与扩展，城南地区的大片居民聚居区开始成为更新改造的重点所在（见图2.3）。

表2.3　　南京危旧房相对集中的三个城区情况简表
（根据2001年数据整理）②

	危旧房片区数	占地面积（平方米）	建筑面积（平方米）	户数	居住人口	户均人口	户均建筑面积	人均建筑面积（平方米）
秦淮区	25	976990.2	807689.9	33765	123284	3.65	23.9	6.55
下关区	11	834000.0	722500.0	21808	81182	3.72	33.1	8.9
建邺区	32	637781.8	522361.5	20976	74547	3.55	24.9	7.00

① 周岚、童本勤：《快速现代化进程中的南京老城保护与更新》，东南大学出版社2004年版，第29页。

② 同上。

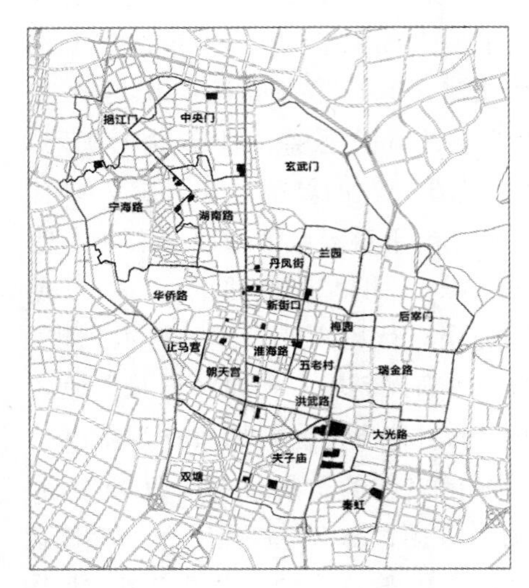
挹江门
中央门
玄武门
宁海路
湖南路
丹凤街
兰园
华侨路
新街口
后宰门
梅园
止马营
淮海路
五老村
瑞金路
朝天宫
洪武路
大光路
夫子庙
双塘
秦虹

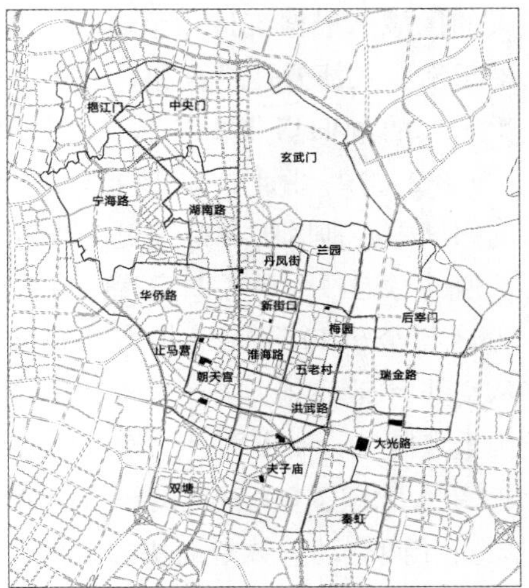
挹江门
中央门
玄武门
宁海路
湖南路
丹凤街
兰园
华侨路
新街口
后宰门
梅园
止马营
淮海路
五老村
瑞金路
朝天宫
洪武路
大光路
夫子庙
双塘
秦虹

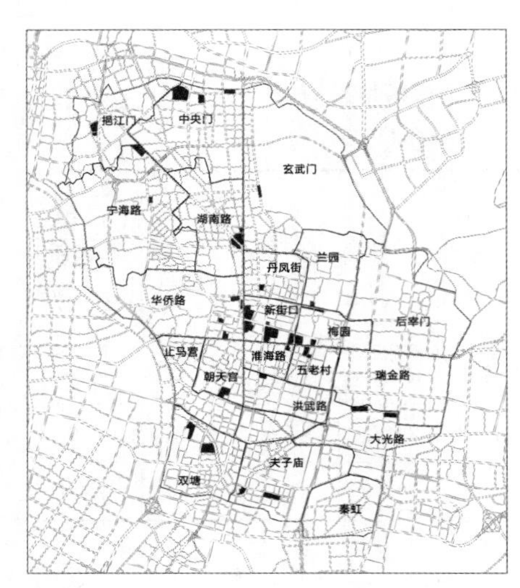
挹江门
中央门
玄武门
宁海路
湖南路
丹凤街
兰园
华侨路
新街口
后宰门
梅园
止马营
淮海路
五老村
瑞金路
朝天宫
洪武路
大光路
夫子庙
双塘
秦虹

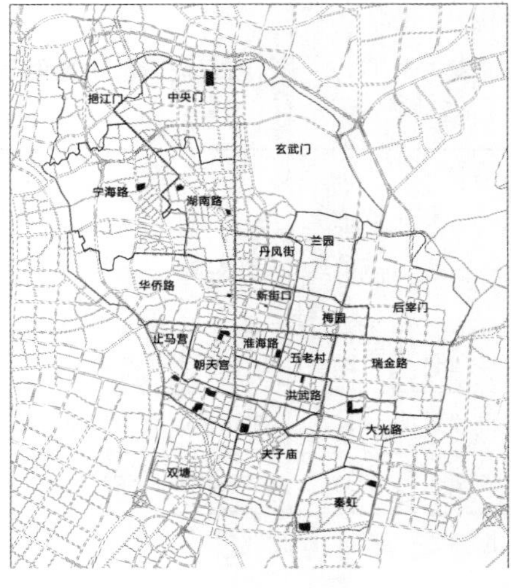
挹江门
中央门
玄武门
宁海路
湖南路
丹凤街
兰园
华侨路
新街口
后宰门
梅园
止马营
淮海路
五老村
瑞金路
朝天宫
洪武路
大光路
夫子庙
双塘
秦虹

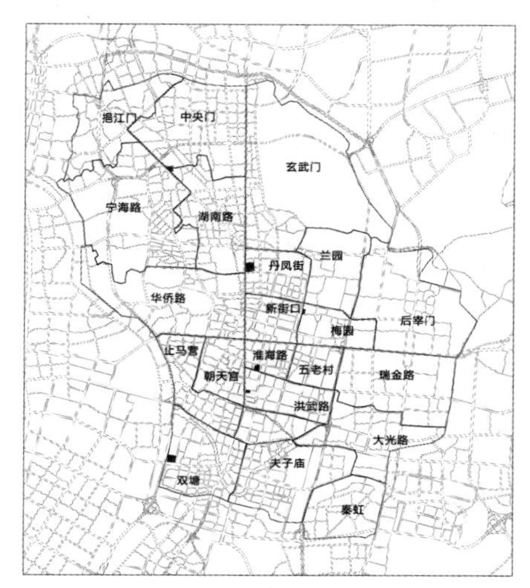
挹江门
中央门
玄武门
宁海路
湖南路
丹凤街
兰园
华侨路
新街口
梅园
后宰门
止马营
淮海路
五老村
朝天宫
瑞金路
洪武路
大光路
夫子庙
双塘
秦虹

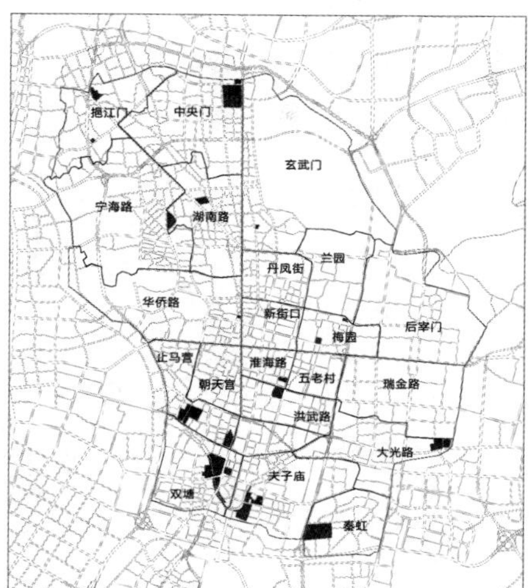
挹江门
中央门
玄武门
宁海路
湖南路
丹凤街
兰园
华侨路
新街口
梅园
后宰门
止马营
淮海路
五老村
朝天宫
瑞金路
洪武路
大光路
夫子庙
双塘
秦虹

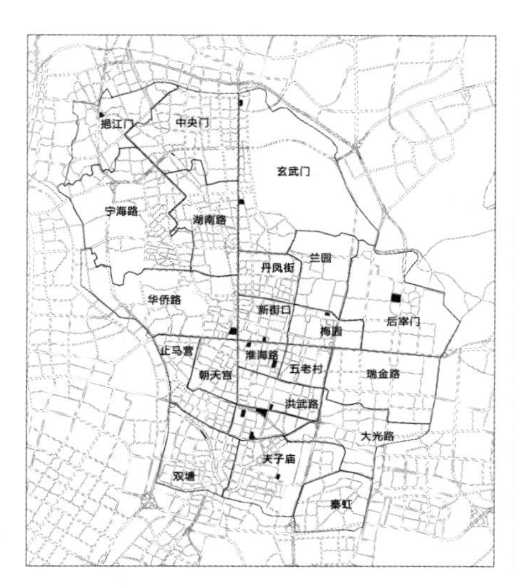
挹江门
中央门
玄武门
宁海路
湖南路
丹凤街
兰园
华侨路
新街口
梅园
后宰门
止马营
淮海路
五老村
朝天宫
瑞金路
洪武路
大光路
夫子庙
双塘
秦虹

挹江门
中央门
玄武门
宁海路
湖南路
丹凤街
兰园
华侨路
新街口
梅园
后宰门
止马营
淮海路
五老村
朝天宫
瑞金路
洪武路
大光路
夫子庙
双塘
秦虹

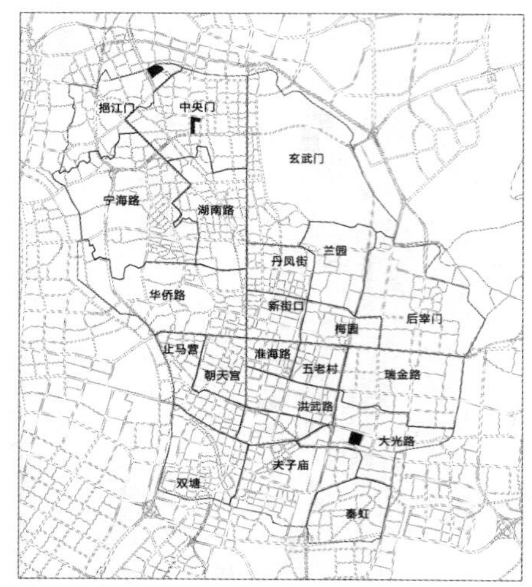

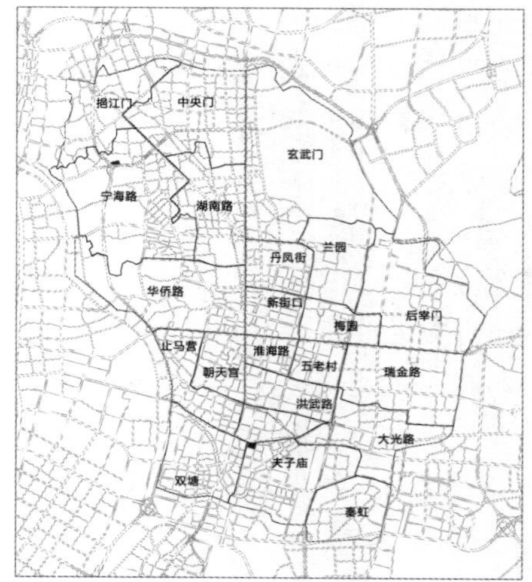

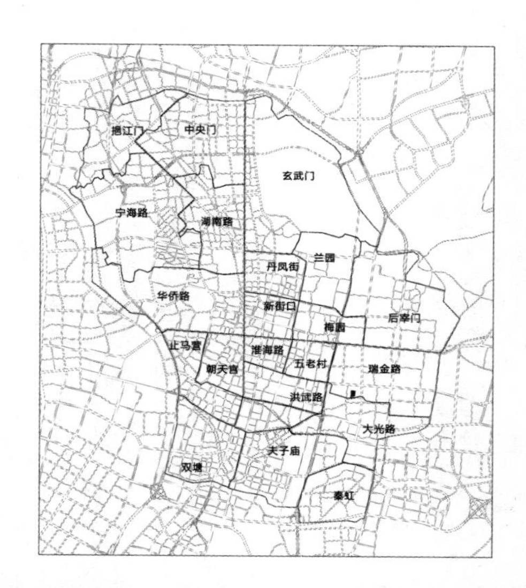

图 2.3　2001—2011 年南京旧城每年启动拆迁地块（图片来源：汪毅，2015）

注：从 2001—2011 年南京旧城每年启动拆迁地块图可以看出，2001 年、2003 年、2006 年南京启动的拆迁地块数量最多，拆迁地块的空间分布也逐渐由旧城中心转向旧城的边缘地带。本书的研究对象——“老城南”核心片区的拆迁工程便是于 2006 年启动的。需要指出的是，该图表示的是每年新启动旧城更新的地块，而部分地块拆迁更新的时间可能较长，则并未重复纳入下一年的拆迁地块中。

就旧城更新的强度而言，这一时期表现出大规模的旧城拆迁。2001—2011年间，内城区城市拆迁涉及经营性项目地块共155个，占地面积305.38公顷，涉及内城区4个区的全部22个街道。从2001年开始拆迁规模和拆迁项目都快速上升，并于2006年启动拆迁规模达到最高峰，占地面积为89.54公顷，启动拆迁地块27个。[①] 从年均启动的拆迁地块数量可以看出，这一时期南京旧城拆迁的规模不断增大，其中，相当数量拆迁地块的更新工程持续至今。

这一时期的城市内部拆迁规模之大、涉及居民之多前所未有，原因有两个方面：一方面，在土地有偿使用以及分税制改革的作用下，旧城中心的土地因为其优越的区位具有极高的经济价值，一旦成功进行更新改造，政府将会获得巨大的财政收入，在经营城市理念和城市企业化的背景下，由政府推动城市拆迁获取巨额的财政收入，同时带动城市形象提升，空间环境优化，也就成了政府的必然选择；另一方面，这一时期还有一个重要的时代背景是住房制度货币化分配制度刚刚完成，房地产市场还处于起步阶段，城市的拆迁安置可以大量消化存量商品住房，带动房地产市场的发展。因此，在这一时期，在地方政府与市场力量的双重推动下，南京的旧城拆迁强度进一步增大。而由于拆迁政策的不合理，如由开发商作为拆迁的主体、政府既是拆迁行为的当事人又是仲裁者、拆迁补偿标准较低、允许强制拆迁、野蛮拆迁屡见不鲜、诉讼救济程序不合理等，同时居民的法律意识、市场意识和维权意识开始增强，这些都导致了这一时期拆迁矛盾加剧并集中爆发。

除去带动城市经济发展，在这一阶段，南京的旧城更新则进一步面临着全球化时代塑造区域品牌的压力，因此，旧城（尤其是旧城历史地区）所具有的文化、象征、符号等无形资产开始在更新过程中受到重视，如何对这些资产资源进行重新再利用，转化为城市品牌的要素之一并塑造城市文化经济成为这一时期南京旧城更新的新特点。在此过程中，随着文化保护意识的不断提高，这一模式也引发了对文化“遗产”商业化开发的争论，并遭遇了开发与保护的持续博弈，成为社会各界关注的热点。

---

① 汪毅、何淼、宋伟轩：《侵入与接替：内城区更新改造地块的社会空间演变——基于南京6907个外迁安置家庭属性数据》，《城市发展研究》2016年第3期。

以上种种从旧城更新的方式而言，一方面是20世纪90年代以来的用地置换模式的延续；另一方面则是随着大量具有传统建筑风格的民居区被纳入旧城更新，以“保护性开发”为名的“文化式”更新开始成为一种具体的操作方式。就前者来说，2000年以来，南京的中心城区由原先的城市混合中心进一步向以第三产业为主导的商业商贸、金融服务、信息咨询、文化娱乐中心转变，旧城建设用地中的第三产业与居住用地的比重不断上升。通过对2001年至2011年间南京旧城拆迁地块更新改造后的用地性质进行分析，可以发现旧城内大量空间已被置换为高档居住社区、商业商贸、商务办公空间，旧城的服务性功能进一步增强。同时，在更新改造之后，这些地块的平均容积率超过了4.0，也说明了旧城内部逐渐为高层建筑所占据，高密度、高容积率成为市场配置下最大化地实现旧城土地价值的选择。就后者来说，虽然用地置换仍然是这一时期的主导模式，但在旧城空间更新的方式上，却出现了以保留和截取地方文化符号、置换和更新内在功能的所谓“文化式”更新，这一方式也被地方政府冠以“保护性开发”的名称。以“文化”作为旧城更新的“包装”也成为串联各主体利益的核心要素：[①] 地方政府寄希望于提升旧城品质、塑造城市品牌、创造文化软实力；专家学者试图改变传统的大规模拆建模式，并不断提出城市文化遗产在旧城更新中面临破坏的问题；开发商则企图在旧城更新中实现经济利益的最大化，文化经济则是热门领域之一。加之上海“新天地”项目的经济“示范”与“带动”效应，南京于2004年启动对民国时期建设的老旧小区“板桥新村”的更新改造，建成“南京1912”街区。随后，在2006年启动并持续至今的“老城南”核心片区的旧城更新中，具有明清建筑风格的南捕厅、门东、门西等民居区都纷纷被冠以“保护性开发”的名号。由此，通过保留特定的空间文化符号或是仿建特定时期的建筑格局，再注入以现代消费业态，结合文化旅游的功能，逐渐成为南京在这一时期旧城更新的“新”出路。

① 吴晓庆、夏璐、罗震东：《文化符号在旧城更新中的异化与反思——以“新天地系列”为例》，《城乡治理与规划改革——2014中国城市规划年会论文集（08城市文化）》，2014年。

第三节　20世纪90年代以来南京旧城更新的主要特征

一　“制度主导投入型”的旧城功能更新与人群置换

观之南京的旧城更新历程，尤其是20世纪90年代以来的多目标的综合更新阶段，或可将其总体特征表述为：“制度主导投入型”的旧城功能更新与人群置换。

一方面，南京的旧城更新表现为典型的“制度主导投入型”。张鸿雁在论及中国的城市化时曾指出，中国的城市化由于缺乏典型的工业社会过程，因而制度化机制构成中国城市化的重要来源①，政府通过对城市规划、城市战略的设定直接推动城市化的发展，扮演着主导角色。②观之南京旧城改造与更新的历程，不难发现，政府也构成了一种主导性的力量，借由国家战略、地方政策等制度投入而推动了南京旧城的社会空间重构，遵循了“国家战略布局—城市功能定位—城市产业布局—旧城空间重构”的单向度关系，呈现为一种“自上而下”的模式。而具体细分下来，伴随着宏观政治环境的变迁，如从市场缺场的计划经济体制，计划经济与市场经济并存，转向市场经济体制，这一“制度主导投入型”的旧城改造与更新模式也依据特定的政经特征而形成了阶段性的特征。在解放初期至改革开放之前，南京的旧城改造完全是政府的一元介入，政府通过强大的动员能力和对城市发展要素的占有，直接作用于南京旧城空间的改造中。如战后对旧城棚户区的修缮、工业空间对旧城生活空间的占据，以至特定社会文化运动下对旧城文化遗产的“破四旧”式破坏，都表明这一时期政府的制度、政策是旧城改造的一元动力。而改革开放后的市场化初期，虽然引入了市场主体，但是由于市场化、制度化发展的不成熟限制了市场手段的发挥，加之尚缺乏对市场主体介入旧城

---

① 张鸿雁、谢静：《“制度投入主导型”城市化论（1）》，《上海城市管理职业技术学院学报》2006年第2期。

② 张鸿雁：《中国城市化理论的反思与重构》，《城市问题》2010年第12期。

改造的明确信息，南京的旧城更新依旧由政府构成主导力量，其目的也大多在于具有公共事业性质的城市服务功能、承载能力的提升。而进入20世纪90年代，随着城市土地市场、住宅房地产市场的确立，市场这一“无形的手”的作用得以发挥，越来越多的市场力量被引入具体的城市更新之中，政府则是通过对城市发展战略的设立、旧城发展目标的把控从宏观上引导旧城更新的方向。如在“两个根本转变”“搞活南京”的发展思路下，南京旧城中出现大规模房地产开发以谋求土地价值的更新方式；在全球化进程深入推进、诉求发展“文化软实力”时，又出现了以塑造城市文化品牌、发展城市文化产业为目标的“文化式”更新。

另一方面，南京的旧城更新主要依靠功能与人群的更新而得以实现，尤以20世纪90年代以来为甚。南京的旧城更新遵循的是旧城土地性质与功能的置换，以此将旧城更新为第三产业的发展中心与增长极。以高楼大厦代替矮旧民居、以商业用地置换工业用地、以高档社区更替传统住区，南京旧城在高容积率、高强度的更新开发模式中实现了旧城土地与空间价值的提升。而土地性质与功能的置换依靠的是大规模的居民拆迁。如前文所述，从1990年至2000年，南京平均每年拆迁面积达到55万平方米有余，十万余户家庭面临拆迁。这种以拆迁为主导的城市更新模式，在原有居民面临拆迁的同时，一些更具租金支付能力的人群开始侵入原有的旧城空间，从而实现了人群的替换。另外，在功能上表现为原来在城市中心集聚的弱势群体集中居住的功能（在社会空间上表现为城市邻里社区或“棚户区”）以及工业用地功能，置换为商业、办公、高端居住、酒店、旅游等更为“现代”的功能。由此，通过人群的演替和功能的置换实现了南京的旧城更新。

二　通过动迁安置的政策手段实现空间权益再分配

进入20世纪90年代以来，南京的旧城更新无论在规模还是强度上都有所增加。旧城更新的范围也逐渐从旧城中心的棚户区、工业用地逐渐扩散至大面积的危旧房片区。这些地区大多是高密度的人口居住区，居民也大多为经济资本相对匮乏的中低阶层。在20世纪90年代以前，南京对旧城内居住区的更新或是采用修缮维护，或是采用“拆一建多”的方式，居民则可以通过原地回搬或原地安置的方式继续居住在原社区内，保有原先的区位价值与空间权益。因此，对于旧城更新所涉及的大量居民而言，其需要付出的经济成本、人力资本都较低，对其生活影响也相对较小，加之大多居民的住房多为公房性质，旧城更新也未触及居民私有财产，多是体制主导的具有福利性质的住房维护，因此，不少居民都将旧城更新视作改善居住条件的重要条件，而大多抱持积极态度。然而，20 世纪 90 年代中期以来，在城市土地价值确立、市场经济体制深化的背景下，南京的旧城更新则开启了大规模拆除重建、居民全部外迁、异地安置或货币补偿的阶段。

一方面，南京将“优化产业结构，积极发展第三产业”作为城市经济工作的主要目标与任务，而产业结构的调整、经济战略的改变都需要以合适的空间作为条件，旧城则往往因其地处城市核心位置而成为第三产业发展的首选空间，而必须将原有的中低收入阶层聚居的社区腾挪一空。这既使得旧城成为高档的居住、办公、购物、商务服务中心，也使得中高档社区“入侵”原低收入邻里的现象开始出现。[①] 如相关研究指出，在 20 世纪 90 年代南京新建的此类商品住宅小区中，有 88.3% 的商品住宅小区位于南京旧城之中；[②] 南京“五普”数据也表明，南京市旧城内迁移的主体人群以年富力强，具有较高经济、文化资本的男性为主，近 70% 的迁入居民在 15 岁至 40 岁之间，显示出年轻化、高资本化和“雅痞式化”的特征。[③] 由此，通过旧城内土地使用功能、土地开发强度、房价与地价、产业进驻类型形成的种种门槛，南京的旧城中不仅重构了城市功能布局、产业结构布局，更实现了人口布局的重置，因而构成了一种“社会—空间”层面上的城市结构“更新”。

另一方面，在拆迁安置政策的强制性下，被拆迁的居民往往面临着迁出旧城的命运。20 世纪 90 年代以来，南京的旧城安置主要采取“异

① 详参吴启焰、崔功豪《南京市居住空间分异特征及其形成机制》，《城市规划》1999 年第 12 期。吴启焰、甄峰：《建成环境供给结构的转型与都市景观的演化——以南京为例》，《地理科学》2001 年第 4 期。

② 吴启焰、崔功豪：《南京市居住空间分异特征及其形成机制》，《城市规划》1999 年第 12 期。

③ 宋伟轩、吴启焰、朱喜钢：《新时期南京居住空间分异研究》，《地理学报》2010 年第 6 期。

地安置”或“货币补偿”的方式。就前者而言，提供给被拆迁居民的安置住房选址多在区位条件相对恶劣的城市边缘，城市的基础设施和公共服务设施配套较之居民原先生活的旧城极不完善，部分还存在房屋的质量问题。而正如同相关研究指出的，因旧城更新而被迫拆迁的南京中低收入阶层主要取向于分布在城南、城北以及城东的栖霞区，而这三个地区恰恰是经济适用住房分布最为密集的地区，并且这一边缘集聚的趋势在市场经济和政府决策的多重作用下正在进一步加剧①。南京市住房和城乡建设委员会提供的统计数据表明，2001 年至 2011 年间，共有 18696 户居民从南京内城区（即本书所定义的“旧城”）迁出，并迁入安置住房内。就后者而言，则存在拆迁补偿标准的滞后性和不合理性等问题，如在 20 世纪 90 年代很长一段时间，南京的旧城拆迁补偿依旧执行 20 世纪 80 年代的标准。而原先旧城内的居民住房面积普遍较小且自身经济能力不足，依靠补偿款很难继续留住原区位。由此可以说，无论是旧城更新后所形成的种种门槛效应，还是拆迁安置政策所具有的强制性，对于大多数旧城居民而言，被驱逐出原有空间区位似乎是难以逃脱的命运。而这进一步表明，南京的旧城更新作为一种城市空间资源的再分配的过程，并未兼顾到各方利益的均衡，大量被拆迁居民往往是旧城更新中空间权益受损的一方。随着空间权益分配不公的日益积累与加剧，以及居民法律意识、市场意识和维权意识的萌芽，南京旧城更新中的矛盾日益加剧，甚至出现了诉诸非理性行为以抵抗拆迁的状况，如南京市邓府巷被拆迁人翁彪于 2003 年 8 月在拆迁管理处的自焚事件就是居民面临利益受损时所采取的极端化行为。

此外，就城市的整体社会空间而言，在旧城更新过程中形成的此种基于收入、职业等特征的居住空间格局也表明一种空间极化与区隔化的倾向：大量的拆迁居民离开旧城，而旧城被改造成一个个城市的消费中心、中高端住宅区，被中高收入群体等“城市精英”阶层所占据。这一过程实则是旧城绅士化与城郊贫困化的双重实践，以低收入阶层为主的旧城居民逐渐被置换到城市边缘地带，实则隐喻着城市社会空间的极化过程（见图 2.4）。

① 袁雯、朱喜钢、马国强：《南京居住空间分异的特征与模式研究——基于南京主城拆迁改造的透视》，《人文地理》2010 年第 2 期。

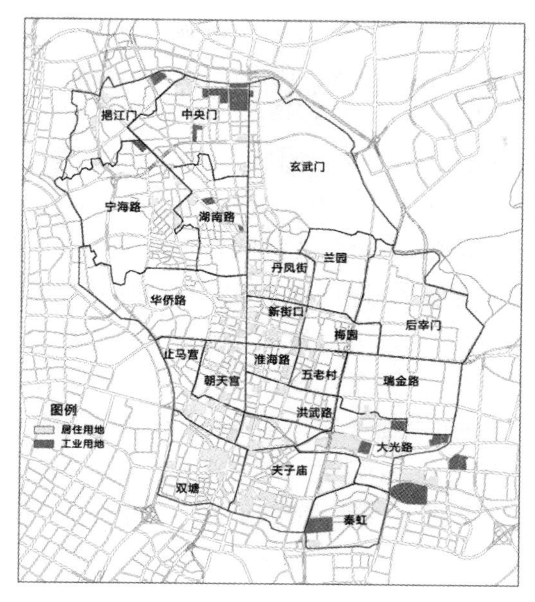

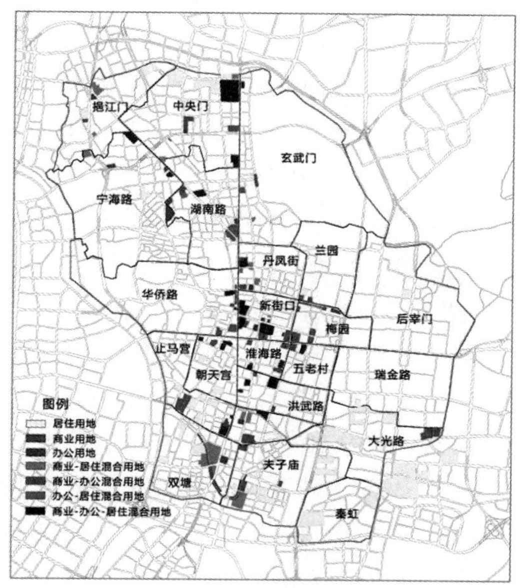

图 2.4　2001 年与 2011 年南京旧城的空间功能对比（图片来源：汪毅，2015）

注：从图中的用地性质可以看出，大量居民生活空间（居住用地）被置换为第三产业发展空间（商业用地、办公用地等），这既说明南京旧城内的功能得到了大规模的重置，也意味大量居民失去原有的居住生活空间。

三 文化原真性在旧城更新中面临“建设性破坏”

在《美国大城市的死与生》一书中，雅各布斯（Jane Jacobs）曾描述过，美国有许多依据现代城市理论所建造的城市，便是以扫除原有纹理、重建新城市秩序的方式来推动城市更新，于是不仅城市中具有特色与活力的空间遭到摧毁，存在于街坊巷弄间的社区邻里关系，也都随着盲目的大拆大建而荡然无存。[①] 这也被称作一种“建设性破坏”，即城市文化的原真性、多样性、延续性在城市建设中的丧失。这一点在南京的旧城更新中亦是极为突出的问题。作为中国的历史文化名城，南京的旧城地区虽然存在城市功能不足、基础设施落后等问题，但是旧城地区依旧是人口最为密集、活动最为丰富的地区，也往往承载着各类记载城市历史、地方文脉的物化空间。旧城更新中对地方文化特色的冲击主要表现为以下两个方面。

一是在20世纪80年代至90年代的旧城更新中，简单粗放的拆建模式直接将南京的旧城文脉割断。如20世纪80年代以“拆一建多”为主的旧城住区更新，由于大多布局为条式盒状的高层建筑群，并在布局形式上多采用简单的兵营式形式，不仅造成了“千城一面”的问题，也损害了旧城内的传统肌理。而在20世纪90年代南京大规模的以“拆除重建”为特征的旧城更新中，原有的生活样态被破坏，大量文化遗存、历史空间被“推土机”粗暴荡平。如前文所述，20世纪90年代的“道路拓宽”破坏与拆毁了大量的古街巷、古民居，并在随后的沿路开发中进一步加速了明清街巷与传统民居的消亡。经过持续多年的拆除，南京的古城仅剩不到100万平方米，尚不到50平方千米老城的总面积的2%。[②] 由此，虽然20世纪80—90年代南京的城市更新是为了解决长期遗留的历史问题，改善基础设施落后、居住环境恶劣等问题，拆除、重建的方式也具有某种程度的工具合理性，但是也付出了地方文脉的断裂、城市地方性的丧失的代价。

---

① 简·雅各布斯：《美国大城市的死与生》，金衡山译，译林出版社2006年版，第217—234页。

② 数据来源：姚远：《城市的自觉》，北京大学出版社2015年版，第140页。

二是在21世纪以来出现的"文化式"旧城更新，地方文化面临商业主义的"保护"，而与真实的历史过程出现了脱节。20世纪80—90年代的大规模拆除，引发了社会各界与专家学者对旧城更新中文化保护的呼唤与诉求。加之城市文化产业的兴起，南京市政府开始践行一种"保护性开发"的模式，力图在开发与保护中达到平衡。而这一种对地方文化的商业主义的"保护"也开始遭到学界、地方文化人士的质疑与批评。首先，刻意保留的建筑外观与现代化的建筑内核实则形成了一种拼贴性的空间景观符号，往往被批评为"假古董"；其次，看似"再生"的城市历史地区可能只是"纯正商业"或"艺术场所"物化的产物，难以逃脱商业炒作、房地产开发的窠臼①，实则大量街巷仍面临大规模拆迁改造；最后，保留或复刻外在的建筑样态，而驱逐原居民的做法，使传统文化的人文性与历史性都遭受了破坏。随后南京地方政府密集出台了一系列有关地方文化保护、居民自愿疏散的文件与政策，但正如2013年由南京市历史文化名城研究会完成的调研报告《关于南京城南地区民居类历史地段保护规划实施工作的思考和探索》中指出的，"对居民还是全部外迁，失去了原有的生活、文化气息，'拆建'现象仍然存在，还出现了野蛮拆迁、'误拆'保护建筑的现象"，"在利益驱动下，过于注重打商业、旅游牌，从而导致崭新、高档的商业街和文化、旅游、休闲等经营性用房取代了传统民居，原有街区的风貌消失"。

四　旧城更新中社区参与的严重不足

哈维曾在《社会正义和城市》一书中将"社会正义"描述为"领地再分配式正义"，即"社会资源以正义的方式实现公正的地理分配——不仅关注分配的结构，还强调公正的地理分配过程"。② 因此，从空间正义的角度而言，不仅包含空间权益的最终分布状态，也包括空

---

① 张杰、庞骏：《论消费文化涌动下城市文化遗产的克隆》，《城市规划》2009年第6期。

② David Harvey, Social Justice and the City, *American Political Science Association*, Vol. 69, No. 2 (1973), pp. 180 – 192.

间权益是如何分配的。观之以英、美为代表的西方旧城更新的历程，与社区居民形成伙伴关系、加强与社区层面的合作都在相对后期的旧城更新中被作为一种政策而提出来，其目的在于促进政府与公民社会形成互动，赋予本地社区在旧城更新中更大的参与权和影响力，使得旧城更新尽可能地能够满足社区居民的需求。从而，在西方城市的旧城更新中，大多形成了一种“上下双合”的路径。

而观之南京的旧城更新历程，无论是中华人民共和国成立初期的政府“一元决断”，还是改革开放以来市场力量不断介入后的政府“主导”，国家层面的宏观政策、对南京的定位，以及南京地方政府的发展诉求与城市规划，都构成南京旧城改造与更新的主要推动力——政府所拥有的资源决定了其可以对形塑旧城空间的各种因素进行规划和调配。一方面，政府及政府规划部门是南京旧城更新的对象、范围、方式的决策部门，并通过各类政策文件和官方媒体来传播和巩固关于旧城更新的话语权，这些被政府控制的资源成为有效为政府公权服务的工具[①]；另一方面，介入南京旧城更新的开发商大多具有政府背景，如在“老城南”大规模旧城更新中，负责实施老城南历史地区的历史文化保护与复兴工作的“城南历史文化保护与复兴有限公司”即是隶属于南京市城建集团的国有机构。因此，虽然近年来社会对旧城更新的参与意愿不断增强，但是在中国的社会体制之下，政府对自身角色的定位很大程度上影响了这种力量关系的此消彼长，从而主导了旧城社会空间的走向。正如前文所述，南京的“旧城更新”表现为“制度主导投入型”，这就决定了南京的旧城更新采取的是“自上而下”的路径，参与主体也在忽略居民需求表达下而呈现为政府的“一元独大”。社区与居民则在这一过程中处于集体“失权”的境地，而背离了空间正义的要求，即城市更新政策与计划需要反映所有的行动主体（包括弱势群体）[②]。

① 张京祥、胡毅：《基于社会空间正义的转型期中国城市更新批判》，《规划师》2012年第12期。

② 邓智团：《空间正义、社区赋权与城市更新范式的社会形塑》，《城市发展研究》2015年第8期。

在这样一种“自上而下”的旧城更新路径中，来自“下层”的社区民意缺乏彰显渠道，而使得居民在这一场城市社会空间重构的过程中成为被动的接受者而非主动的参与者。在南京的旧城更新过程中，由于缺乏合理合法的利益表达渠道与有效的参与机制，且如上文所说居民的空间权益大多面临受损的状况，因此居民大多通过集体写信、进京上访、寻求地方媒体、静坐示威（如拥堵高速路口）等方式来形成一种集体性的反抗活动，并由此来表达自己的利益诉求。而这些往往并不能得到地方政府的有效回应，如南京“老城南”居民的抵抗拆迁行为，被拆迁者视为“螳臂当车、不自量力”，反映了旧城更新中南京地方政治系统内的不平衡性。[①] 而这种参与主体的“单一化”与社区居民的“缺场化”长期发展下去，则会在路径依赖的作用下加速南京城市社会空间主体的力量不均衡。

① 陈浩、张京祥、林存松：《城市空间开发中的“反增长政治”研究——基于南京“老城南事件”的实证》，《城市规划》2015 年第 4 期。

第三章

旧城更新前的“老城南”：“大杂院”式的邻里社区

历史地区是各地人类日常环境的组成部分，它们代表着形成其过去的生动见证，提供了与社会多样化相对应的生活背景的多样化。

——《关于历史地区的保护及其当代作用的建议》

苏贾曾指出，城市社会空间是“社会与空间辩证统一”（socio-spatial dialectic）的产物，反映了城市居民与城市空间的“连续的相互作用过程”，各行动主体在建构城市空间的同时，又被城市以各种方式左右，[①] 因此，对城市社会空间的理解，必须要掌握空间形式的社会生产过程，以及这一过程所嵌入的城市社会结构的历史演进脉络。从这个意义上而言，城市社会空间具有较强的承继性，一个时间断面的社会空间是由之前不同历史时期形成的“空间层”叠加而成的。[②] 正是基于城市社会空间格局所具有的历史承继性，对“老城南”核心片区在旧城更新启动之前的社会空间表现方式与形成机制的理解就构成社会空间变迁研究的逻辑起点，即在探索“如何变迁”之前必须回答“原先为何”的问题，由此才能把握“老城南”核心片区社会空间变迁的轨迹，以及由此构建出来的社会空间与社会结构转化之间的关系。

20 世纪 90 年代以来，中国社会经济开始进入“转轨期”与城市化

---

① Edward W. Soja, The Socio-Spatial Dialectic, *Annals of the Association of American Geographers*, Vol. 70, No. 2 (1980), pp. 207 - 225.

② William J. Wilson, *The Truly Disadvantaged*: *The Inner City*, *the Underclass*, *and Public Policy*, Chicago: University of Chicago Press, 1987.

的高速发展时期：经济体制从计划经济向市场经济的转轨、日益增强的国际化水平与开放程度，都使得这一时期的城市发展显示出与先前阶段尤为不同的特征。在产业结构的调整、土地有偿使用制度的确立、住房制度的改革、国有企业改革等多重背景之下，城市进入了前所未有的高速发展期，具体表现为城市内部空间的迅速重构与功能转换，以及外部空间的规模扩张与迅速蔓延。如前文所述，在这一政治经济背景变迁的语境中，南京旧城从社区居民构成、社会结构到物质环境等都发生了极大的变化，这种变化也加速推进了城市社会空间的结构性重组。这一变化的实现除去依赖大规模的工业外迁以腾挪土地外，还依赖于将大量低收入社区拆除重建：从 1990 年至 2000 年，南京平均每年拆迁面积达到 55 万平方米有余，涉及家庭十余万户。[①] 在这一大规模的旧城更新中，由于重点区域处于旧城中心以及旧城内原工业用地，同时由于未采用整体规划建设的方式，而使得尚未改造的片区大多属于改造难度较大的区域。根据统计，至 2001 年，南京旧城内尚未改造地段约 3.1 平方千米，其中由南捕厅、门东、门西所构成的“老城南”核心片区则由于人口稠密，又牵涉文保单位、传统明清民居的保护问题，被相关管理部门视作“改造难度最大”的十分“难啃”的骨头[②]，而得以在城市化的浪潮中保留原有的空间样态[③]与传统生活模式，成为南京文保人士口中“最后的老城南与老城南生活”。

因此，本章试图立足于“老城南”核心片区内的未动迁居民与已动迁安置的居民的口述史，以及相关统计数据，来呈现特定历史空间场域中的“老城南”核心片区所表现出的社会空间样态，及其空间意义所承载的社会关系结构。同时，从“社会—空间辩证统一”的视角出发，将“老城南”核心片区的城市空间不仅仅理解为社会事件上演的

① 根据《南京年鉴（1990—2000）》整理。

② 周岚、童本勤：《快速现代化进程中的南京老城保护与更新》，东南大学出版社 2004 年版，第 29 页。

③ “至 2003 年，据地方政府统计，90% 的南京老城已被改造。……名副其实的历史街区仅剩 5 片，位于颐和路、梅园新村、南捕厅、门东、门西。……是南京旧城中所剩无几的、相对完整的传统民居的代表。”详参姚远《城市的自觉》，北京大学出版社 2015 年版，第 133、161 页。

舞台，而且进一步理解其如何参与了社会事件的生产。由此，更好地理解“老城南”核心片区如何在南京城市发展价值诉求与建设模式的转型下被纳入2006年以来的新一轮旧城更新之中，并由此开启了社会空间重构与社会关系重组的进程。

第一节　旧城“大杂院”的形成：社会空间的特征

一　“老城南”的繁华过往

“老城南”的雏形孕育于东周时期，东吴时期已形成人烟稠密的居民区，屋舍密布，至东晋、南朝的宋齐梁陈相继建都南京，南唐三修金陵城，豪门大族的宅舍也都集中于“老城南”，此地是极为繁华的民居区。南唐金陵城的建设也奠定了以后历代城南地区基本骨架的基础，城南的水系格局、道路网络，历经百年而未出现变化。明初，朱元璋定都南京，将南京城规划为宫城（城东）、居民市肆（城南）和军营（城西北）三大区域。[①] 同时，为了发展经济以巩固政权，洪武年间朱元璋调集手工业“匠户四万五千户”（占全国匠户总数的五分之一）迁到南京，按行业集中居住于城南地区，为“居艺之坊”，分置细而众多，[②] 后统称“明代手工业十八坊”[③]。这些代表了当时各类手工业最高水平的作坊的集聚，进一步带动了城南地区的贸易往来，各地商旅都云集于此，城南地区也逐渐形成今天的街巷格局以及繁华的城市景象。由于商旅繁盛，城南地区也曾大量建榻房，供商旅住宿以及作为货栈，在其附近还建有不少酒楼作为娱乐场所，[④] 成为居住、手工业、商业复合发展的城市区域（见图3.1）。

---

① 贺云翱：《认知·保护·复兴——南京评事街历史城区文化遗产研究》，南京师范大学出版社2012年版。

② 南京地方志编纂委员会：《南京建置志》，海天出版社1999年版，第150页。

③ 徐延平、徐龙梅：《追寻明代十八坊的辉煌》，《江苏地方志》2010年第6期。

④ 阳建强：《秦淮门东门西地区历史风貌的保护与延续》，《现代城市研究》2003年第2期。

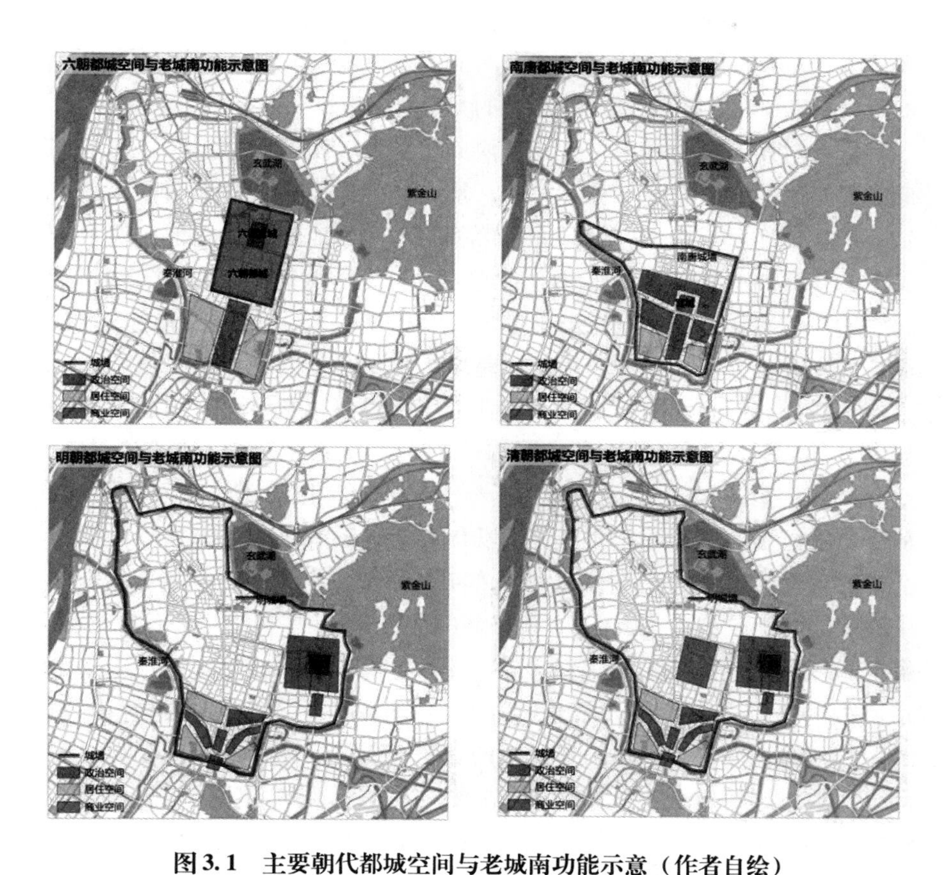

图3.1 主要朝代都城空间与老城南功能示意（作者自绘）

注：从南唐至明清，“老城南”地区主要是中上流阶层的聚居地以及商业商贸的中心。

明清时期南京城市规模不断扩大，都城由原有南唐都城向北部发展，内秦淮河两岸逐渐发展成民居、商业、手工业的集中区，有“十里秦淮、金粉之地”之称。整个城南地区也形成相对明确的分区功能：手工业、商业主要集聚在御街两侧及内秦淮河两岸，三山街、南捕厅地区主要是商铺区，门东、门西地区主要作为居住区，呈现为明代仇英所绘的《南都繁绘图》中的繁华景象。可以说，从明代开始，城南地区进入了相对成熟的繁盛阶段，随着街巷的不断修建，至清代，城南地区已是“街衢洞达，洵为壮观”[1]，构成了城市发展的重要片区，人口稠密、商业发达，是南京城的高档住宅区与商业商贸的核心区，居民日常生活的集市分布于四周，南京风俗市井的典型区域。

这一时期，作为城南地区的三块典型区域，南捕厅、门西、门东也形成了鲜明的社会空间特征：第一，从人群构成而言，各地商贩、达官贵人等云集在城南地区，是园囿府第相望、商家店铺林立之地，加之朱元璋修建城墙的原因，门东、门西地区因为区位优势也成为名门望族聚居之地，如明初富商沈万三的私家宅院就位于门东，中山王徐达五世孙徐傅的别业魏公西园就位于门西，是城市中上阶层的聚集地；第二，从生产生活样态而言，随着地方手工业的不断发展，这些地区内出现了大量以“前店后坊”的建筑形式而构成的手工业生产销售、居住的混合空间格局，是居民“居肆与贸易”合二为一的生产生活空间；第三，从城市功能上而言，除去生产生活功能以外，随着人流往来密集、商业活力旺盛而形成了休闲娱乐功能，如在“南捕厅”地区，由于其地处南北交通枢纽位置，因此朱元璋兴办的十六座官办酒楼之一的“南市楼”就位于此处，地名也保留至今。因此，城南地区构成了明清时期南京最富生机、最具文脉、最有代表的市井生活空间。加之封建经济相对封闭的自给自足特征，城南地区的消费依赖于手工业者和豪门望族，因此，这类人群构成了主要的居住者。根据多位自祖辈起就居住于此的当地居民的口述，不难想象这一地区当时的繁华程度。如现居住于门东中营的Z先生回忆道，“我们家是从我祖父就开始在门东居住了，我祖父是清朝的官员，到我父亲就开始从事云锦织造。听我祖父说，以前城南这片都是好几进的大宅子，主要呢，门西那边文武官员家比较多，也有很多酒楼，杏花村就是在那边。南捕厅那块商贸发达，当官的、富商都有在那里居住的，手工匠人也很多。我们门东这边做丝织、云锦的特别多，相对来说也是比较富裕的老百姓，家庭条件比较好。比如我们家房子原来最后一进就放了大的织布机，特别大，我小时候还看到过，所以我们这里最后一进都高大、宽敞。你别看现在叫‘边营’‘中营’，好像是两条路。其实以前边营那里就是一家的正门，中营就是后门，很大

① （清）甘熙：《白下琐言》，南京出版社2007年版。

很深的。……门东的历史至少可以追溯到明朝，至少地名是这么来的。那时候不是盖城墙么，所以民工们就在这里安营扎寨，一共有七条半营，我们中营就是其中一个。总的来说，明清时期城南这片因为是居住区，人流往来多，商业也应该是比较发达的，听说周边还有些酒楼之类的，很是繁华”。

清末以后，南京城市的商业、手工业逐渐从城南向北迁移，至民国时期，新街口地区形成了城市新的商业中心。[①] 1927 年，国民党定都南京后，制定《首都建设计划》，将南京划分为六个功能分区，住宅区分三个等级，居住了三分之二人口的城南明清风格的老区被完整保留，[②] 由此城南地区得以延续明清时期的空间格局，仍有不少大户人家在此居住，多为独门独户的大院落。但从城市功能上，由于城市商业开始北移，政府机构和教育机构又多位于城北，以及城市主干道的修建，城南地区就日渐转变为以居住功能为主的地区，尤以门东、门西地区为甚。同时，在这一时期，由于民国开始新街口以北发展“新”市区，城南地区就逐渐被居民唤作“老”城南。这一时期，“老城南”核心片区的人口结构开始变得复杂：一方面，仍有不少大户人家仍然居住于这一片区，如已动迁安置的 W 先生就表示其原先位于南捕厅走马巷的住宅是由任国民党中央银行科长的祖父建的或买的。另一方面，不少城市中上阶层开始迁居至城东、城北，大量平民开始涌入城南成为租户，其中不乏匠人、车夫等社会底层人群，流动性也较大。由于作为居住社区的功能不断提升，城南地区也出现了不少配套性的生活商业。皮革、绸缎、酱菜等手工业作坊，客栈、米店、肉铺、钱庄、裁缝店、中学、杂货店等服务性商业等都星罗棋布民居区中[③]。因此，虽然这一时期城南地区作为商业中心的功能日渐式微，也开启了中上阶层迁出的进程，但是由于仍然有不少大户人家居住其间，生活性商业依旧发达，虽然已出现衰落之势，但仍旧是服务于周边地区的商业中心，社会空间依旧呈现出多

① 南京地方志编纂委员会：《南京建置志》，海天出版社 1999 年版，第 243 页。

② 贺云翱：《认知·保护·复兴——南京评事街历史城区文化遗产研究》，南京师范大学出版社 2012 年版。

③ 马麟、杨英：《甘熙宅第史话》，南京出版社 2008 年版，第 14 页。

样性的特征。

由此，可以说，在相当长的一段时间内，“老城南”地区都是南京城市中繁华的市井地区，居民最为密集、民间活动最为丰富、商贸往来最为频繁，承载了地方独有的诸种生活方式，也记录了不同历史时期南京居民生活的历史轨迹。传统民居、街巷格局、古井古树等物化痕迹借由时空的作用而混合、凝结了一种为“老南京”所共享的“集体记忆”。这一指涉着“一座城市在长期的历史发展过程中形成的独特的、代表性的、本地化的、原汁原味儿的、土生土长的语言、习惯、风俗、技艺、行为和艺术等文化表现系统”的“原生态城市文化模式”[①]形成，也使得城南地区被“老南京人”与大量历史文化学者视作“南京文化之根”“南京本地文化的活化石”。

二　从“私产”到“公房”

正如前文所述，由于南京城市中心的不断北移，城市商业、手工业逐渐向北迁移，新街口地区作为城市新的商业中心的地位得以确立，城南地区的商业、手工业不断衰退。加之抗日战争与内战的连年纷扰，中上流阶层纷纷撤离“老城南”，城市底层群体开始涌入城南居住，进而带来了人口结构的变化。而随后大规模的房产与手工业的社会主义改造与“文化大革命”则真正促成了规模化的多户聚居的大杂院的形成，使得传统的家族式聚居的独门大院被分割、被改造成了极为普遍的现象。

1956年开始，根据中共中央的《关于目前城市房产基本情况及进行社会主义改造的意见》，南京市成立“私房改造小组”，对城市私人出租房屋采用公私合营、国家经租的方式进行社会主义改造。其中，公私合营的对象为经营房地产的企业和出租房屋面积在1000平方米以上

① 张鸿雁曾提出了“原生态”城市文化模式的概念，即城市的区域、平面、肌理、雕塑等构造物记录着城市发展不同时期的社会生活与事件，使城市历史以物化的形式凝固下来，同时，城市场所承载的独特的城市文化、集体意识、价值观和所形成的身份认同和精神归属感，形成了城市“原生态”的城市文化模式。具体参见张鸿雁《城市定位的本土化回归与创新：“找回失去100年的自我”》，《社会科学》2008年第8期；《“嵌入性”城市定位论——中式后都市主义的建构》，《城市问题》2008年第10期。

的私人业主，国家经租的对象则为市区出租面积在150平方米以上，郊县城镇在70平方米以上的私人业主。这种制度推动的“私房社会主义改造”对“老城南”社会空间产生了较大的影响。“老城南”由于多是独门独户的大院落而使得多数住宅都被纳入了国家经租方式下的社会主义改造运动中。这一做法一直延续到了1966年“文化大革命”时期，经租房业主产权证被迫上缴，而固定租金停发。根据现居住于门东中营的Z先生的回忆，“那时候我们都排着队去交房产证。想着交给国家就安心了。我们家房子有450多平方米，于是后来就被国家租给七八户，现在还有几户跟我们住在一起”。现居住于南捕厅绫庄巷的Y女士也说道，“这房子是结婚的时候，我夫家租的私人的房子。据说是个李姓资本家的房子，以前是做吹金箔的。后来公私合营的时候，就充公了”。同时，对手工业的社会主义改造主要采取公私合营的方式，“老城南”个体作业的手工业被整合进手工合作社，传统的手工艺人与私营商人也由此进入国有企业或集体企业而成为产业工人，原本用于经营的住房空置出来后也被政府收归国有，如家住门西凤游寺路的M先生说道，“新中国成立之后这片就几乎没什么手工业了，像我爷爷原来是做云锦的，到我父辈就不做了，就公私合营了，变成工人了”。由此，当时的状况是，在没有经过任何法律手续将产权转移的情况下，“老城南”核心片区内的多数宅院从使用权到所有权都逐渐归为国家所有，由“私产”变成了所谓的“公房”。

三 从“一家一宅”到“多户混居”

国家经租方式下的“公房”则带来了大量人口的涌入。根据相关史料与居民的回忆，“公房”内居住的群体主要可以分为以下两大类。

一类是各国有单位的职工。由于1949年后面临严重的住房短缺，20世纪60年代以后，各个集体企业单位与行政机关开始抢占城市内部空间，“老城南”核心片区内的大量住宅在经历社会主义改造后被各单位作为“福利”分配给员工居住。如根据《白下区三十年》的记载，江苏冶金机械厂、南京灯泡厂、年鉴十七厂、南京无线电仪器厂、南京塑料二厂、南京锁厂、南京自来水公司、南京市袜厂、南京市委等①都曾在南捕厅地区承租“经租房”以作为职工的福利房。根据现居住在南捕厅评事街的S先生的回忆，“这个房子在中华人民共和国成立前最早是做茶事厅的，就是卖干货或是和茶水经营方面有关的东西。再后来中华人民共和国成立后就由茶事厅变为了旅馆，这个旅馆是对外经营的。除了旅馆，这里还有一段时期是南京市委的宿舍”。现已动迁安置至南湾营的Y先生说道，“我之前在大板巷的房子是以前南京塑料二厂承租的。我父亲就是南京塑料二厂的创办人，还是个归国华侨。这个房子就是当时塑料二厂承租的。‘文化大革命’时，这的房子一部分被收了，一部分分给职工了。我年轻时被下放了，后来回来上了几年班又下岗了，回来之后也就继续在大板巷那个房子里住着。我那时候还给房子刷了墙，还做了隔层做卧室”。

另一类则是城市流动人口，如流浪、逃荒、居无定所的人群。如现居住在门东边营的F老先生说道，“原来我们家是住在剪子巷那边的一个尼姑庵里的，后来中华人民共和国成立后说尼姑庵要改作玻璃厂了，我们就被赶出来，政府就把我们安置在这里。我们还算好，住的是人家像模像样的房子。你看到中营那边的一幢小二层不？你知道那个楼是怎么来的吗？当时解放了，还有好多人在城墙外面搭个简易棚子住着，所以政府就直接拿城墙砖盖了那幢楼，让这些人能有个地方住着”。现居住在门东中营的Z先生进一步补充道，“当时中华人民共和国成立初期这边也有很多逃荒、讨饭、流浪过来的，我们都叫他们‘滚地龙’。你们年轻人肯定不知道这个是什么，也没见过。就是用个芦席一铺，整个人卷起来睡在里面。盖了这个小二层后，有些人就被安置在里面了”。

此外，20世纪70年代末大量下放人员和知青的返城，也使得“老城南”核心片区的人口出现了增加。根据已动迁安置的W先生的回忆，“我们那个房子是我祖父买的，我小时候就和父亲、母亲、两个兄弟住在那里。后来知识青年上山下乡，我跟弟兄们都下乡了，直到1979年才回来。然后我们兄弟三家就一直住在这里，我儿子他们那辈都是在那儿出生的”。

---

① 南京市白下区党委组织部、中共南京市自下区委党史工作办公室：《白下区三十年》，2002年，第172页。

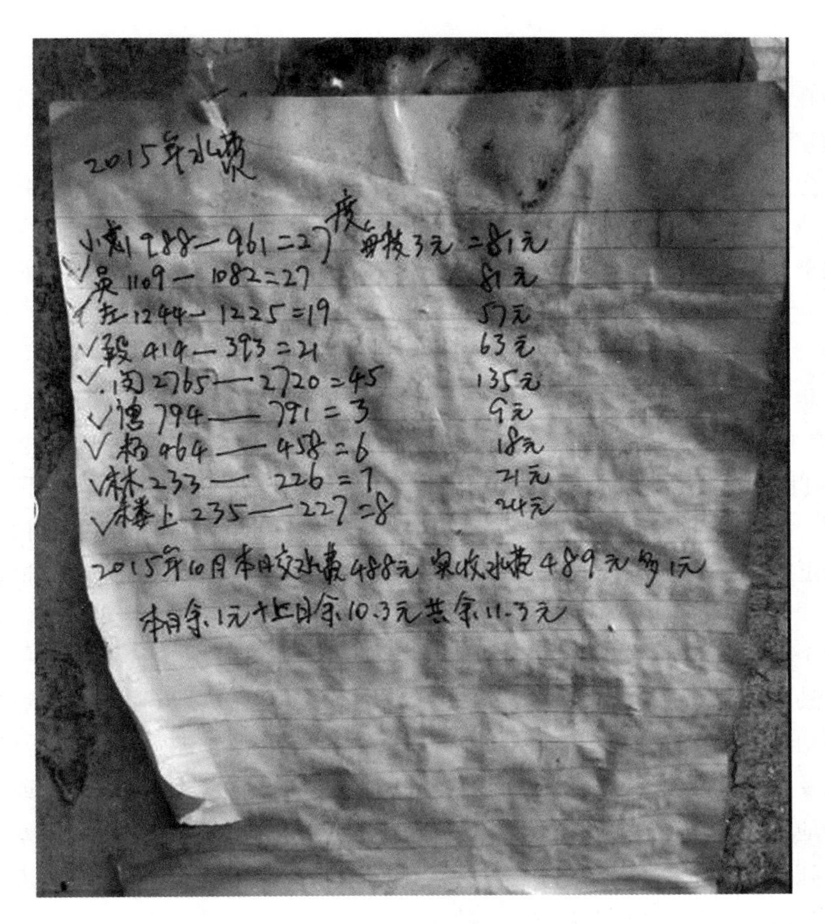

图 3.2　“大杂院”的生活：门东地区三条营未拆迁居民门口张贴的水费对账单（作者拍摄于 2016 年 4 月）

由此，在特定历史事件的影响下，“老城南”核心片区中具有几百年历史的独门独户的居住格局被彻底打破，昔日一家一宅的状况也逐渐变为多户混居的模式，形成了大杂院式的生活空间（见图 3.2）。现居住于门东中营的 C 先生表示，“私房一交给国家，我们这些人都从原本有身份的人变成了无产阶级。以前就算我出租房屋，我还是房主，我还能教教那些房客，我愿意什么时候把我家大门关上就什么时候关上。国家出租后呢，那些租客比你还横呢，你要关门他偏不让，但毕竟我们也不是他们的房东，人家说起来是跟政府租的房子，我们也没办法，也管不住他们。交给国家了，国家也没有钱来修，这个房子成本多高啊。我现在57岁，我说50年前，这房子就已经像个大杂院了。可是这本来是我家的房子啊，我干吗要变成大杂院啊"。现居住在门西凤游寺路的Z先生也表示，"你看看我们这个小二层，基本上你能看见几个门就住了几户人家，这些门已经都是人家一户人家一间房间的门。楼下是我两个弟弟住的，楼上是我们家，隔壁是一个一中的老师。我儿子都已经大学毕业了，马上都要到南邮读研究生了，还跟我们老两口住一间房"。

1958年开始的公房私有化改造，使得"老城南"核心片区内一部分租赁单位公房的居民以较低的价格购买了单位的"福利房"，成为"房改房"的受益者。1985年国家出台了返还经租房的文件，南京也于20世纪90年代初期把经租的私房退还给私人，但由于一些历史遗留问题，直至今日，在"老城南"核心片区，仍有部分私房的部分面积尚未退还，仍有不少住户以"租赁"公房的方式继续居住于此。如根据现居住于门东中营的Z先生的回忆，"虽然说1995年的时候要归还给我们个人，但我们家现在还有面积没有要回来，要不回来的面积，那些租房的人还是住在里面，我们也拿不到一分钱租金"。一方面，是大量公租房的租户的长期居住；另一方面，因"房改房"获得私房的居民，以及房屋面积较大的原住民出于经济利益的考虑，也会将住房全部或部分地出租，从而使得多户杂居的状况长期延续。并且，由于房屋的基础设施较差、空间狭小、租金较为低廉，也使得以租赁私房的方式进入"老城南"核心片区的群体多为低收入群体。

此外，随着20世纪90年代土地和住房的改革政策实施，明清时期的旧住房和居住环境的物质性衰退使得一些相对富裕的家庭通过购买商品房的形式得以迁出"老城南"，而使得国有企业改革的下岗工人、居住年限久远的老年群体以及其他的低收入家庭成为21世纪以来"老城南"核心片区的主要人口构成。①

---

① 南京大学城市规划学院的张京祥教授课题组曾于2011年3月至8月间对南捕厅地区进行问卷调查，样本数为100，涉及居民的家庭成员数为265。调查结果表明：60岁以上群体占比高达26.8%，失业、待业人员达到12.4%，租户占比达到37%。具体参见胡毅、张京祥《中国城市住区更新的解读与重构——走向空间正义的空间生产》，中国建筑工业出版社2015年版，第57—59页。

第二节　大杂院式的“邻里社区”：日常生活的样态

在提出城市研究的“社会空间视角”时，戈特迪纳和亨切森就指出，这一视角是“将构成社会的因素，如阶级、种族、性别、年龄、社会地位与空间环境的象征性整合在一起，从而空间就成为人类行为的构成因素之一。它的基本假设是：空间的（或环境的）和位置上的考虑是日常社会关系的一部分”[①]。同时，在确立社会空间视角的研究维度时，他们指出，特定的社会文化是空间意义的基础与渊源所在，空间环境之所以有意义、具有怎样的意义以及该意义的作用如何在人的行为环境中得以体现，均受到特定文化及由此形成的脉络情境的影响。[②] 因此，基于社会—空间复合属性的确立，对城市社会空间的理解必然要关照到空间中的日常生活：居民在特定城市社会空间中的日常生活脉络，既联结了空间的心理尺度层面，又体现了特定空间所支持的社会结构特征。对“老城南”核心片区居民的日常生活的刻画，实际上构成了相对抽象的“社会空间”概念的可触及部分，从而通过对空间内部丰富的日常生活片段的还原，构成经验研究的入场。因此，本部分试图相对完整地描摹“老城南”核心片区作为居民的日常生活空间所体现出的种种鲜活样态，以情境化的描写与微观而深入的阐释来把握事实表层之下的社会空间特征。

一　邻里交往与互动：首属群体与熟人社会

在21世纪初被卷入大规模旧城更新之前，“老城南”核心片区是高密度的人口聚居区，作为城市居民日常生活领域的社区而存在。在对城市社区进行研究时，不同学者从不同的维度对处于高速城市化进程中

---

① Mark Gottdiener, Ray Hutchison, *The New Urban Sociology*, New York: McGraw Hill Companies, 2000, pp. 15 – 16.

② 司敏：《“社会空间视角”：当代城市社会学研究的新视角》，《社会》2004年第5期。

的中国城市社区进行了分类：如从城市社区特征和功能的空间关系着手，吴缚龙认为中国的城市社区有传统式街坊社区、单一式单位社区、混合式综合社区和演替式综合社区四种类型[①]；朱建刚则认为包括老城厢社区、单位制社区、近建社区和新建社区四类[②]；张鸿雁进一步从社区经济、社会结构、整体规模等多种因素入手，将城市社区划分为了六种类型，具体包括传统式街坊社区、单一式单位社区、混合式综合社区、演替式边缘社区、新型房地产物业管理型社区、“自生区”或移民区[③]。其中，传统式街坊社区、老城厢社区描述的都是城市中历史悠久、老式住宅保存较为完整，以城市旧街和老街区为主的居民社区。因此，从时间特征和空间特征而言，门东、门西和南捕厅作为南京“老城南”中的主要居民区，是一种传统式街坊社区。同时，相关学者进一步指出，在这类社区中存有相当数量的世代在此居住繁衍的本地人[④]，往往会在长期的日常生活互动中形成紧密的邻里关系。在“老城南”核心片区的居民中，就不乏这样世代相交的“原住民”群体。

访谈对象：Z 先生　　访谈地点：南捕厅评事街

整个南捕厅，跟我一样儿年龄的，都是从小一起玩儿到大的，我们住评事街，你问我哪条街巷住着谁，谁家爷爷叫什么名字，他们家发生过什么事情，我们都知道的。都多少代人了！已经熟到不行！

访谈对象：M 先生　　访谈地点：南捕厅泰仓巷

我们这些老邻居都是认识好几辈的啊。你看他比我大不了几岁

---

① 吴缚龙：《中国城市社区的类型及其特质》，《城市问题》1992 年第 5 期。

② 朱建刚：《国家、权力与街区空间——当代中国街区权力研究导论》，《中国社会科学季刊》（香港）2002 年第 2—3 期。

③ 张鸿雁、殷京生：《当代中国城市社区社会结构变迁论》，《东南大学学报》（哲学社会科学版）2000 年第 4 期。

④ 朱建刚：《国家、权力与街区空间——当代中国街区权力研究导论》，《中国社会科学季刊》（香港）2002 年第 2—3 期。

吧，我就要喊他叔叔，那是因为他伯伯和我爷爷是在一块儿玩的，所以按辈分，我们俩就差辈啦。这里许多邻居都是爷爷辈儿就在这里认识的，彼此间的交情都有几十年啦，十分熟悉，十分融洽。

访谈对象：L女士　　访谈地点：门东边营

原来我们家对面是个小学，我们小时候就在那里上学，放了学，我那些住在中营的小伙伴就会从我们家一穿，这个门进，那个门就到中营啦。我们这些老邻居真是从小就一起长大，上一个小学，父母长辈的关系也都很好。

除去这些从祖辈就开始形成密切交往的“老邻居”群体，“老城南”中这类传统式街坊社区的相对开放的居住格局也极易孵化出亲密的邻里群体。正如同相关学者指出的，“社会联系可以被空间所建立、限制与调节”[①]，大杂院式的空间组织格局下的居住形态促进了居民之间形成较强的互动氛围与较为紧密的社会结构，构成了城市社会学意义上的“邻里”——“住地毗连的人们形成密切的互动关系”[②]。在实地访谈中，可以发现，门东、门西和南捕厅地区尚未搬迁的居民也都表达了这种在多户聚居的“大杂院”和相对开放的空间格局中形成的邻里情谊，而现已动迁至安置小区的原居民也大多怀念这种紧密的邻里关系：

访谈对象：L先生　　访谈地点：南捕厅平章巷

房子一共75平方米，也够我们家人住了。虽然厕所什么的都要去外面用公用的，但是老城区不都是这样嘛，我们都习惯了。而且住在这里邻里之间关系都很好，那种传统的邻里味儿在我们这里很好，大家都可以随时串门。你看我们隔壁的那家得癌症了，我们平时都会看看他，相互照应。要是搬到外面的小区去，那种防盗

① Jennifer Wolch, *The Power of Geography: How Territory Shapes Social Life*, Boston: Unwin Hyman, 1989.

② 参见顾朝林《城市社会学》，东南大学出版社2002年版。

门，谁也不知道对面是谁。

访谈对象：C 女士　　访谈地点：门西花露岗

虽然我们这里住得挤，好多户住在一起。但毕竟住了几十年了，也习惯了。而且邻里关系真的没话说，搭把手、帮个忙都不是难事。我们家那位之前心脏搭桥住院，小孩我都没有时间管，家里也没时间照料，都是邻居帮忙烧饭、收衣服什么的。毕竟几十年交情了，大家处得跟一家人也没什么区别。后面真的搬到岱山去，也真的是很舍不得这些老邻居，还是想着能够跟他们保持联系才好。

访谈对象：Q 女士　　访谈地点：南湾营煦康苑

现在房子是大了，可是原来那种邻里关系真是看不到了。反正大家天天都关着门，各过各的。说实话，我连上下几层的邻居还没认清呢。……我们原来的老邻居也都被打散了，你看我在南湾营，有的就去了岱山那边，平时最多也就打打电话聊一聊，问问搬了之后怎么样啊。我们以前也都是一个单位的，上班、回家都经常照面，现在退休了，是在单位也见不着，回家也见不着了。说到以前，大家还是很留恋的，老城的街坊情啊。

另外，对于20世纪90年代以来多为租住方式进入“老城南”的外来打工人口，居民也大多持有开放、接受的心态，如居住在南捕厅泰仓巷的R先生表示，“我们这儿也有很多房屋是出租给来南京打工的人来住的。我们和他们的关系也不错。来打工的农民都是好人啊，为城市的基础建设做出了很大的贡献啊。他们收入很低很可怜，我们有时候还会喊他们来家里洗洗澡，给他们的小孩买点吃的”。在门西的花露岗，一位受访的租户也说道，“我们这里住了十几户，除了房东，基本都是像我这种在南京打工的。我们房东是对老夫妻，对我们很好的，最近天热起来了，他们有时候买了西瓜什么的还喊我们一起吃。你看这辆电动车，也是老爷子看我出门不方便借给我的。说是借的，实际上就是给我用啦”。

因此，虽然“大杂院”式的聚居模式使得居民牺牲了居住空间的大小与私密性，但是这一居住格局却形成了一种空间“暗示”的作用，为居民之间实现丰富而密切的交往行为与日常互动提供了可能，使得居民之间能够形成持续且亲密的首属关系：首先，世代居住在此的“老城南人”往往依旧保有家庭内部和邻里之间守望相助的传统，也在长时间的密切互动中建立起了紧密的首属关系；其次，房产社会主义改造后，虽然大量外来人口涌入，但多为来自同一单位的职工，国营单位中强烈的“共有”气氛，与居民邻里之间的“共享”气氛，相辅相成，[①] 使得原有的邻里守望的传统进一步承袭并强化；最后，正如相关研究指出的，中国传统邻里交往较少受到身份和社会地位的影响，因为人情的“差序格局”是泛家族主义的，建立家园感的邻里和作为共同生活伙伴的邻居自然处在这种“差序格局”中相对核心的位置。[②] 因此，即便外来打工群体与“老城南”居民的身份、背景具有较大差异，他们依旧能够与之进行日常沟通、互动，并形成互助往来，如同大家族的成员一般。希拉里（A. Hillery）在系统总结西方理论界的“社区”定义时曾指出，“地域”“共同纽带”“社会交往”应被视作“社区”概念的基本框架，因为在各种定义中提及这三项的定义占比高达 73%[③]。由此可见，在空间结构上呈现为“传统式街坊社区”的“老城南”核心片区在社区意涵的层面则是典型的“首属邻里社区”：居民生活在同一片地域范围内，互动频繁且关系密切，并在此基础上形成了社会支持的功能和守望相助的邻里文化，社会网络相对完整且稳定运作。

在这样的“首属邻里社区”中，日常交往与互动中体现出了熟人

---

① 于长江：《走中国的城市化社区道路——费孝通与社会学的社区研究》，http://www1.mmzy.org.cn/html/article/1247/5116593.htm，2008 年 5 月 28 日。

② 相关研究参见沈毅《现代社区整合的内在机制——兼论中西文化伦理及社会联结方式之差异》，《学海》2006 年第 3 期；孙佳宁《上海传统社区邻里环境研究——基于石库门里弄的实证研究》，硕士学位论文，上海同济大学，2007 年。

③ George A. Hillery, "Definitions of Community: Areas of Agreement", *Rural Sociology*, Vol. 20, No. 2 (1955), pp. 111 – 123.

社会的特征。在社会学史上，无论是迪尔凯姆提出的“机械团结”、滕尼斯提出的“社区”，还是费孝通笔下呈现为“差序格局”的中国“礼俗社会”，这些概括都描述了工业社会之前社区成员通过共同的集体意识维系着社会秩序及社会成员间关系的局面。在这些类似的概念中，传统的社区概念是建立在血缘、地缘、业缘关系基础之上的熟人社会。[①] 进一步来说，其中地缘关系结成的传统社区是建立在挨家挨户的居住格局[②]以及由此而来的亲和的邻里街坊关系之上的，由此构成了一个“面对面”、互动频繁的“熟人社会”。在对门东、门西、南捕厅这类“老城南”传统的邻里社区中，或是由于世代相处的情谊，或是由于生活空间的紧密，可以发现，居民之间通常能够承担较为亲密的邻里关系，彼此之间形成了较为深入的了解，并能够互相进入对方的私密性空间（串门是极为常见的现象）进行相对私密的沟通与交流。在实地调研中，可以发现，居民之间的交往大多呈现出这种“熟人社会”的人际互动特征。

首先，由紧密的生活空间而来的邻里互动往往模糊了“我家”和“他家”的界限，“老城南”的居民习惯于以“一家人”来定义自己与邻居之间的关系，由此，邻里之间的互助行为或者其他正式、非正式形式的支持，都被居民视作日常交往内容的应有之组成，是“不分彼此”的邻里关系的理所当然的一部分，并不构成太大的“人情”负担。如现居住在南捕厅评事街的Z先生说道，“我们这里的邻里关系也很和谐，大家都是几代人的交情。像我们吃饭都是在门口吃，摆个桌子，吃到后来人越吃越多，周围邻居都过来吃两口，聊聊天。要是谁家小孩一个人在家，都会有人喊着到自己家去吃饭，我们之间不分彼此的”。他的邻居L女士也表示，“大家一条街巷都是一家人啊。那时候我家生儿子，我不是就发了一条街的红蛋么，整个评事街差不多都拿到了”。现居住在门东中营的C先生也认为，“我们这里街坊四邻都认识几十年了，熟

① 王冬梅：《从小区到社区——社区“精神共同体”的意义重塑》，《学术月刊》2013年第7期。

② 陈友华、佴莉：《社区共同体困境与社区精神重塑》，《吉林大学社会科学学报》2016年第4期。

得不能再熟了，处得也就跟一大家子一样。说起来，我们对老城南有感情，从小就是从这长起来的，这里一家一户，我们都熟啊，谁家生个病，谁家有什么事我们都知道，这平时我家做个饺子给你送过去，你家做个饺子给我家送过来，这邻里之间的人情味啊，我们舍不得，真搬到楼里了，这楼上、楼下的都不认识，不习惯，我们还是习惯这头顶天、脚踏地的感觉，待在这里面心情宽敞，也舒服，不愿意搬走，你看我们这平时吃饭、买东西、聊个天什么的都方便，真是，这走出去的人，虽然我们更多是点头之交，但老一辈可都是相互交往、相互串的”。由此，在这种熟人社会中，频繁的互助行为（在家庭事务上互相出力、经常性地共享生活用品）几乎已经内化于“老城南”居民的日常互动之中，而构成了某种惯例性的社会支持，而这种长期积累的低成本、普遍性的人情往来也形成了一种居民之间的“黏合剂”，创造了居民的社会资本，也增强了居民的归属感。并且，这种高频度的邻里互动使得居民之间互相上门拜访的随意度也较高，从而使得“老城南”里的家庭都呈现出较高的对外开放性，在实地调研中，热情地邀请笔者去家中坐坐，张罗端椅子、倒水喝、留电话号码的并不在少数。另外，相关研究也指出，共同体氛围中的精神抚慰与物质扶持对于在社会大环境中处于弱势的个体来说尤为重要，可以使其“忘却自身在强大社会面前的孤立和无助”。[①] 作为一个老龄群体与低收入群体较为集中的社区，“老城南”居民之间极易形成一种小环境内的团体生活，而使得这种社会支持的发生变成团体生活的日常组成。

其次，邻里间的这种成年累积而来的类似于“亲情”的邻里情谊也有助于化解人际间的摩擦与矛盾，并构成一种行为约束的社会机制。如现居住门西凤游寺路的P先生表示，“如果两家闹矛盾了，只要说上一句‘他家爸爸以前对你们家可好了’，想想以前，矛盾就没有了。有时候谁家闹了矛盾，也会找街坊邻居一起摊开来说，大家一起评评理，劝说劝说，就好了。你看你们现在坐的这个椅子，我们家就一直放在家门口，谁要过来聊两句都随便坐”。同时，这种公开讨论家庭内部事务

---

① 胡位钧：《社区：新的公共空间及其可能——一个街道社区的共同体生活再造》，《上海大学学报》（社会科学版）2005年第5期。

的机制也会成为某种非正式的个体行为约束机制，使得个体能够调适自己的行为，以此获得“自己人的认同”。如P先生接着说道，“我们现在不是在搞拆迁嘛，有的时候一个房子家里五个兄弟都在抢，一个骗一个，谁都不肯说自己跟拆迁办到底怎么谈的。有的都闹得打起来了。上次呢，隔壁那家子就闹起来了，我们就一群老邻居赶忙过去调解，让他们一个一个地说自己的需求，谈解决办法，动手解决不了问题，是吧，你们要协商啊，后面我们也时不时去关心一下，确定兄弟之间没再闹别扭了才算完”。

最后，“老城南”邻里之间的相互照应也呼应了雅各布斯所提出的传统街坊的“街道眼”功能，体现了置身于熟人社会的安全感。在南捕厅评事街与绫庄巷的交叉处口，W女士经营着一家小门面店，她讲述了一次“勇救邻居”的经历：“我在这里住了几十年，从来没发生过火灾什么事，从2009年到现在，大小二十几场火灾，我跟你讲我对面这家房子不是我看到了也被烧掉了。你们知道这家不？我躺在房里面正好看电视，一看，乖乖，那时候火就这么一点儿高，然后看看火就这么宽了，我第一反应就给他们家打电话，打了两个电话都不接，然后我就不知道是吓昏过去了还是睡昏过去了。我就赶快打他家女儿电话，打他家女儿也怪事，也打不通，赶快回过头来打119。119打过以后，我说你们赶快来，赶快来，评事街108号失火了，莫名其妙地失火了，赶快来，救人，人现在喊不醒，就是人究竟是昏过去了还是怎么了的喊不醒，状况就是这样的。那个台12345的还蛮好的，说我们正在派人，正在派人，你赶快喊人。我说我喊她女儿也喊不醒，后来打电话，他家女婿接到了，然后我说，你赶快来，你爸爸现在莫名其妙，人也喊不醒，门也不开。还在讲啊讲啊的时候，隔壁小陆子（音）然后过来一喊，一脚把他门踹开来咯。要不是我看到，就完蛋唻。我看火就这么高这么宽，我急死得咯”。由此可见，“老城南”居民之间长期的邻里互动，不仅建立了社会支持的网络，并派生出了安全、防卫等相关的功能，并进一步促进了邻里这一首属关系的不断强化。

二 社区归属与认同：区位价值与情感联结

在社区的存在、维系与发展中，居民的社会归属与认同是至关重要的前提。相关研究指出，社区认同感主要涵盖“功能认同”与“情感认同”两个部分，前者体现为居民对社区的便利程度、管理水平、环境条件等方面的认同，后者表现为居民与社区的情感联结，很大程度上源于邻里信任与互动深度。[①] 从以上两个维度切入“老城南”核心片区居民的社区归属与认同感，可以发现，居民对于社区的“功能认同”主要源自地处城市中心的区位价值，以及附属在区位之上的各种权益；对于社区的“情感认同”则主要由邻里之间的亲和关系以及长期生活的怀旧感情而组成。

一方面，由于“老城南”核心片区地处主城，居民相对来说可以享有优质且便利的公共服务，保证了日常生活的便利程度。这主要表现为三个方面：一是在居民就业表现出强烈的区位依赖特征时，“老城南”核心片区的区位优势保证一般居民无须耗费大量时间在上下班的通勤上，“在这里生活很方便，小孩子上学很便利，我们上班也很方便，要去个新街口什么的，抬个脚几步路就到了”；“虽然房子确实不怎么样，我们还是挺满意现在这条件的。我们孩子就在一中读高中，上学也方便。我单位没搬之前从这里去单位只要 5 分钟，现在也就 20 分钟，还是很方便的”；“这里多方便呢，坐车去哪里都方便。这里来来往往人也多，我开个小卖部也能挣几个小钱”。二是周围超市、菜场众多且大多步行可及，居民的日常生活需求可以得到满足，“你看我们出门几步路就有菜场、超市，晚上吃个饭出去溜达一圈就能把要买的东西买回来了”。三是由于老年群体较多，并存在一定数量的残疾人群，毗邻医疗资源也成为居民的重要考量，“我患有脊腰椎综合征，腰弯不下去，有三等残疾的证明，我母亲年纪也大了，患有糖尿病、心脏病，腿脚也不方便，一直要靠坐轮椅。我自己这个病经常要吃药，我母亲年纪这么大，万一哪天，唉，这里靠着医院，还能急救”；“我子女都不在

---

① Puddifoot 最早将社区归属与认同的维度划分为“居民对社区生活质量的评估”与“居民对社区情感联结的感知”，具体参见 John E. Puddifoot, Dimensions of Community Identity, *Journal of Community & Applied Psychology*, Vol. 5, No. 5 (1995), pp. 357 – 370。国内学者辛自强、凌欢喜则进一步将社区归属与认同的维度划分为“功能认同”与“情感认同”，并通过测量验证了依此编制的量表具有较高的信度和效度，详参辛自强、凌欢喜《城市居民的社区认同：概念、测量和相关因素》，《心理研究》2015 年第 5 期。

南京，老伴已经九十多了，又是盲人，还有心脏病、糖尿病，我也是一身的病啊，去医院方便对我们来说是救命的啊”。因此，虽然居住条件极为有限，公共设施也不尽完善，但是优越的区位、低廉的出行成本以及附着于区位之上的各种空间权益都在客观上提高了居民对社区的功能认可。

另一方面，如前文所述，“老城南”居民在日常生活与互动中形成的守望相助、不分彼此的邻里风尚在很大程度上提供了居民对社区的“情感认同”，也形成了强烈的邻里信任，“以前住一个院里，邻里关系好，不怕偷东西，没关门出去，东西也不会少，老人小孩也有邻居会帮忙照顾”。除此之外，对于“老城南”核心片区的“原住民”而言，也存在一种“生于斯长于斯”的情感联结，是与个体的生命历程、记忆紧密相连的，“当年我们一群孩子就在这个小庭院里闹腾。当年的小树现在都这么大了！这里有很多我们的回忆啊”；“从我外婆开始就住在这里了，土生土长还是很有感情的，还是很留恋这里的生活的”。

三　自我身份的构建：“回忆”与“现实”之间

对于世代在“老城南”居住，或是20世纪五六十年代迁至“老城南”的居民而言，他们大多以“老城南人”自居，这似乎成为他们对自我身份的一种表述：一方面，虽然在实地调研中可以发现，门东、门西、南捕厅的“老城南人”大多栖身于拥挤不堪的狭小空间内，但是提及“老城南人”这一称号时，大多显现出一种自豪感与优越感，时不时脱口而出的“我们老城南”成了一种建构自我身份的方式；另一方面，他们也会不停地强调“我们是穷人”“城南就是老弱病残”，表达出对目前生活境况、现实处境的种种不满。在对居民的访谈中，可以发现：对“老城南人”身份的建构大多源于对过往辉煌的认可，而对“穷人”身份的建构则更多地表达一种对现实的不满与辉煌不再的失落感。

在门东、门西、南捕厅进行实地调研时，居民总会在不经意间岔开话题，转而谈及“祖上”的辉煌。如现居住在门东中营的C先生在谈及祖居历史时，就说道，“我们家祖上是做云锦的，大户人家。那时候我们都是给官家做。云锦是属于皇帝、皇宫里面用的东西，是由官府来征收的。所以，老城南文化就是大户人家、书香门第的文化。你说，文化从哪里来？文化是从人来的。人才产生了文化。过去你看，怎么讲，这里都是大宅门。噢，你比如讲我家，他家，他家是个书香人家，他家多守规矩啊，要跟人家学噢。一户教了一户的。比方说，朝着路口的窗户都是要关闭的，女孩子白天是不许出门的，只能傍晚时分出去透透风站个十几分钟，要有大家闺秀的规矩”。现居住在南捕厅走马巷的 L 女士也提及她当时之所以嫁到此处也是因为“大户”人家“讲究门当户对”：“我听我爱人说，他的曾祖父当时是开大馆子的商人，做的生意很多，具体我也讲不清楚。我是嫁过来的，我自己家原址就是现在清真寺那个建筑的地方，当年那一整条街都是我们家的，当年讲究门当户对，我们家也是大户，所以才嫁过来的”。因此，尽管现在的“老城南”已不复当年的繁荣，尽管经济资本、社会资本都出现了剧烈的下降，但是这种对过往辉煌的追忆显然在形塑自我身份认同中扮演了重要的角色。

而当谈及收入状况、居住条件时，他们则会自称“穷人”，表达出对当下境况的种种不满，如现居住于门西花露岗的 Z 先生说道，“我年轻时被下放了，后来回来上了几年班又下岗了。我老婆也是下岗的。生活真是困难。什么坏事都让我们这代人遇到了，被剥削得一干二净”；现居住与门东中营的 S 女士则表示，“现在我们这块儿真是老弱病残集合地啊，年轻的、有钱的都走了，就剩我们一帮实在走不了，一是没钱，二是身体也吃不消这么折腾”。

因此，“老城南”居民对自我身份的建构实则表现出了一种矛盾感：一方面，对于过往繁华的记忆、对于空间区位的占有使得他们倾向于给自己贴上“老城南人”的标签，正如魏霞在研究北京老胡同里的居民时曾指出的，“他们愿意谈过去，似乎是因为在过去一个较为扁平的社会里，他们没有被剥夺的感觉，而在历史里，他们的祖先还曾风光。通过谈这些，他们可以回避或掩饰自己的现状。……他们有强烈的自尊并比任何人都在意自己的‘身份’，从而通过历史来进行自我身份建构。这也是他们取得认同的一种方式。他们通过奠基于既定的文化属性自我辨认和建构意义，而尽量排除其他更广泛的社会结构参照点”。[①]另一方面，当不得不面对社会参照与比较时，由于“老城南”核心片区在1949年后南京的城市发展中长期处于一种“被遗忘”的尴尬境地，人口结构也日趋老龄化、贫困化，“老城南人”的种种心理不适与落差也由此产生，又使得他们将自己归类为“穷人”，表现出了基于回忆与基于现实的自我身份构建的差异。

第三节　城市中心的“灰色区域”：旧城社区的衰退

在西方，城市更新作为一项国家城市政策，其目的在于对城市衰败进行干扰与逆转。因此，衰败构成了城市更新的“病理学”基础，即“衰败—贫困空间—城市更新”形成了一个完整的概念逻辑。城市更新是在城市空间社会演变过程中应对城市特定区域的衰退与贫困问题的人为机制。而由于城市衰退通常表现在城市社区的尺度之上，社区就构成研究城市衰退的基本单元。[②] 城市学家安东尼·唐斯（Anthony Downs）在《邻里与城市发展》一书中重新阐释了“邻里生命周期”理论，提出邻里的演变将经历稳定和发展、轻微衰退、明显衰退、严重退化、废弃共五个阶段（见表3.1）。因此，从演变历程上来看，社区衰退是一个朝着物质条件下降、人口结构老化或社会地位下降、城市功能弱化等方向演化的过程。这一关于城市社区演变的观点实则是将城市社区置于复杂的城市社会空间过程中而进行的理解。也由此引发了学界对“社区衰退”的关注与研究。国内学者对“城中村”“城市角落”“贫困空间”的研究也大多基于这一理论假设，将这类空间的出现与城市特定区域（或社区）的衰退过程联系在了一起。

① 魏霞：《夕阳下的胡同——以北京市东城区某社区为例》，博士学位论文，中央民族大学，2011年。

② 佘高红：《从衰败到再生：城市社区衰退的理论思考》，《城市规划》2010年第11期。

表 3.1　　城市邻里生命周期及其阶段性特征①

邻里发展阶段	阶段性特征
稳定和发展阶段	为新开发或良好的传统社区 房产价值处在上升之中
轻微衰退阶段	通常位于旧城区 公共服务水平较上一类低，面临轻微的物质设施短缺 居民的社会地位较上一类低，人口密度较高，人口特征以年轻家庭为主，拥有较少的资源 房产价值稳定或增长缓慢
明显衰退阶段	以租户为主，居住者的社会经济地位较低 物质设施短缺的问题有所加重，一些设施的使用强度超出设计水平 居民对该地区未来的信心不足，可能出现住房空置现象
严重退化阶段	大量住房需要维修 大量家庭生活在最低生活标准线上 房租很低，住房空置现象大量存在
废弃阶段	该地区的未来预期为零 居住着社会最底层的人群

如果说上述观点是从历时态维度对单体社区的社会空间的理解，城市“灰区”的概念则是将单体社区或城市特定区域纳入整个城市中予以考量，是共时态维度下对城市社会空间格局的理解。根据对内城居民群体特征和需求取向的分析，美国社会学家甘斯（Herbert J. Gans）曾将西方城市的内城划分为四种类型，其中他援引弗农（Raymond Vernon）的概念，将陷入困境者和地位下降者组成的区域定义为“灰色区域或灰色地带”（grey area or grey belt）（以下简称“灰区”）②；中国学

① Richard B. Andrews, *Urban Land Economics and Public Policy*, New York: The Free Press, 1971. 转引自佘高红《从衰败到再生：城市社区衰退的理论思考》,《城市规划》2010 年第 11 期。

② 陷入困境者是指那些在原有居住区受到非居住用地或较低阶层移民侵入时，没有足够的钱搬家或者仍愿意居住在原地的居民；地位下降者是指那些因生命周期特点等因素而导致社会经济地位和居住质量趋于下降的居民，其主体是依靠抚恤金维持生计的退休老人。详见 Herbert J. Gans, Urbanism and Suburbanism as Ways of Life: A Re-evaluation of Definitions, in Alexander B. Callow ed., American Urban History (2nd edition), London: Oxford University Press, 1977, pp. 507－521。转引自程玉申、周敏《国外有关城市社区的研究述评》,《社会学研究》1998 年第 4 期。

者许学强在《城市地理学》一书中进一步阐释了这一概念：在西方尤其是美国一些城市的某些区，常常集中有年代较老、比较破旧的住宅，这类建筑集中的地区称为“灰区”；“灰区”一般是老年人的集中地，由于身体及收入的原因缺乏维护住宅的能力，且缺少娱乐设施、绿地和停车场，且多为贫民区。[①] 20 世纪 60 年代以来在西方的城市更新过程中，由于区位条件、社会秩序相对较好，且呈现出了某种衰败特征，城市“灰区”就成为绅士化的主要目的地。[②] 因此，城市“灰区”的内涵实则涉及三个维度：一是人群结构的维度，老龄化、贫困化是其典型的特征；二是物质条件的维度，住宅大多出现了老旧迹象，缺乏现代性的设施；三是区域功能的维度，“灰区”由于出现了衰退而难以满足整体城市发展需求下对该区域的功能诉求，尤其是这一区域大多地处优势区位且具有良好的社会秩序。由此来看，城市“灰区”和社区衰退的概念从本质上来说是对同一现象的不同理解维度。

通过前文的分析，可以说从邻里生命周期来看，“老城南”核心片区自民国开始就逐渐出现了社区衰退的迹象：中上流阶层的撤离、物质环境与居住条件的下降，以及在城市整体发展中的边缘化迹象。本节则将进一步从城市“灰区”的概念内涵来把握“老城南”核心片区的社会空间特征：首先，分析其在旧城更新启动前的内部社会结构特征，并从空间内的群体构成来理解社会空间的社会性维度；其次，分析其物质性特征和更新前的空间形态，并从空间的物质基础上来把握社会空间的空间性维度；最后，从“老城南”核心片区作为城市系统的功能构成角度，分析其功能性特征，从而理解这一片区为何被纳入旧城更新。通过分析可以发现，“老城南”核心片区内实则已出现了城市“灰区”的典型特征，并可以表述为人群结构、物质条件、区域功能共三个方面的衰退——而这恰恰构成了前文所述的城市更新的“病理学”基础，在城市结构变迁的所具有的某种必然性[③]以及南京当代城市发展的模式与

---

① 许学强等：《城市地理学》，高等教育出版社 2009 年版。

② 张鸿雁：《城市中心区更新与复兴的社会意义——城市社会结构变迁的一种表现形式》，《城市问题》2001 年第 6 期。

③ “城市社会结构的变迁是不以人的意志为转移的”，详见张鸿雁《城市中心区更新与复兴的社会意义——城市社会结构变迁的一种表现形式》，《城市问题》2001 年第 6 期。

诉求之下，“老城南”核心片区似乎难以逃脱“被更新”的命运。

一　人群结构的衰退：“两多”与“两低”

社会空间的觉悟强调一切社会关系均在空间上进行“烙印”，因此，从这个层面而言，把握“老城南”核心片区的人群结构是理解社会空间特征的应有之义，也是判断其是否衰退、是否构成城市“灰区”的一个重要标准。因此，本节将利用南京市房管局拆迁安置的相关居民属性数据（2001 年至 2011 年）来分析“老城南”核心片区的居住人群特征。通过数据整理和剔除，门东、门西、南捕厅三个地区中相关属性数据[①]完整的拆迁安置居民家庭分别为 793 户、868 户和 638 户，共 2299 户。另外，由于这一数据的调查对象为选择“异地安置”的居民，并不能代表总体特征，本节还将借助其他数据[②]来进一步说明“老城南”核心片区的人群结构特征。

通过数据分析可以发现，就 2299 户拆迁安置居民家庭而言，呈现出了典型的贫困特征。其一，在家庭经济状况上[③]，南捕厅地区家庭年收入为 15432 元，而门东地区、门西地区仅为 12900 元和 12672 元。居民人均年收入分别为 4823 元、4558 元与 4526 元。虽然每户家庭的拆迁时间并不相同，且家庭年收入需要考虑通货膨胀等因素，但是即使对比 2001 年南京市城镇居民的可支配收入 8848.2 元，[④] 这三个地区与全市平均水平仍然存在较大差距，分别为全市平均水平的 55%、52% 和 51%，在经济水平上呈现出贫困的特征（见图 3.3）。其二，原住房套型面积与未成套户数比例也进一步反映了拆迁安置居民的贫困特征。通过对这三个地区被拆迁居民的住房属性数据进行统计分析可以看出，南

① 相关属性数据包括拆迁安置户数、拆迁地点、拆迁时间、户均平均人口数、家庭年收入、原住房套型面积、户主就业状况、户主婚姻状况等 11 项指标。

② 包括：东南大学建设与房地产系张建坤教授课题组 2009 年在南捕厅、门东、门外、门西进行的“老城南”居民调查数据；秦淮区政府 2006 年社区调查统计数据；《秦淮年鉴》2005 年至 2008 年调查统计数据；2000 年第五次人口普查数据。

③ 家庭年收入数据为拆迁当年的家庭年收入数据，未考虑通货膨胀因素。

④ 这三个地区的拆迁工作主要发生在 2001 年以后，文中用 2001 年全市平均家庭可支配收入进行对比，已经看出这三个地区拆迁家庭呈现明显的贫困特征，如果用实际拆迁行为发生的年份进行对比，差距更为明显。

捕厅地区、门东地区和门西地区被拆迁居民的原住房套型面积分别为27.63m^2、25.5m^2和18.26m^2，人均住房面积仅为8.63m^2、9.01m^2和6.52m^2。同样对比2001年南京市的平均数据，2001年南京市城镇居民人均住房建筑面积为20平方米[①]，可以看出这三个地区拆迁居民的住房面积远低于南京市城镇居民的平均水平（见图3.4）。2000年的第五次人口普查数据也表明，“老城南”居民平均住房面积不足8平方米。在未成套户数比例方面，南捕厅地区为74.37%，门东和门西地区高达85.83%和87.56%，说明大量被拆迁安置居民仅仅拥有一套住房的部分空间，也印证了前文所说的“大杂院”式的居住生活空间（见表3.2）。其三，这三个地区的户主失业率也普遍较高，分别达到了44.96%、38.95%和38.48%，说明家庭经济收入缺乏稳定的来源。这也与大多数居民主要从事低端服务业，工作具有临时性和低技能性的特征相关。东南大学建设与房地产系张建坤教授课题组于2009年在南捕厅、门东、门外、门西进行的“老城南”居民调查也得出了类似的结论。在收入状况上，超过一半（50.7%）的居民家庭月收入不足1000元；六成以上（62.7%）的居民家庭居住面积不足50平方米。这一调查也指出，贫困状况大多与居民职业结构、教育水平存在明显的相关：离退休人员、外来打工人群、下岗人员分别占总数的34.9%、24.6%和12.7%；54.2%的居民仅为小学或初中文化水平。[②] 秦淮区政府的社区调查统计数据也表明，“老城南”门东地区“居民主要为国企普通工人（占比47%），一般服务人员及外来务工人员，知识分子不足10%，失业与待业居民占比达到10%”[③]。以上数据均说明，“老城南”核心片区是一个典型的贫困人口聚居区，居民教育水平普遍不高，大多从事低端性行业，还存在一定比重的下岗、失业家庭，家庭收入状况与居住状况都远低于南京市平均水平。

① 数据来源：南京市统计局：《南京市2001年国民经济和社会发展统计公报》，2002年2月3日。

② 数据来源：王远峰：《南京老城南保护与更新中的居住整合研究》，硕士学位论文，东南大学，2011年。

③ 数据来源：刘青昊、李建波：《关于衰败历史城区当代复兴的规划讨论——从南京老城南保护社会讨论事件说起》，《城市规划》2011年第4期。

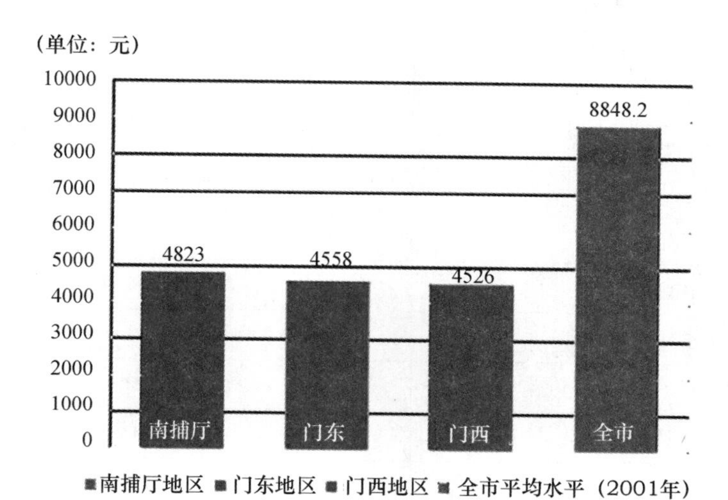

图 3.3　三个地区人均收入

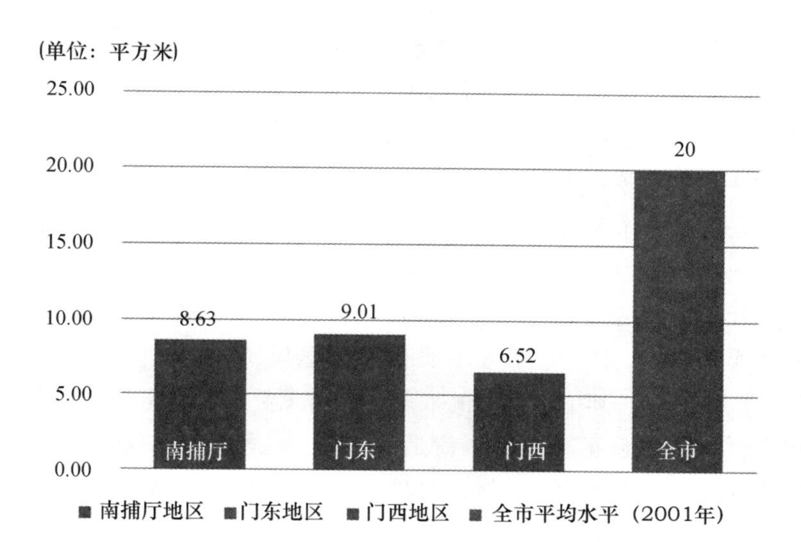

图 3.4　三个地区人均住房面积与全市情况对比

表3.2　　南捕厅、门东、门西拆迁安置家庭的相关属性数据

属性类别	南捕厅地区	门东地区	门西地区
拆迁安置户数（户）	638	793	868
户均平均人口数（人）	3.2	2.83	2.8
家庭年收入（元）	15432	12900	12672
居民人均年收入（元）	4823	4558	4526
原住房套型面积（m^2）	27.63	25.5	18.26
人均住房面积（m^2）	8.63	9.01	6.52
户主失业率（%）	44.96%	38.95%	38.48%
户主离异或丧偶率（%）	41.18%	35.41%	26.96%
未成套户数比例（%）	74.37%	85.83%	87.56%
自有私房比例（%）	6.30%	17.20%	9.45%

人口的老龄化也是这一片区的显著特征。根据对2005年至2008年《秦淮年鉴》中的相关数据进行整理，可以发现，“老城南”60岁以上的人口比例分别为17.70%、17.95%、18.53%和19.03%。[①] 张建坤教授课题组的调查也表明门东、门西、门外与南捕厅地区的人口老龄化现象极为严重，55岁以上的人口占比达到了21.1%。前文提及“老城南”核心片区内离退休人员较多也和这一观点形成了印证。以国际标准进行衡量，则可以认为这一区域已经进入了人口老龄化的阶段。根据南捕厅评事街社区服务站的T主任的介绍，“从人群构成上来说，我们社区就是‘两多’，老人多，老年人主要也是老居民，在这里生活了好几十年，吃低保的多，其中吃低保的很多是下岗无业人员，还有一定数量的残疾人，都有残疾证。再说，就是‘两低’，居民整体受教育程度不高，家庭收入也比较低。另外，现在有很多外来人口，来南京打工的人群也在这里居住，主要就是跟私房房主租房子。社区管理也是有一定困难的”。

① 数据来源：《秦淮年鉴2005—2008》。

以上数据都一致表明：老城南核心片区出现了人口结构的边缘化与老龄化，在人群结构上出现了衰退的特征。此外，需要提及的是，这种结构性衰退不仅表现在老城南核心片区集中了大量的贫困群体与老年群体，也表现在有经济实力和社会地位的人群"逃离"老城南。20 世纪 90 年代以来，在住房商品化改革之后，住房市场开放，由于现代化基础设施条件的严重缺乏，经济条件相对较好的家庭纷纷选择迁出"老城南"地区，或是在外购房，或是在外租房，根据南京历史城区保护建设集团有限责任公司的 H 经理介绍，"在旧城改造之前，老城南就已经成为了一片人居密度很高的破败棚户区。在门东，有家面积还不到 8 平方米，却挤了祖孙三代人，中间拉个帘子，儿女、老人各睡一边。儿女这边呢，小孩儿睡上铺、父母睡下铺。确实是很没有生活品质的，所以有经济能力的居民基本都搬走了，现在剩下的居民中原住民并不是很多，很多都已经租给出租户了。剩下的原住民大多年纪比较大、经济收入比较低，有 90% 以上都已经达到了申请经济适用房的标准了，生活还是很艰难的"。同时，在实地访谈中也发现，不少在"老城南"核心片区有房产的居民都选择在城市的其他区域购房或租房，而将在老城南的房产出租，由于房屋质量破败，抽水马桶等配套设施缺乏，这些房屋只能出租给城市的低收入群体以及农民工等外来务工人员。如南捕厅绫庄巷的 M 女士就将其约 90 平方米的三进房屋出租给了 8 户居民，这些租户大多为从事体力劳动的低收入群体，笔者在访谈调研时正好遇见几个租户围着 M 女士，请求不要涨房租。当问及为何在外租房而不愿居住在祖宅时，M 女士说道："我们也想住在这里呀，离市中心也近，周边也比较方便，但是你看看确实条件不行啊，连个抽水马桶都没有，你说我们孩子这么大的年轻人哪个住得习惯啊？而且你看对面拆的，成天吵哄哄的，我们年纪大了也经不住这么吵闹，而且可能还会有安全问题。我之前是有想法自己重新修整修整回来住，毕竟现在在外面租的房子也不可能住一辈子吧。但关键是我们这个房子又是历史建筑，你看见外面挂了牌吧？拆是不会拆了，但是政府部门又不同意我们自己修。所以也就只能摆在这里暂时先出租了，虽然租金一个月也收不到多少钱，但补贴补贴，总比空着好吧。"由此可见，具有经济能力的"老城南"居民的搬离，以及大量外来人口通过租住而进入"老城南"，一方面使得留下的居民多为缺乏市场能力、无力外迁的老年人与贫困群体，另一方面也使得更多的城市低收入群体聚集于此。此外，在调查中也发现，“老城南”核心片区的私房租客构成较为复杂，既有从事低端服务业的青年人，也有来投靠晚辈的老年人。到南京务工的农民工群体也成为重要的租客，他们大多选择群租，或一家人居住在一间房间，或老乡亲戚共同合租。这部分人群大多经济拮据，无力负担更高的房租，“老城南”较为“亲民”的房租便构成了重要的吸引力。

由此可见，在旧城更新启动之前，“老城南”核心片区内已呈现出“弱势群体”的大规模集中。从社会学的角度出发，弱势群体是由于社会结构急剧转型和社会关系失调或由于一部分社会成员自身的某种原因（竞争失败、失业、年老体弱、残疾等）造成对于现实社会的不适应，并且出现了生活障碍和生活苦难的人群共同体。[①] 经济上的低收入性、生活上的贫困性是这一群体最为外显的特征。从以上内涵观之“老城南”核心片区的人群特征，可以发现，这里是弱势群体的聚居地，并且社会结构也已经呈现劣势的同质化集聚乃至固化的特征。

二 物质条件的衰退：官方定义的“危旧房片区”

对物质条件的考量也是社区衰退与城市“灰区”概念的重要维度。在“老城南”核心片区内，大量传统民居多为砖木结构，至21世纪初大多使用时间已超百余年，1949年以来的社会主义房产改造则进一步使得“老城南”地区的房屋大多产权混乱，缺乏有效的保护措施，日益破败（见图3.5、图3.6）。首先，在建筑质量方面，由于这三个地区建筑以底层砖混结构的居住建筑为主，同时大多数住房年久失修以及高强度的居住压力，导致建筑质量堪忧。通过对相关规划[②]中数据的进一步整理和分析，可以发现，在南捕厅地区质量一般与质量差的建筑比例超过了70%，其中质量差的建筑比例达到了28%。而门东、门西地区

① 钱再见：《中国社会弱势群体及其社会支持政策》，《江海学刊》2002年第3期。

② 相关规划包括：《南捕厅历史文化街区保护规划》（2012年8月）、《评事街历史风貌区保护规划》（2013年1月）、《城南历史城区门东C2地块保护与复兴设计方案》（2013年6月）、《南京秦淮区门东D4地块保护复兴及环境整治方案》（2014年11月）、《南京老城南历史城区保护规划与城市设计》（2011年11月）。在这些规划中，都有建筑质量的评级。

质量一般与质量差的建筑比例更达到了92%和95%（见图3.7）。在访谈中，居民也纷纷表示，“这里的房子条件不好，很久以前的老房子了，住了那么多代人，也没好好修过，好像要倒，我住着都害怕”；“漏水啊，一到南京的时梅天，被子都潮得咯”；“这房子5级地震都抗不了”。其次，卫生间、厨房等配套设施严重缺乏。笔者于2010年初对“老城南”地区110栋拟保留建筑内居民的调查发现：94.7%的家庭配套厨房，但多为自己搭建，或多户共用，67.4%的家庭没有配套厕所，完全依靠公共厕所；53.7%的家庭没有配套淋浴间，完全依靠公共浴室。在实地调研中，经常可以见到居民在家门口私自搭建的厨房中炒菜做饭，公共厕所的异味也是数十米便可闻见，也时不时可以见到去公共厕所倒痰盂的居民。最后，各类老化现象导致安全隐患也时常发生。如在实地调研中发现，居民房屋内电力线路存在明显的老化裸露，且超负荷，极易发生安全隐患。据秦淮区消防大队的资料，老城南地区发生的火灾中60%以上是由于线路老化断落而引发的。而居民沿路私搭乱建的行为，以及传统街巷的尺度则影响到消防车、救护车的到达，使得安全隐患进一步加剧。

正是因为上述多方面的原因，南捕厅、门东和门西地区表现出了明显的物质条件的衰退，由此也被地方政府纳入亟待更新改造的“危旧房片区”，这一点也反映在地方规划部门对三个地区的用地现状调查中：大量现状居住用地被归类为“三类居住用地”，即“公用设施、交通设施不齐全，公共服务设施较欠缺，环境较差，需要加以改造的简陋住区用地，包括危房、棚户区、临时住宅等用地”。[①] 具体而言，在南捕厅地区三类居住用地占总居住用地的比例达到了94.7%、门东地区的比例为94.5%、门西地区的比例甚至达到了100%，物质性衰退极为严重。

---

① 在《城市用地分类与规划建设用地标准（2011年版）》中，将居住用地分为三类。其中“一类居住用地”是指：“公用设施、交通设施和公共服务设施齐全、布局完整、环境良好的低层住区用地”；“二类居住用地”是指：“公用设施、交通设施和公共服务设施较齐全、布局较完整、环境良好的多、中、高层住区用地”；“三类居住用地”是指：“公用设施、交通设施不齐全，公共服务设施较欠缺，环境较差，需要加以改造的简陋住区用地，包括危房、棚户区、临时住宅等用地”。

图 3.5　更新改造前南捕厅评事街西立面

图 3.6　更新改造前南捕厅绒庄巷西立面

注：从南捕厅的评事街和绒庄巷的沿街立面可以看出，虽然南捕厅地区的空间肌理和街巷格局尚存，但沿街风貌和建筑质量亟待改善。

图 3.7　三个地区建筑质量图（作者自绘）

注：从三个地区的建筑质量分析图和统计可以看出，南捕厅地区质量一般与质量差的建筑比例超过了 70%，其中质量差的建筑比例达到了 28%。而门东、门西地区质量一般与质量差的建筑比例更达到了 92% 和 95%。

就其原因而言，“老城南”核心片区物质性衰退的原因来自多个方面，并非简单的物质结构老化和年代久远。具体而言，主要原因包括房屋权属关系的复杂、地方政府（或单位）更新维护的动力缺失以及历史建筑与历史街区的“限制”。首先，在房屋权属关系方面，

“老城南”核心片区存在多种不同类型的住房，私房公房共存，在私房的主要类型里面不仅有祖上继承下来的私房，也有经历了房产社会主义改造后重新归还给房主的私房，还有经历了房产社会主义改造后获得的私房，除此以外还有直管公房、单位自管公房等多种权属类型。这种较为复杂的房屋权属关系使得房屋修缮面临诸多利益关系需要处理，导致对房屋的更新维护缺乏恰当的主体。其次，地方政府（或单位）更新维护的动力缺失。由于大量房产自 1995 年起才逐渐归还个人，因此，很长一段时间内“老城南”核心片区内的大量住房都为单位自管公房或房管所直管公房。而数十年来保持的低租金水平使得相关部门缺乏进行修缮、维护的资金与动力。如现居住在门东边营的 Z 先生表示，“我在这里住了 34 年了，最早的时候每个月租金是一块四毛五，现在因为我退休减免了一些，是 29 块钱每个月，差不多 2 块钱不到每平方米，直接交给房管所”。由此，“老城南”核心片区的大量住房就长期处于自然衰落的状态，日趋杂乱与破败。最后，“老城南”核心片区历史文化街区与历史建筑反而成为居民自发更新的某种制约与“限制”。“老城南”核心片区拥有大量具有一定历史意义的建筑，而官方对于这些建筑的更新改造有着较为严格的限定，导致居民自发更新行为受到了一定的阻碍。如现居住于门西花露岗的 L 先生就说：“我们说自己要修吧，政府说这是历史建筑，不能私人来修。门口都挂了不可移动文物的牌子了，不许我们自己动。”综上所述，“老城南”核心片区的物质性衰退加之更新维护主体与动力的缺失，使得其物质条件的衰败呈现加剧发展之势，从而也成为官方文本定义中的“危旧房片区”。

三　区域功能的衰退：南京城中的“塌陷区”

20 世纪 90 年代中后期以来，中国城市面临的内外背景发生了显著的变化，主要表现为加入 WTO 全球化进程加快，土地有偿使用制度、住房市场化改革、分税制改革等一系列的制度变革。这也将中国城市置于一个前所未有的激烈的市场竞争环境之中。面对激烈的竞争，城市政府以最大的热情来寻求一切可能的投资，推动城市经济发展。[①] 在这样的目标下，中国城市地方政府建立了以空间增长为载体（核心是城市土地），以城市经济增长为第一要务的“增长主义”发展模式。对于南京而言，加快内城区“退二进三”的经济转型、吸引国外资本的压力、孵化土地市场的需求、国家战略布局的调整都使得南京旧城所具有的经济价值被全面激发出来：整顿与更新旧城不再仅仅是为了消极地提升城市破败地区，而且是更具有开发与再利用的多重经济价值与资源配置价值。因此无论是20世纪90年代初期以“道路建设”为核心的旧城更新，还是20世纪90年代中后期兴起的大规模拆建，都是城市增长主义空间化的表征。其核心目的还是在于通过旧城更新为第三产业的服务经济创造更多的空间和载体。

反观“老城南”地区，在南京整体“搞活城区经济”、大力发展第三产业的背景下，其现有条件往往难以承载相关的区域功能诉求，而表现出功能性衰退的特征，甚至被称为城市中心的“塌陷区”。这种与城市总体目标不相适应的功能性衰退主要表现在以下三个方面。

首先，“老城南”核心片区承载的人口规模不断增大，超负荷运转与城市整体高效集约的总体目标不相适应。在土地有偿使用以及分税制改革后，城市政府更加注重空间资源的高效利用，高强度地开发内城成为南京“搞活城区经济”的重要手段。在此目标下，提高城市总体运行效率，稀缺空间尤其是城市中心区土地价值的最大化也成为应有之义。“高效集约”成为评价城市空间利用是否合理的重要标准。观之“老城南”地区，第五次人口普查的数据表明，“老城南”地区的人口密度高达3.4万人/平方千米，远远高于老城平均水平，即2.8万人/平方千米。本书重点研究的南捕厅、门东和门西作为“老城南”的核心片区，长期以来都是城市的居民集聚区域，其人口密度更高。同时由于“老城南”地区的房屋多为1—2层的低层建筑，其容纳人口的能力远低于高层建筑。高密度的人口给原本就落后的供水、排水和供电设施等带来了更大的压力，片区超负荷运转。

---

① 周黎安：《转型中的地方政府：官员激励与治理》，格致出版社2008年版，第2—13页。

其次，“老城南”地区相对单一的传统居住功能与南京旧城功能转型、提升城市竞争力的发展要求不相适应（见图3.8）。如前文所述，进入21世纪，城市的竞争日益激烈。像中国的其他大城市一样，南京同样面临着产业转型升级、提升城市竞争力的压力，城市经济结构与产业结构都需要进行战略性调整。对于位于南京中心区位的旧城而言，大力发展服务经济，进一步完善和集聚商贸流通、金融服务、信息咨询、商务办公等现代服务功能成为必然选择。如南京市政府提出以“华东第一商贸区”为目标来打造新街口地区，并要求加快从传统“商圈”向高档商贸商务区的转型。在这样的背景下，地方政府从城市经营者的角度，更希望在城市中心区集中一些为更大区域服务同时体现南京作为区域中心城市的商业、商贸、总部办公等功能。从这样的目标出发，“老城南”地区原本具有的功能与发展方式显然不符合城市功能提升的总体目标。同时，由于公共交通条件的提升（地铁一号线的开通）、周边城市环境的改善（秦淮河的综合整治、夫子庙的旅游开发），都使得“老城南”核心片区的区位价值日益凸显。而作为一块已呈现衰退之势的传统民居，“老城南”核心片区显然难以满足地方政府所诉求的提升城市整体功能、加快城市产业转型的目标。

图3.8　南捕厅、门东、门西三个地区更新前用地功能构成
（作者根据相关规划自绘）

注：通过对更新前“老城南”核心片区（南捕厅、门东、门西三个地区）的用地功能和用地性质可以看出，传统居住功能是南捕厅与门东地区最主要的功能构成，门西地区除了居住功能外还有大量工业功能。显然，从南京地方政府对于城市中心的发展布局来看，“老城南”地区承担的功能不符合城市的总体目标。

最后，低层的建筑以及破败的空间环境与展示城市形象、体现城市自信的社会情绪不相适应。与中国经济飞速发展的宏观背景一致，20世纪90年代，中国城市进入了高速增长的阶段，乐观主义情绪充满了整个中国城市。城市美化、崭新整洁的城市面貌、象征城市竞争力的高楼大厦不但是执政者的愿望，更成为整个社会的普遍诉求。因此，大量新建高层建筑是当时的社会需求与价值选择，对于当时的南京城市居民而言，独立体面的住房、崭新整洁的城市面貌是大部分人的愿望，需要的是具有城市美化功能的“样板”。因此，可以说，在当时的时代主题与社会情绪下，急于改变之前的落后状况与种种旧束缚，以城市产业经济转型为契机来重塑城市的“发展主义面貌”成为从上到下的普遍共识。从这样的背景来看“老城南”，空间环境破败，房屋建筑低矮，加之又位于城市的中心区位，更显得“碍眼和影响城市形象”。

通过以上对“老城南”核心片区社会结构、物质空间和区域功能三个方面的分析，可以看出“老城南”核心片区呈现出结构性、物质性和功能性等多重衰退。究其原因，这种衰退不仅有自身物质衰败、结构老化的原因，但是更多的还是由于城市总体目标的转型，“自上而下”地产生对这一区域需求的变化。“类贫民窟”“危旧房片区”“功能塌陷区”等成为“老城南”核心片区的代名词，这种弱势的标签为更新改造提供了合理性，但是同时也会给原居民带来极强的心理暗示，从而对其行为和心理产生深远的影响。另外，这种自身的衰退以及官方话语的强化无疑增加了外界对于这一区域的污名化，如“南贫北贱”似乎已成为南京居民有关城市社会空间印象的共识之一。总之，“老城南”核心片区出现的社区衰退的种种典型迹象，以及作为城市“灰区”镶嵌于南京城市中心的社会空间格局为下一步的官方主导的旧城更新增加了合理性。2006年以后，“老城南”核心片区开始被纳入大规模的旧城更新之中，并发出了“建设新城南”等政策宣称，下一章中，将从这一社会空间变迁的过程出发，研究在旧城更新密集推进之中“老城南”核心片区“被转换”的社会空间图景。

第四章

被转换的旧城社会空间：侵入与接替

它要倒塌，就随它自己倒塌；它一日不倒塌，我一日尊重它的生存权。

——朱光潜

在芝加哥学派城市社会学家的眼中，城市具有“成、盛、衰、空”的生命周期现象，亦具有生物体般新陈代谢的功能及“更新”的能力。因此，从城市与自然界的相似点出发，他们多从城市有机体论、社会生态论的路径切入来诠释城市更新的内涵，如伯吉斯（Ernest W. Burgess）和博格（Donald J. Bogue）指出，如果将城市视作一个有机体，那么其动态变化过程将会出现成长、成熟、衰退、没落或更新现象。[①] 在中国，城市更新作为一种典型的由政府主导与推广的城市政策，也大多采用“城市有机体论”的论调，将城市更新视作城市生产过程中必然发生的新陈代谢功能，如将城市更新定义为“对本市建成区城市空间形态和功能进行可持续改善的建设活动”[②]，“对特定城市建成区（包括旧工业区、旧商业区、旧住宅区、城中村及旧屋村等）内具有以下情形之一的区域，根据城市规划和本办法规定程序进行综合整治、功能改变或者拆除重建的活动”。[③] 2006 年，“老城南”旧城更新的启动也是建立在对其“结构破损、功能衰退、物质老化”[④] 判定之上。然而，正如“社

---

① Ernest W. Burgess, Donald J. Bogue, *Contributions to Urban Sociology*, Chicago: The University of Chicago Press, 1964.

② 具体见《上海市城市更新实施办法》。

③ 具体见《深圳市城市更新办法》。

④ 具体见《南京城建集团工作总结 2006 年》。

会—空间辩证统一”的视角所揭示的，城市空间不应被仅仅视作社会事件上演的舞台，它事实上参与了社会事件的生产。在空间所具有的社会性逐渐为学界所察觉的时代背景下，仅仅将城市生命周期简化为时间向度的线性发展并由此确立城市更新的切入点，往往忽视了城市增长的实质，忽视了政治、经济、社会、文化等脉络对城市的影响。因此，对于城市更新的理解也必须保持对特定政治、经济、文化范畴的敏锐的洞察力，方能获得全面的理解。

同时，在空间所具有的社会性逐渐为学界所察觉的时代背景下，旧城更新也更多地被放置于“空间生产”的理论视野中予以论述，对旧城更新的理解也跳脱了传统的建筑、规划层面的城市建设，而将城市更新视作一个城市空间的生产过程，[①] 力图将地方性空间实践与城市发展的具体政治脉络、权力结构关系联系起来进行理解。在这一理论前提之下，自2006年开始并持续至今的以“老城南”为核心的旧城更新以及与此伴生的社会空间变迁实际承载诠释了南京城市发展过程中不同阶段的价值诉求与建设模式，其在特定时期的社会空间样态实则反映了空间生产场域中的不同主体博弈后的空间意义。正如上一章对“老城南”核心片区旧城更新前的社会空间样态的解读，“老城南”核心片区自1949年以后都是作为“平民生活空间”而存在，体现为一种“首属邻里社区”的特征，并在居民的日常生活中形成了地方性的生活方式。然而，在十余年的旧城更新后，“老城南”核心片区的社会空间已经出现了明显的转向：从一个面向城市平民的生活空间转向一个面向游客、消费者的消费空间，成为官方文本中定义的“城市历史文化客厅”与“老城南文化旅游区”[②]。

---

① 相关研究见陈映芳《城市开发的正当性危机与合理性空间》，《社会学研究》2008年第3期；陈映芳：《都市大开发——空间生产的政治社会学》，上海古籍出版社2009年版；于海、钟晓华：《旧城更新叙事的权力维度和理念维度——以上海“田子坊”为例》，《南京社会科学》2011年第4期；张京祥、陈浩：《基于空间再生产视角的西方城市空间更新解析》，《人文地理》2012年第2期；邓智团：《空间正义、社区赋权与城市更新范式的社会形塑》，《城市发展研究》2015年第8期；洪世键、张衔春：《租差、绅士化与再开发：资本与权利驱动下的城市空间再生产》，《城市发展研究》2016年第3期。

② 具体见《秦淮区夫子庙—老城南旅游规划（2013—2020）》

因此，对于本章而言，核心目的在于将“老城南”核心片区的社会空间转变过程视作一个动态发展的变化过程——不单单将其视作一个静止的空间或静态的文化，不仅仅只关注其应然问题，从现实生活中具体的空间实践过程出发来探究其实质本然：如何在城市特定的发展脉络中理解“老城南”核心片区的社会空间变迁？其中，社会关系发生了怎样的重组，又表现为怎样的空间意义的变迁？基于以上考虑，本章首先系统地梳理了“老城南”核心片区的整体脉络与过程，在此过程中，也会呼应第四章南京整体城市更新的背景，并将其更新过程与南京城市发展的特定范畴相联结；其次，本章着重分析了“老城南”核心片区在旧城更新中所经历的社会空间过程，并提出“老城南”社会空间从“居民生活空间”向“城市增长空间”的转换；最后，本章以 2016 年作为一个社会空间的横断面，分析“老城南”核心片区当下所呈现出的特征，这种时间断面的特征是长期历史的结果与结晶。由此，分析这一旧城更新过程中所隐喻的社会空间意涵，从而在具体的时空框架中，把握“社会—空间”的辩证性张力。

第一节 “老城南”核心片区的旧城更新历程

土地有偿使用制度和住房商品化改革的进一步确立，全球经济结构转型与开放发展格局的形成，分税制实施以来“经营”城市动力的不断增强，都构成了 21 世纪南京城市建设的新背景。南京的城市更新开始糅合进物质环境美化、经济功能提升、文化资本开发等综合目标，寄希望于通过更新改造将日益衰落的部分城市中心地区扭转为具有现代城市功能与经济发展潜力的新兴增长空间。作为南京中心区域最后一块“残存”的空间，“老城南”地区自 21 世纪初开始成为南京旧城改造的重要区域。

南京城南地区的改造最早可追溯至 1992 年，当时在较为严重的城市交通压力下，南京市政府决定将“老城南”片区打通，形成中山南路的延伸线，由此拉开了“老城南”传统民居接连拆除的序幕。至 2003 年，根据地方政府的统计，南京明城墙内老城约为 40 平方千米，未改造的仅剩5平方千米，其中城南明清民居仅占幸存部分的半数不到（其余为民国公馆、别墅、机关等）。[①] 2002年，南京市政府提出“建新城，保老城”的发展战略，新一轮旧城改造由此开启。2003年6月，南京市房产局发布了《关于加快我市危旧房片区改造的工作意见》，提出“用3年左右的时间基本完成全市六城区范围内危旧房片区的改造过程”，其中包括“结合老城历史文化片区的保护性改造，加快朝天宫、甘熙故居、梅园、秦淮门东和门西等危旧房片区的改造步伐”。

而与此相伴是保护条例的接连出台。20世纪90年代是南京大规模城市建设树立新面貌的时期，大量历史建筑、传统文化空间都让位于快速推进的城市出新，城市历史文脉的破坏成为城市建设付出的不可修复的代价。21世纪以来，随着文化保护意识被唤醒，南京市于2002年再次组织编制《南京历史文化名城保护规划》，并在2003年出台《南京老城保护与更新规划》。前者将“城南传统民居”列入保护范围并划定门东、门西、南捕厅为“明清传统街区”，后者划定门东、门西、南捕厅、安品街等历史街区为历史文化保护区，要求“整体保护街巷格局、尺度、绿化以及街巷两侧的建筑界面”。可以说，21世纪初“老城南”的更新改造正是在一面宣称历史文化保护的重要性、一面高谈改造开发后的新前景的“矛盾”中铺陈开来的。

一　居民大规模动迁与集中拆建阶段（2006—2009年）

就2006年至2009年这一时期来看，虽然“保护”与“开发”矛盾仍在持续，但“开发”明显占据了上风。作为“老城南”核心片区拆迁大举推进的时期，这一阶段内大量传统民居被拆除，千余户原居民被迁走，取而代之的是以文化旅游为包装的特色商业街区，以及以人文风情为噱头的高端房地产项目。市级政府到区一级政府在这一阶段密集出台的各类更新改造方案，最终将“老城南”推向了旧城更新的最前端，具体而言：2005年，在南京承办第十届全国运动会的契机下，市政府通过了《2005年老城环境整治实施方案》，其中提出对南捕厅、门

---

① 《南京历史文化名城保护十万火急》，新华网，http://www.js.xinhuanet.com/xin_wen_zhong_xin/2009-06/26/content_16929378.htm。

东、门西进行危旧房改造，拆除区域内破旧房屋，并逐步建设历史文化景区（其中包括确定市场化运作方案），形成“老城南”地区的历史文化旅游路线[①]；2006 年 5 月，南京市通过市长办公会的形式提出“打造十大历史文化街区”，其中包括门东地区与南捕厅地区；2006 年 6 月，南京市启动“建设新城南”城市改造计划，计划投资 40 亿元，拆迁改造 20 万平方米，正式开启了“老城南”的旧城更新；2007 年 7 月，南京市房地产局发布拆迁公告，将门东等五处秦淮河沿岸的历史街区列入基层政府主推的“旧城改造”的范围。2009 年初，在“保增长、扩内需”“培育新的经济增长点”的诉求之下，南京又启动了新一轮“危旧房改造”计划，将门东、门西、南捕厅、安品街等残存的几片历史街区全部纳入这一计划之中（见图 4.1）。

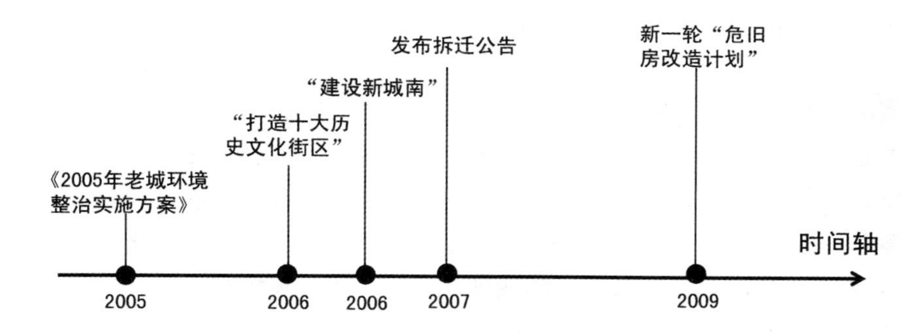

图 4.1　2005—2009 年政策层面“老城南”旧城更新的主要行动

在接连出台的各项政策指令中，门东、门西、南捕厅这些地区大多被视作城市发展的瓶颈，影响了南京的城市形象与整体风貌。如以南捕厅地区为例，当时政府的相关领导认为，南捕厅区域内私搭乱建现象严重，不具备传统江南风格街巷与建筑美感，影响了甘熙故居的文化古宅气质，同时，由于该街区紧邻南京主城区的交通干道，严重影响了南京的城市整体形象，成为一片繁华之地中的低谷。由此，在一系列城市计

① 南京市政府批转市建委、市老城办关于《2005 年老城环境整治实施方案》的通知；该通知下发后，时任秦淮区区长的冯亚军公开表示，“要以十运会为契机，秦淮区将加速改造门东、门西两个片区”。

划的影响下，南捕厅、门东、门西等传统民居型历史地段被作为体现当代南京形象的市中心内不和谐的“破败”“落后”因素而开启了大规模的更新改造，“老城南”地区的拆迁集中开动，至2009年，根据相关学者的实地调查，南京的传统旧城区——老城南仅剩不到1平方千米，尚不及50平方千米老城总面积的2%①。与此相伴的则是千余户家庭被迫迁出“老城南”，以“清除—置换”为主要方式的社会空间重置成为这一阶段“老城南”核心片区最为突出的特征。

首先是“清除”，即是大面积的旧房拆除与大规模的居民动迁，试图使得南捕厅、门东、门西地区能够以“净地”形式进入后续开发流程。2005年，为了“为周边土地开发建设奠定基础”②，门西地区启动鸣羊街道拓宽工程，由于要将街道从原先的2—3米宽拓至16—24米，拆迁总面积达到1.3万平方米，涉及347户居民和7家工业企业；2006年，门东地区提出打造“南门老街”，启动门东C地块③拆迁，至2007年，C地块西段④与C2地块⑤被拆毁，涉及居民2000余户；2006年底，南捕厅地区启动二期工程⑥拆迁，至2007年1月底，501户居民和8家工企单位先后搬迁；2008年，南捕厅地区启动三期工程⑦拆迁，至2009年2月底，拆迁工作基本完成；同年，门西地区提出胡家花园复建方案，并于年底前完成了散居在园林遗址建筑中的400多户居民的动迁；2009年2月，南捕厅地区启动四期工程⑧拆迁，共涉及4047户居民和166家工企单位，至同年8月底，已搬迁约68%，已拆除建筑面积达到10630平方米；2009年6月，门东地区箍桶巷牌坊已获批准开建并启动D4地块拆迁，涉及住在剪子巷、三条营、边营的2200多户居民（见图4.2）。在此期间，16名相关领域的专家学者曾于2006年8月联名发出

① 姚远：《城市的自觉》，北京大学出版社2015年版，第160页。

② 具体见南京市《2005年老城环境整治实施方案》。

③ 门东C地块东起箍桶巷，西至中华门，北至秦淮河、马道街，南至城墙。

④ 即现雅居乐长乐渡项目所在地。

⑤ 即现“老门东”街区“两馆一院”（南京书画院、金陵美术馆和城南记忆馆）所在地。

⑥ 南捕厅一期工程为甘熙宅地（南京民俗博物馆）修缮，二期工程则是进一步对甘熙宅第整体性修缮扩建，并在甘熙宅地东南侧建成熙南里商业街区。

⑦ 南捕厅三期工程包括甘熙宅第、熙南里南北两个地块的建设。

⑧ 即现“评事街历史风貌区”。

《关于保留南京历史旧城区的紧急呼吁》的呼吁信，中央有关领导于2006年10月进行批示并责成相关部门调查处理，并要求南京加快制定历史文化名城的保护条例。但是这一呼吁并没有从实质上阻挡住“老城南”拆迁的步伐，相关市级领导的口头承诺也沦为一纸空谈，导致在这一阶段内出现了持续性的旧房拆除与居民被迫动迁。

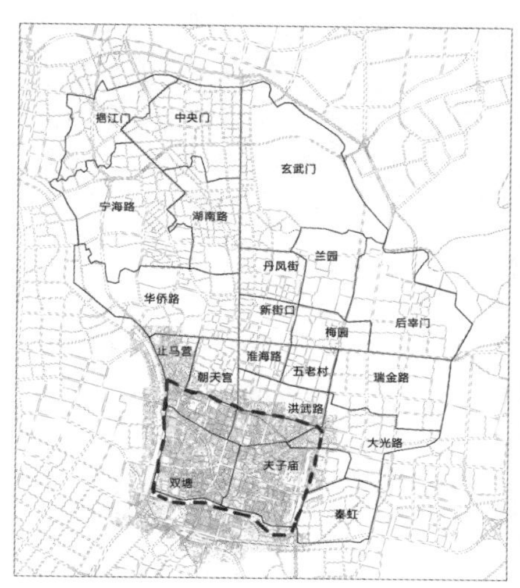

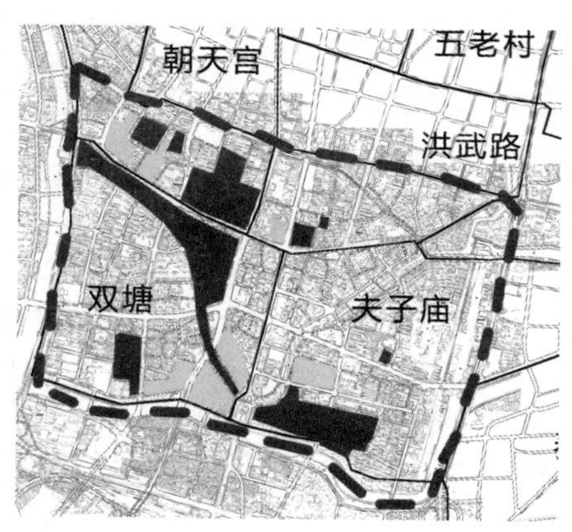

图4.2　老城南空间范围和2009年已拆迁范围对比

注：红色虚线——老城南地区的范围（左侧为其在老城中的位置，右侧为其放大图）；右图红色图块——2006年以来开始拆迁部分；黄色图块——纳入改造计划或土地已经出让的地块。

紧接“拆除”而来的便是“置换”，即实现空间功能与空间使用主体的置换。一方面，在腾挪出的“净地”上兴建仿古建筑群，并辅之以保留下来的建筑构件、古井等空间文化符号，形成片区的以“文化风情”为主要表征的空间意象，再在内里引入休闲娱乐、餐饮零售、高端地产等现代服务业态，实现空间功能的置换；另一方面，通过特定业态的门槛效应，都市精英人群与游客群体接替原居民而成为空间使用主体。在这一阶段内，南捕厅地区的熙南里街区是“老城南”核心片区内唯一完成并对外开放的更新改造工程。在其更新过程中，虽然提出了“镶牙”式更新方案，但在实际建设过程中，除去局部保留了一些特定的建筑构件（如门头、窗楣）与古井古树等，实际上采取的是拆除全

图 4.3　2003 年与 2006 年南捕厅拆迁对比

注：对比 2003 年与 2006 年南捕厅地区的卫星影像图，可以看出，甘熙故居及其周边的城市空间发生了较大的变化，右图中可以看出，到 2006 年甘熙故居（一期）已经基本建成，而周边的建筑也基本拆迁完毕（二期工程熙南里），拆除工作完成后，2006 年也开始了置换工作。

部民居、动迁全部居民再新建仿古建筑群的模式（见图 4.3）。同时，由于定位为“新街口商圈与夫子庙商圈的商务纽带”“具有独特金陵历史风貌的城市风尚商业区”，熙南里街区内引入了“精致高端的休闲零售、风尚餐饮、专属服务等业态”，并将“公务人群、商务人群、旅游人群、周边白领”视作目标客群。由此，在熙南里街区内社会空间得以重置：消费空间置换了原先的生活空间，精英文化侵入了原先的市井文化，空间交换价值取代了原先的空间使用价值。

此外，在这一阶段内，南捕厅地区还对 2002 年编制的《南京南捕厅街区历史风貌保护与规划》进行了调整，强调提高建筑容量、改变用地性质、提升住区档次，通过大面积高标准的园林特色别墅群的建设用以平衡危旧房改造、居民动迁安置以及历史建筑修缮保护的资金。门东地区则完成了《南京门东“南门老街”复兴规划》[①]《南京“南门老

① “南门老街”的建设曾在 2006 年被列入南京市重点工程及南京市市委宣传部重点文化工程。

街”前期商业策划报告》，并在C地块西段完成整体拆除与动迁后进行公开招拍挂（No. 2007G59）。这一规划提出要“彻底改造更新项目地块的城市破败面貌”，并通过“填补符合该地段历史肌理基本尺度关系的建筑类型及若干变体”从而“完全修复原有的城市肌理，并且承担新的城市更新与发展功能”，“形成具有历史文化、旅游价值、艺术品位、符合新的城市空间品质要求的消费休闲住居地段”。策划报告则进一步提出“彻底打造新型人文商业模式”，“打造集旅游、休闲、购物、娱乐为一体的历史文化街区”，从而以“南门老街这一超级商业航母，承载南京老城的复兴使命和新南京的商业奇迹”。C地块西段则在2007年被雅居乐集团联合秦淮河商业网点房地产开发公司以7亿元底价竞拍成功，楼面地价高达11745元/平方米，并提出建设明清风格联排别墅的方案（见图4.4）。

图4.4　2003年与2006年门东地区拆迁对比

注：对比2003年与2006年门东地区的卫星影像图，可以看出，门东C地块的西侧地块已经全部拆迁完毕。该地块于2007年进行了公开招拍挂，雅居乐集团联合秦淮河商业网点房地产开发公司以7亿元底价竞拍成功，当时楼面地价高达11745元/平方米，并提出建设明清风格联排别墅的方案。

可以说，除去熙南里街区的具体实践，南捕厅、门东地区内或是打造人文商业街区，或是建造高端特色别墅的规划、策划，也都体现了这一阶段内“老城南”旧城更新的主导思路：以社会空间重置为核心特征，以空间功能、用地性质的置换为主要方式，而这最终带来的则是城市精英人群取代“老城南”的原居民而成为新的空间使用主体，是以社会阶层更替为典型特征的“绅士化”（gentrification）过程。

二 多种力量博弈与策略调整阶段（2009—2011 年）

2009 年至 2011 年是“老城南”核心片区进行更新策略调整的时期，传统民居的拆除一度中止。其主要原因是在此期间，2009 年的“专家上书”事件造成了较大的舆论反响，而使得南京地方政府迫于社会压力而不得不进行策略性的调整：2009 年 4 月，由南京本地 29 位专家学者联名签署的《南京历史文化名城保护告急》被寄往南京市委、江苏省委、住房与城乡建设部及国家文物局，同年 6 月，时任国务院总理温家宝作出批示，并责成国务院办公厅并建设部、国家文物部予以督查，联合调查组经过调查要求即刻停止相关地区的拆迁改造工作。（见图 4.5）[①]“专家上书”很快引起了媒体的关注，《新京报》、《东方早报》、《现代快报》等主流媒体纷纷报道了“老城南”的更新事件，引发了社会各界的关注与广泛讨论，前一阶段的更新改造方式遭到了大规模的质疑（见图 4.6）。由此，在种种压力之下，南京市政府的相关领导人明确表态，“老城南改造，既然大家争议这么大，那就放慢或者暂停”，并进一步表示“历史文化资源没有梳理完成之前，是只搬迁不拆迁，停止一切拆迁工作”。

随后，2009 年 8 月，南京市提出坚持“整体保护、有机更新、政府主导、慎用市场”的更新思路，并在 2010 年、2011 年先后出台《南京市历史文化名城保护条例》《南京市历史文化名城保护规划》《南京市老城南历史城区保护规划与城市设计》。其中，在保护原则上，提出“应当实行整体保护，保护其传统格局、历史风貌和空间尺度，保护与其相互依存的自然景观和环境”；在更新方式上，提出“采用小规模、渐进式、院落单元修缮的有机更新方式，不得大拆大建”；在居民去留

---

① 2009 年 6 月 5 日，住房与城乡建设部、国家文物局联合调查组前往南京进行实地调查。经过实地勘察，调查组要求：“立即停止甘熙故居周边拆迁工作，拆迁人员撤离现场。同时，由于甘熙故居是国家文保单位，周边建设牵涉到国家文保单位的保护和建设控制地带，因此周边建设、规划必须经国家文物局同意，并报住房与城乡建设部批准。”具体见《老城南“镶牙式”改造被叫停，牙都被敲光谈何镶牙》，《现代快报》2009 年 6 月 14 日。

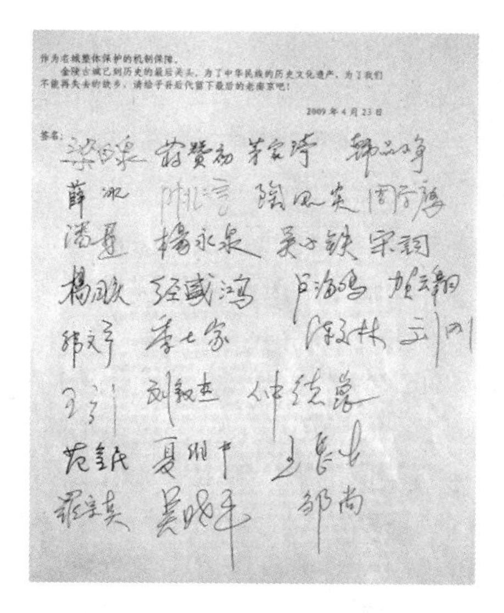

作为老城整体保护的机制保障。

金陵古城已到历史的最后关头，为了中华民族的历史文化遗产，为了我们不能再失去的故乡，请给子孙后代留下最后的老南京吧！

2009年4月23日

签名：

图4.5　《南京历史文化名城保护告急》29位专家的签名（2009年4月）

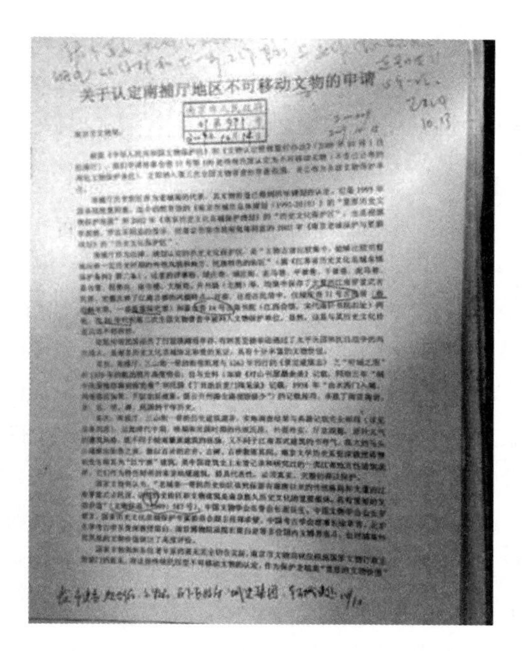

关于认定南捕厅地区不可移动文物的申请

图4.6　杨永泉、吴小铁、姚远等人共同志愿进行的实地调研：
《南捕厅地区109处传统民居认定为不可移动文物的申请》（2009年10月）

上，提出“应该坚持自愿疏散的原则，愿意外迁的居民依据政府相关政策进行异地安置，历史地段内不愿疏散的居民，政府应制定多种政策鼓励居民以多种方式参与建筑风貌改善与整治工作”。2011 年 9 月出台的中共南京市委、南京市人民政府《关于进一步加强城乡规划工作的意见》更以专门章节重申了以上原则，并提出“依法实施最严格的历史文化资源保护措施”“避免片面追求资金就地平衡或当期平衡”“批准的实施方案应进行公示”等要求。此外，2010 年南京市政府专门成立“城南历史街区保护与复兴有限公司”，由该公司统一负责运作“老城南”的历史文化保护与复兴工作，并提出在资金上不再要求项目运作方“就地平衡”，而是由政府统一筹措、协调解决，企图改变原有的运作模式。这些“制度”上的转变吸收并体现了社会各界提出的建议，因此也赢得了中央政府、相关专家学者、大众媒体与居民的普遍认可，一致期待在这些制度性进步的作用下“老城南”的更新改造能出现转机。

就这一阶段的最终实践结果，则可以从传统民居、原居民、相关规划三个方面予以检视。首先，对于“老城南”地区的传统民居而言，这些保护条例与规划的出台在初期确实起到了一定的保护作用。具体而言，由于大量传统民居的拆除是“专家上书”事件的聚焦点所在，因此，这一阶段内曾一度停止了对传统民居的拆除，如在门东 D4 地块，腾空的民居都暂未拆除，而是以“已搬迁”作为墙体标识以等待评估，大规模推倒拆除的节奏暂时放缓。其次，对于“老城南”地区的原居民而言，却依旧是“强制搬迁”的延续而非“自愿疏散”。如在南捕厅地区，拆迁叫停的仅仅两个月时间内就完成了 700 余户居民的搬迁工作，门西、门东地区内拆迁动员、协议谈判也仍在进行，如 2009 年 8 月市房管局照常下发了门西鸣羊街以西 B/C 地块的拆迁许可证，拆迁建筑面积 821000 平方米，涉及居民 386 户。虽然更新改造范围内的居民曾多次向主管部门申请依照保护规划，自我修缮宅院，均未获得批准。[①] 最后，对于相关规划而言，出现了对文保单位以及未出让的地块的相关规划进行了积极的调整，如像门东地区蒋寿山故居的规划于

① 姚远：《城市的自觉》，北京大学出版社 2015 年版，第 181 页。

2010年从“会所”调整为“故居博物馆”，南捕厅地区也于2009年7月对片区内建筑状况进行调研，拟定了拟保留建筑名单，并提出了以“江南七十二坊”为核心概念的文化遗产保护性规划。但对于已经拆迁完毕并完成招拍挂的用地，由于在建设用地规划许可证“土地使用性质”一栏已明确记载为一类居住、商业、办公、娱乐、酒店、酒店式公寓等，则全盘按照原方案进行建设。虽然其间有21位专家提出对于已立项的“危改”“开发”方案应一律撤销，但却未被采纳，如南捕厅地区的三期工程就依照原方案进行建设，并于2010年7月完成了南区商业街的建设，以“沿街商铺+独栋会所+高端主题酒店”的业态为主，2011年12月底北区建筑单体主体完成封顶，以“联排居住建筑”为主，并对民国建筑王公馆进行落架大修。

因此，在这一阶段，虽然在密集出台的保护条例、规划设计中都实现了一定程度的公众参与，也部分采纳了民意，但是在实际操作过程中，除去以重新评估传统民居、暂缓拆除的方式[①]应对“不得大拆大建”的原则，原居民的“自我修缮”“自愿疏散”与历史街区的“整体保护”似乎并未在实践中予以落实，仍然有相当数量的原居民被迫迁离原居住地。2009年7月至8月间在南捕厅地区的实地调研中发现，不少居民仍饱受“拆迁”之扰，如当时居住在平章巷的陈姓夫妻表示，“现在不搬不行啊，隔壁的搬走了，他们马上就把他们屋顶砸了，这样一下雨，马上屋里淹水，滋生蚊蝇，搞得我们都住不下去！我们老城区的房子几户都连在一起，而且本来排水设施就不那么完善，这简直就是非逼着我们走”。可以说，具体实践实则偏离了制度上所体现出的积极性转变，而使得制度性的进步仅仅停留在“原则”层面而作用受限。同时，这两者之间的偏离也体现了政府作为制度、规划“制定者”与“执行者”的双重角色之间的冲突状态。

① 这一评估主要由规划编制单位会同市规划部门专家、相关项目责任单位一起进行。在后续的实践过程中，相关规划部门又提出了“保护性拆除”，即为了达到修旧如旧的目的而将仅仅保留房屋的构件。

三 文化旅游主导的旧城更新阶段（2011 年至今）

2011 年底，随着南京市政府批复《南京老城南历史城区保护规划与城市设计》，以门东、门西、南捕厅为核心的“老城南”历史城区的更新工程又再次启动。2012 年 4 月，《南京历史文化名城保护规划（2010—2020》，划定 3 片历史城区，9 处历史文化街区，22 处历史风貌区。在这两个上位规划的指引下，2012 年至 2015 年间，“老城南”核心片区相关地块的保护规划与复兴设计方案接连在南京市规划局网站上进行公示，具体包括：《南捕厅历史文化街区保护规划》（2012）、《评事街历史风貌区保护规划》（2013）、《三条营历史文化街区保护规划》（2013）、《荷花塘历史文化街区保护规划》（2013）、《城南历史城区门东 C2 地块保护与复兴设计方案》（2013）、《门西鸣羊街东侧沿街地块保护复兴及环境整治方案》（2014）、《南京秦淮区门东 D4 地块保护复兴及环境整治方案》（2014）、《评事街历史风貌区大板巷西侧地块保护与复兴规划设计方案》（2015）（见图 4. 7）。在这些规划方案的推动下，“老城南”核心片区又掀起了新一轮的更新改造高潮：2013 年 9 月 28 日，门东地区的箍桶巷示范段正式对外开放，随后 9 月 30 日，门东 C2 地块中的南京书画院、金陵美术馆和城南记忆馆正式对外开放；2015 年，鸣羊街完成 16 米向 12 米的“瘦身”，并在沿街“织布”了一些底层仿古建筑，2016 年 5 月 1 日，胡家花园正式开园；南捕厅大板巷、绒庄街的环境整治也在推进之中。

观之这一阶段，最为显著的特征便是具体更新实践在文化策略上的进阶：从传统建筑表皮的仿古进阶到整体空间意象的仿真。前者如 2009 年建成并开街的熙南里街区，文化策略在旧城更新上仅仅表现为建筑外壳的仿古与零星建筑构件的保存。“专家上书”事件的发生则对旧城更新提出了文化要求——传统民居不可随意拆除，街巷肌理与空间格局需要保留。而这反映在各项保护规划与复兴方案中则是对未拆除建筑进行等级划分，确定整治模式（包括修缮、修复、整治、改建、拆除五种），同时提出“织补传统肌理”“恢复传统界面”的要求。在这样的规划转变之下，“老城南”核心区域开启了“仿真更新”的阶段，即从简单地复制建筑表皮进入对整体历史文化氛围的系统性仿真阶段，这

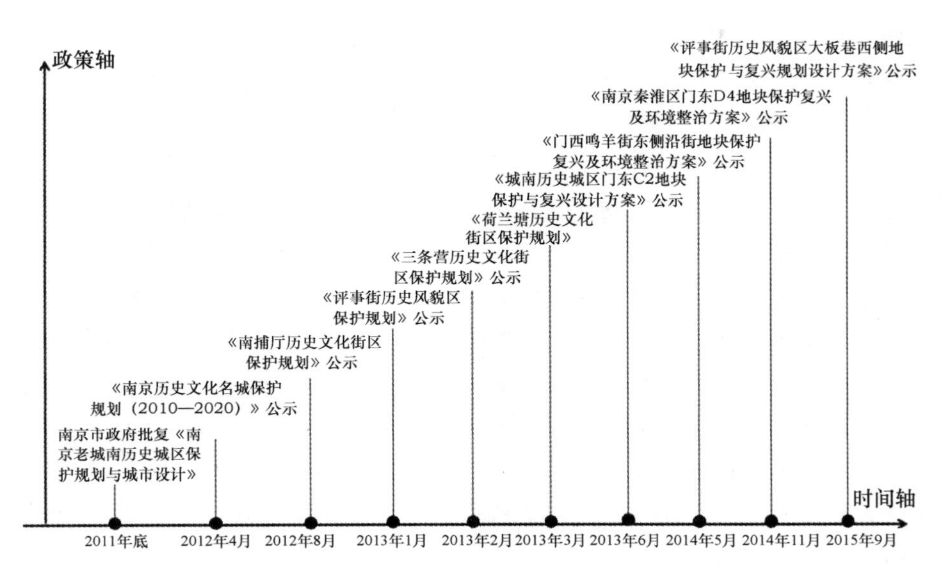

图 4.7　老城南核心片区政策时间轴

一阶段内建成并开街的门东箍桶巷示范段（即“老门东”街区）即为典型案例。

同时，这一阶段文化旅游经济的发展也取代了商业开发（商业地产、房地产）模式而成为“老城南”核心片区更新的主导思路。2013年，在全国工商联、南京市政府主办的“2013 中国・南京科技创业创新与重大项目洽谈会”上，南捕厅街区历史风貌保护与更新（四期）项目、老城南历史文化街区（门东、门西）引进企业项目均被归类为“服务业项目——文化产业、旅游休闲业”，2014 年通过的《夫子庙—老城南旅游产业发展规划（2013—2030）》明确提出要打造“全域旅游产业集聚区”，2015 年举行的秦淮区暨南部新城“十三五”发展商机推介会上又进一步提出“打造老城南文化旅游区”，成为“国际知名的文化休闲旅游目的地”。

因此，与前一阶段的“城市风尚商业区”“消费休闲住居地段”的功能定位不同，这一阶段的功能定位越发密切地和“文化旅游经济”产生了联系。而这些定位、归类则进一步揭示了，文化策略的进阶、仿真更新的形成其本质上是服务于空间的经济复兴，遵循的是“工具理性”的逻辑而非“价值理性”的逻辑。由此，城市历史文脉的再现可能仅仅流于表面化，实则解构了地方感所具有的精神价值。如2010年南京市将南捕厅地块纳入“动迁拆违、治乱整破”专项行动的重点动迁范围，2013年4月，针对尚未签订搬迁协议的9户居民，秦淮区门东地区动迁指挥部表示“将提起司法强制搬迁程序”，原居民依旧难逃被“驱逐”的命运。究其原因，或许可以从规划后的“用地功能”中一探究竟。纵观各个保护规划与复兴方案，虽然大多强调“整体作为历史文化保护类用地”，但无一不提出了增加休闲旅游、文化娱乐、商住休闲混合等功能。虽然没有任何条例规定历史风貌区必须维持原功能不变，但是这些典型的服务业主导的空间功能置换依旧体现了鲜明的经济导向。可以说，这一阶段，一方面是“文化”名义下的仿真更新，开始注重整体上空间文化性的营造；另一方面则依旧是经济发展导向下的旧城空间功能置换。

可以看出，“老城南”的这种文化旅游主导的旧城更新更为宏观的背景是全球经济结构调整与文化产业兴起。文化导向的城市更新更成为一种席卷中西方城市的空间策略。它被期待通过对地方文化与认同的重构，改造与提升城市品牌与生活形态，从而实现老旧地区的复兴，以面对城市在后工业转型下的生产与消费需求。对于当下“老城南”的文化式更新而言，其更新改造也被视作“打开发展空间”“发展文化旅游优势”“构建文化休闲旅游板块”的重要手段，政策目标直指“国家级文化创意产业园”。而“老城南”地区的组成部分“老门东”已在2015年3月被认定为“国家级文化产业试验园区”。因此，可以说，在官方文本中，文化导向的城市更新已成为一种兼具正当性与合理性的应然手段，并将在很长一段时间作为这一历史地区的空间变迁策略而存在。

第二节 社会空间的转换：从“居民生活空间”到“城市增长空间”

正如苏贾所言，空间与社会之间是两个缠绕在一起的事物与过程，是一组辩证的、连续的和双向的交互关系。在第三章中，本书对“老城南”核心片区，即南捕厅、门东、门西三个地区更新前的社会空间样态进行了较为细致和全面的描摹，指出更新前“老城南”核心片区既是一个旧城内的“邻里社区”，也是一个衰退中的“城市灰区”。在经历了上文中三个阶段的更新过程之后，这三个地区已然发生或正在发生着深刻的社会空间变迁：从“居民生活空间”向“城市增长空间”的社会空间转换。具体而言，这种空间转换主要体现在四个方面，一是空间主体的侵入与接替，二是场所文化的消解和重构，三是空间功能的重置与转换，四是空间形态的更新与再造，这四个方面共同作用，形塑了一幅“老城南”核心片区的社会空间变迁图景。

一　空间主体的更替：“我们穷人为富人让出了市中心”

正如前文所述，西方绅士化的研究认为，以“置换”为特征的旧城更新方式会带来空间内人群和行为主体的更迭，这也构成了旧城更新的重要社会后果之一。尼尔·史密斯则以“租差理论”（The Rent Gap Theory）来解释旧城更新如何实现了空间主体的更迭。所谓“租差”，即“潜在地租水平与现行试用下实际地租的差异”[①]，旧城在完成更新后往往会实现“潜在地租”，即租金出现巨大上涨。而这种巨大的租差既是内城更新的动力，也是空间主体更替的原因。更新过程完成后，由于内城一般空间区位较好，土地价值高，因此更新过程必然伴随着较高租金支付能力厂商的进驻以及较高收入群体的侵入，与之对应的是弱势群体因为无法负担高额的“租金”，而遭到驱逐与排斥，正如史密斯所言，“绅士化确实可以说是回归都市运动，但回归的对象与其说是人，不如说是资本”。[②] 这一现象也引发了对旧城更新的社会公平和空间正义的广泛讨论。在对“老城南”核心片区原居民的访谈中，“我们穷人为富人让出了中心区”成为他们普遍的无奈感叹，现已动迁安置的S先生说道，“其实就是政府人为地划出了‘富人区’‘穷人区’，城市中心

① Neil Smith, “Gentrification and the Rent Gap”, *Annals of Associationof American Geographers*, Vol. 77, No. 3 (1987), pp. 462 – 478.

② Neil Smith, “Toword a Theory of Gentrification: A Back to City Movement by Capitial, Not People”, *Journal of the American Planning Association*, Vol. 45, No. 4 (1979), pp. 538 – 548.

就该给富人住，我们就应该让出去”。加之更新后回迁机制的缺失，使得这种侵入与排斥问题变得更为突出。为了更好地分析与揭示空间主体在更新前后的变化，下文主要通过“老城南”空间中活动主体的更迭来展开分析。通过上一章的分析，可以看出，在更新前“老城南”核心片区是一个典型的城市中低收入群体（尤其是城市弱势群体）聚居的旧城邻里社区。因此，在更新前，其空间主体较为单一且同质，主要为居住群体且表现出较强的贫困性特征。而在经历了阶段性的更新后，其空间主体的更迭主要表现在两个方面，一是居住群体高端化，城市高端收入群体取代了原来的城市贫困群体；二是空间活动主体多样化，外来游客、商家、城市消费者、社区居民等构成了更新后的主要活动人群。

首先，在居住群体方面，城市高端收入群体取代了城市贫困群体，实现了对原有居住空间的侵入与占有。由于“老城南”核心片区被官方划定为历史文化街区，根据其保护规定，对其开发强度进行了限制，要求其建筑高度必须控制在一定的范围内，部分核心区域要求限制在7米以内。由此，在建筑高度和容积率的限制下，“老城南”核心片区在进行居住用地开发时，采取了建设“复兴南都繁会”的别墅群落的方式来满足空间开发风貌和强度限制的要求，同时这种别墅式的高端地产开发，也能满足开发商获取高额的土地剩余价值的诉求。门东地区雅居乐集团开发高端别墅楼盘的“长乐渡”成为这一策略应用的最好例证（见图4.8）。“长乐渡”地块位于门东C地块西侧，2006年该地区基本完成了整体拆迁，于2007年进行了公开招拍挂，并被雅居乐以11745元/平方米的楼面地价摘牌。而由于当时“老城南”文化保护的争议，以及市场环境的影响，直到2013年才开始动工建设。“长乐渡”楼盘的营销宣传材料中写道：“‘长乐渡’项目将秉承恢复地块历史空间格局及街巷传统尺度的规划理念，采用传统合院形式布局并加以创新，延续南京古城传统风貌，打造里坊式街道肌理的明清风格院落式民居与商业相结合的传统街区。”2014年雅居乐楼盘已经基本建成，其88栋别墅与77间商铺开始对外销售。雅居乐“长乐渡”高端别墅在对外营销时极力宣传自身区位价值与文化价值的唯一性，在其大型户外广告牌中以“鼎贵名归”作为其主要宣传口号，并辅以“恭迎二十六席明皇族，名归秦淮”等具有较强身份暗示与引导的词汇。而最终表现在购房群体上，的确也只能是城市中最为富裕的阶层。通过对相关房产信息网站进行搜索查询，截至2016年6月雅居乐的高端别墅已基本售罄；而在南京市房产局公布的雅居乐长乐渡的住房申报价格表中，其20、21、22栋的3栋联排住宅中，最高价格超过了3300万元，最低价也是2700万有余（见图4.9、图4.10）。正如原本居住在门东地区的Z先生所言："你看到了那个长乐渡楼盘的价格了吧，我们原先还住在那里，现在听说一栋别墅卖到了2000万不止，你说我们买得起吗？就是我们一家人不吃不喝，估计十辈子也买不起吧。这里本来都是我们这种老百姓住的，现在全变成了有钱人的别墅。所以我才说，这还是门东吗？"

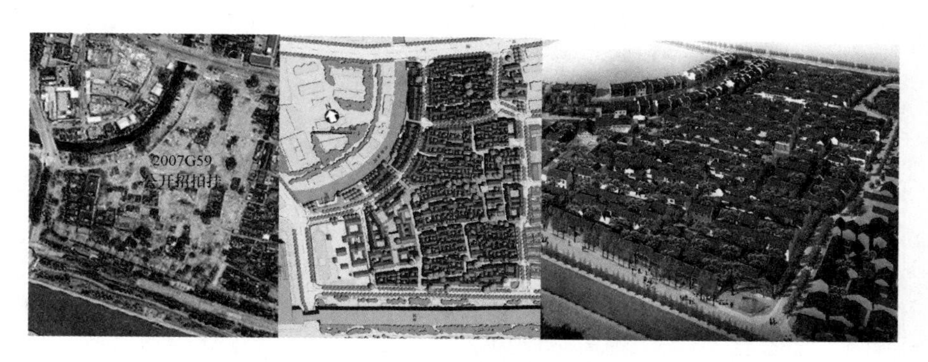

图4.8　门东地区雅居乐长乐渡地块更新前后对比

注：通过2006年的卫星影像图（左图）可以看出，该地块彼时已经基本拆迁完毕。后两张则可以看出，低层的高端别墅取代了传统的居住区，通过物质空间的更新，实现了城市高端收入群体对城市贫困群体的更替。

其次，在空间活动主体方面，经由更新，社区居民不再是“老城南”最主要的空间主体，外来游客、商业经营者、城市消费者等更加多样的人群进入这个空间。需要注意的是，与空间活动主体多样化相伴而生的是对低收入群体的空间排斥。由于更新后的“老城南”核心片区引入商业业态的目标群体更多是城市中产阶级和外来旅游人群，其消费价格也相对较高，因此这种产品价格、消费行为的界定也降低了低收入群体介入这一空间的可能。在南捕厅地区，尚未搬迁的L先生说道，“熙南里那些店哪里是给我们消费的，像江宴楼，都是当官的、有钱的

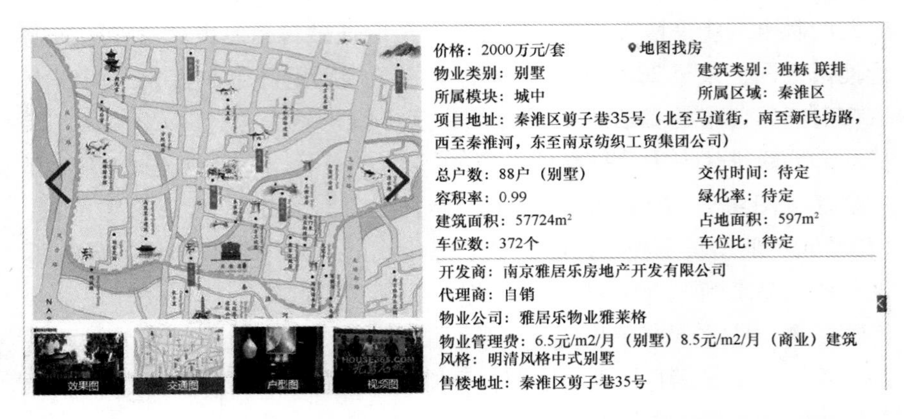

图 4.9　门东地区雅居乐长乐渡 House365 网站价格（资料来源：House365 网站）

南京市商品住房申报价格表

开发企业名称：南京雅建置业有限公司　　幢号：20幢、21幢、22幢　　计价单位：元/㎡

项目名称	雅居乐长乐渡花园	项目核准文号：宁发改投资字〔2012〕32号				平均价格	43,527	开盘时间：2014-5-25		
	单元					单元				
房号		建筑面积（㎡）	销售单价	总价（元）	装修状况	房号	建筑面积（㎡）	销售单价	总价（元）	装修状况
20幢	101室	761.89	44,481	33,889,897	毛坯	106室	758.83	43,906	33,317,231	毛坯
	102室	729.20	42,430	30,939,831	毛坯	107室	715.30	40,519	28,983,240	毛坯
	103室	704.27	42,355	29,829,044	毛坯	108室	758.87	40,843	30,994,431	毛坯
	104室	1,112.67	35,218	39,186,016	毛坯	109室	908.69	40,691	36,975,497	毛坯
	105室	867.29	41,801	36,253,243	毛坯					
21幢	101室	535.46	50,011	26,778,637	毛坯	106室	554.69	50,859	28,211,172	毛坯
	102室	574.30	46,002	26,418,955	毛坯	107室	557.14	49,094	27,352,419	毛坯
	103室	546.56	45,839	25,053,989	毛坯	108室	562.52	49,357	27,764,406	毛坯
	104室	593.07	43,787	25,968,704	毛坯	109室	593.07	47,904	28,410,678	毛坯
	105室	568.11	45,137	25,642,752	毛坯	110室	569.60	48,912	27,860,060	毛坯
22幢	101室	734.01	41,363	30,361,041	毛坯	104室	662.98	43,356	28,744,166	毛坯
	102室	739.02	41,891	30,958,139	毛坯	105室	724.22	41,545	30,087,581	毛坯
	103室	696.92	42,266	29,456,225	毛坯					
	合计：	总面积：	16528.68	平均价格：	43,527	总金额：	719,437,353			

价格举报电话：12358

备注：联排住宅（含地下室面积）

图 4.10　门东地区雅居乐长乐渡联排住宅申报价格
（资料来源：南京市房产局网站）

来吃的”；在门东地区，仍居住在门东三条营的 L 女士表示：“怎么讲呢，我们很少去老门东那边，也不会去那边消费的，它们那边东西那么贵，郭德纲的那个德云社好像一张票要 200 块钱，哪个过去听啊。那些小吃做得也不正宗，卖得还贵，都是赚外来人的钱的。”门西地区的胡家花园（愚园）也构成了一个典型案例：在更新前，这里是一个周边社区居民平时纳凉、交往的公共场所；在经历了更新后，胡家花园修缮一新并于2016年5月正式对外开放，但是却变成了收费20元的旅游景点，空间活动主体则由原来居住在其中/周边的“老城南”居民变成了外来游客。现居住在门西凤游寺路、距离胡家花园新入口不足500米的G先生说：“我小时候就在那边（指胡家花园）玩，那时候那边还有人住的，有树有水的。改造之前也经常几个人在里面打打牌，坐在一起聊聊天，那里面虽然房子破，但空间还是有的。现在不去了，外面看起来修得漂亮，可是围起来了，要15还是20的门票，要钱谁过去，我们以前不都是随便进么。现在基本都是一些外地游客，过来看看。来过一次估计也不会再来了。”

由此可见，在经历了阶段性的旧城更新之后，“老城南”核心片区的空间主体发生了转换，即高收入居住群体、外来游客、城市消费者、经营者等人群取代了城市低收入居住群体。这种空间主体的更迭必然带来社会关系、空间行为等的重组，更新前的邻里交往行为与日常互动演变为文化旅游、文化消费等行为。而空间主体的转换构成了社会空间变迁的重要维度。

二　场所文化的转换：从“平民市井文化”到“精英消费文化”

通过前文的分析以及对“老城南”原居民的访谈，可以发现“紧密的邻里关系”“较为广泛的社区支持”“较高的社区归属感和地方认同感”构成了“老城南”核心片区平民市井文化的内核。“老城南”核心片区作为南京城市历史最为悠久的传统居住区，更新前的场所文化更多是建立在居民生活以及邻里交往基础之上的“平民市井文化”。而正如前文所述，“老城南”核心片区的更新过程是商业旅游、高端居住、文化消费功能取代传统居住功能的过程。如从南捕厅地区（“熙南里”街区）和门东地区（“老门东”街区）的商业业态与入驻店铺来看，主题餐饮、文化休闲、特色旅游商品是两个街区的主要商业业态，这些业态也表明了其主要为旅游经济服务的特征。与功能变化相对应的则是其所承载的场所文化的变迁。可以发现，在经历了阶段性的更新之后，

“老城南”核心片区的场所文化从“市井平民文化”日趋朝向“精英消费文化”而发展。具体来说，可通过以下两个方面来进行解读。

首先，“老城南”核心片区的场所文化由居民所感知的“邻里”文化转向面向游客、消费者构建的“符号式消费文化”。如在经历了“文化式”的更新之后，熙南里街区与老门东街区演变成为“具有地方特色，能够体现南京老城南传统”的“文化街区”（见图 4.11）。而在这一过程中，“老城南”空间本身实则也成为消费品：这种“与众不同”“充满历史感”的空间和建筑物也恰恰满足了当代人在消费时对“符号”“特色”的追求，而场所与空间本身的真实却不是关注的重点。如在现已开街的“熙南里”街区和“老门东”街区进行的实地访谈中，“有感觉”“有特色”成为多数游客、消费者所强调的重点，如在“老门东”街区的消费者 N 小姐说道，“我到这来的主要原因就是因为这里跟城市的其他地方不一样，怎么说呢，有一种小清新的文艺的感觉，这里的建筑是有一定特色的，在这边吃点甜点，喝点咖啡，还可以拍拍照，我觉得蛮好的”；“熙南里”街区的消费者 S 先生表示：“外地朋友过来我还是喜欢带他们来这里吃饭的，有点文化的感觉，跟大商场里面的饭店不一样的，也还是有一点老南京的味道的”。而当问及这些空间是否能真正反映老城南的文化时，大部分的消费者与游客表示对空间是否真实、是否真正延续历史并不感兴趣。S 先生的说法代表了相当一部分游客与消费者的观点：“我也不知道历史上的老城南到底是不是这样，也搞不清楚这些建筑能不能代表南京的文化，但是谁知道呢，大家也没见过原来是什么样子，反正看起来是挺古色古香的。”由此可见，在经历了空间功能、空间主体的转换之后，消费构成了最为重要的空间活动，并由此产生了以消费为主导的场所文化，这种场所文化与更新前以传统邻里交往为主的市井文化有着巨大的差别，支持着新的社会关系的生成与再生产。

其次，“老城南”核心片区内的活动从日常的交往活动变成了一种迎合城市精英阶层、中产阶级群体的文化消费活动。在对“老城南”核心片区已开街地区的消费者的访谈中，可以看出一个明显的倾向是对消费“品位化”“浪漫化”的追求，商品的使用价值不再是消费的主要目标，而更多关注的是商品的符号意义和象征意义。“老门东”街区的

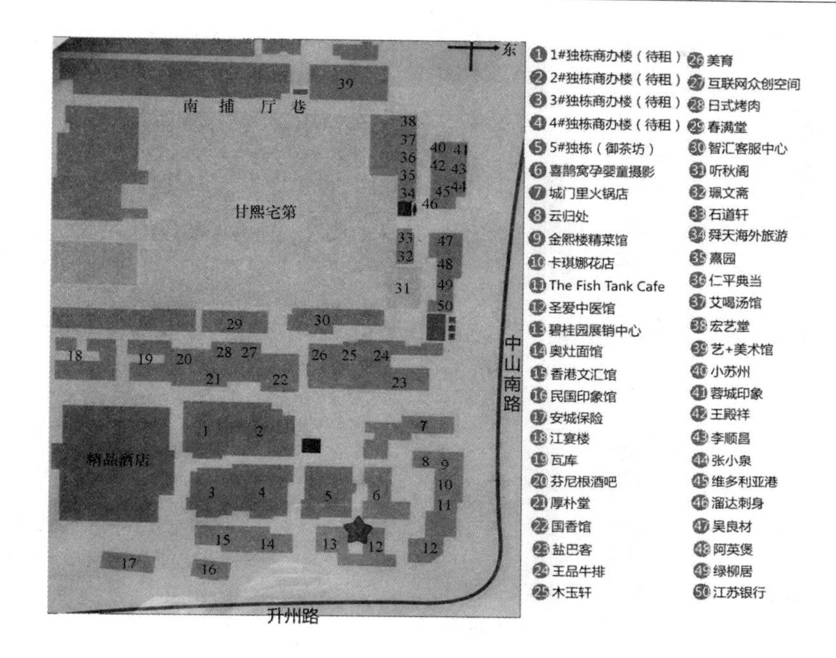

图4.11　南捕厅地区“熙南里”街区主要店铺名称（作者根据调研整理）

消费者L小姐认为：“门东有不少很有特色的小商品店铺，比如那家卖旧连环画书的，我男朋友刚刚就去买了两本，这都是我们小时候的记忆”。从街区招商店铺的类型与数量上也能体现出这一点，以“老门东”街区为例，具有地方特色或者文化意义的小商品店铺就有18家，占到了已开业全部店铺的30%（见图4.12、图4.13、表4.1）。在街区的宣传上，也大多打出“文化牌”，以此来迎合文化消费的时代趋势，如“熙南里”街区的官方网站上写道，“漫步熙南里，可以观景色，忆往昔；闻书香，品曲艺；尝美味，赏金陵……集休闲娱乐、餐饮美食和专属服务于一体的熙南里将是南京一处新的名片，金陵特色十足，而且会比如今的1912更有看头，更具有历史文化气息”；位于门东地区的“雅居乐·长乐渡”项目宣称，“承载复兴南都繁会的历史使命，用88栋珍藏级纯粹合院，还原600年前的精致院落生活”。这些无一不在形塑一种为精英群体、中产阶级所崇尚的生活方式与文化消费。

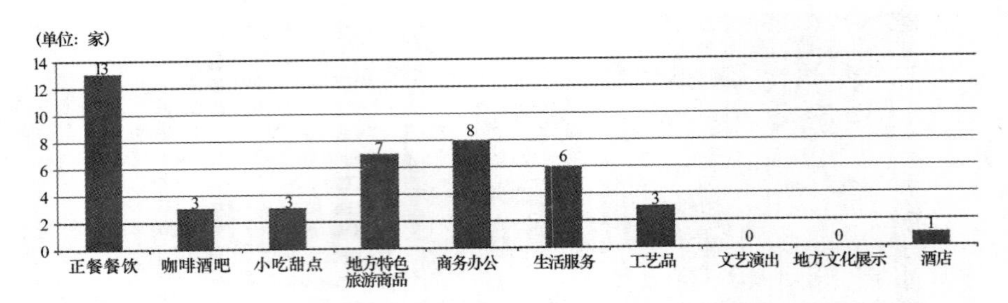

图4.12　南捕厅地区“熙南里”街区各类型店铺数量统计（截至2016年6月）

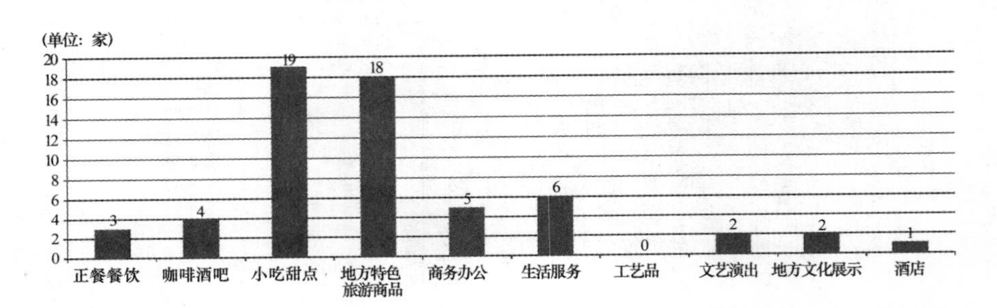

图4.13　门东地区“老门东”街区各类型店铺数量统计（截至2016年6月）

表4.1　南捕厅地区（熙南里街区）、门东地区（老门东街区）主要商业业态店铺数量统计

	正餐餐饮	咖啡酒吧	小吃甜点	地方特色旅游商品	商务办公	生活服务	工艺品	文艺演出	地方文化展示	酒店
熙南里街区	13	3	3	7	8	6	3	0	0	1
老门东街区	3	4	19	18	5	6	0	2	2	1

三　空间功能的重置：从“居民聚居区”到“文化旅游区”

从历史维度来看，“老城南”核心片区长久以来都是南京城的居民聚居区，无论是明清时期名门望族聚居之地、民国时期的中上流阶层的居住功能区，还是1949年到21世纪初的大杂院式的平民聚居区，其居住功能和人群的集聚是其文化的根源，也是其民居式传统建筑产生的根基。通过分析南捕厅地区和门东地区更新前的用地性质可以看出，居住用地的比例超过了 90% 以上，从空间功能上看，更新前的“老城南”核心片区是典型的“居民聚居区”（见图 4.14）。

图 4.14　南捕厅地区更新前后地块功能对比（作者根据相关规划自绘）

注：对比南捕厅更新前后的用地性质可以看出，更新前占据 90% 以上的居住用地，经历更新后，用地性质主要为旅游经济提供支撑的商业用地、娱乐康体用地等。

作为行政区划覆盖了整个“老城南”区域的秦淮区而言，利用历史文化资源、发展旅游经济长期以来都是秦淮区的一项重要发展举措。20 世纪八九十年代，秦淮区依靠夫子庙旅游景区的建设，成为南京乃至江苏利用历史文化资源发展旅游经济的成功代表，这一时期也被称为秦淮区旅游发展的“夫子庙时代”。进入 21 世纪，秦淮区更加明确了旅游经济的发展思路，旅游业成为秦淮区实现“三个发展”的特色产业和支柱产业，并明确提出“努力建设人文特色彰显的文化旅游强区”。这一时期秦淮区以秦淮河为重点，加大了秦淮河沿线的开发力度，2008 年“夫子庙—秦淮河风光带”成功创建为 5A 级旅游景区，并进入了以秦淮河为带串联沿线资源的“秦淮河时代”。2013 年，南京行政区划调整，白下区与秦淮区合并成新的秦淮区，这为秦淮区在更大范围内整合资源、实现全域旅游开发奠定了基础。2016 年 2 月，秦淮区被国家层面确定为首批“国家全域旅游示范区”和“旅游业改革创新先行区”，更将秦淮区送入“全域旅游时代”。因此，在这样的总体背景下，充分挖掘“老城南”的文化历史价值，大力发展文化旅游经济成为秦淮区指导“老城南”发展的重要思路和导向。本书重点关注的南捕厅、门东和门西三个地区不仅是“老城南”的核心片区，同时也是秦淮区旅游经济发展的重要载体和板块，在秦淮区的整体发展规划中，将这三个地区各自作为一个历史文化旅游街区来招商运营。①

具体而言，在政府角度，通过目标定位和功能调整两个层面实现了“老城南”核心片区的空间功能转换。在目标定位方面，以发展文化旅游为导向，以集聚人气、增加消费行为为目标，通过传统历史文化的“再现”来实现地区功能的转换。如将南捕厅地区定位为“非物质文化遗产传承集聚区”和“特色旅游商品创新基地”，通过将南京非物质文化遗产产业化经营，让游客体验“老城南”文化；将门东地区定位为“老南京市井文化观光游览区”和“老南京市井文化休闲聚集区”，其“市井文化”主要是通过集中老南京餐饮店与美食店以及老南京传统手工艺品店来实现的；门西地区则被期待通过利用曾经集中了大量私家花园和名门贵族的历史而成为“名士文化休闲集聚区”和“传统官绅文化体验区”。综合秦淮区对“老城南”核心片区的功能定位可以看出，通过对这些地区“历史文化”的“符号化与工具化”运作，实现了从“居民聚居区”到“文化旅游区”的目标转移。进一步地，为了保证目标定位能够顺利实现，在实际操作层面，通过城市规划、产业规划等工具性的手段，将更新前的居民居住区调整为新的商业功能区，并在招商运营时引入与主题定位相契合的商业业态，增加对外服务的旅游功能，来实现功能调整的目的。如对比南捕厅地区更新前后的用地性质图可以看出，更新后新增了大量的商业休闲、商业服务、商业办公以及利用历史建筑建设的创意工坊空间。又如在门东地区，提出形成沿秦淮河的滨水休闲消费带、明城墙的城墙根特色消费带、箍桶巷文化旅游消费示范街区、乌衣巷主体文化展示区等（见图4.15）。通过这些商业功能区的设置，原有空间的主体功能在很大程度上被改变了，原先“老城南”核心片区所具有的

① 在秦淮区的重要招商开发的项目中，南捕厅、门东和门西地区分别被包装为“熙南里街区”“门东历史文化街区”和“门西历史文化街区”来进行重点推介。

使用功能已经完全让位于交换功能的诉求，成为城市中心用于实现资本循环、土地价值的空间极点，实现了由以居住生活为主体、体现空间使用价值的“居民聚居区”向以“文化消费、体验经济”为主要功能、体现空间交换价值的“文化旅游区”的转变。

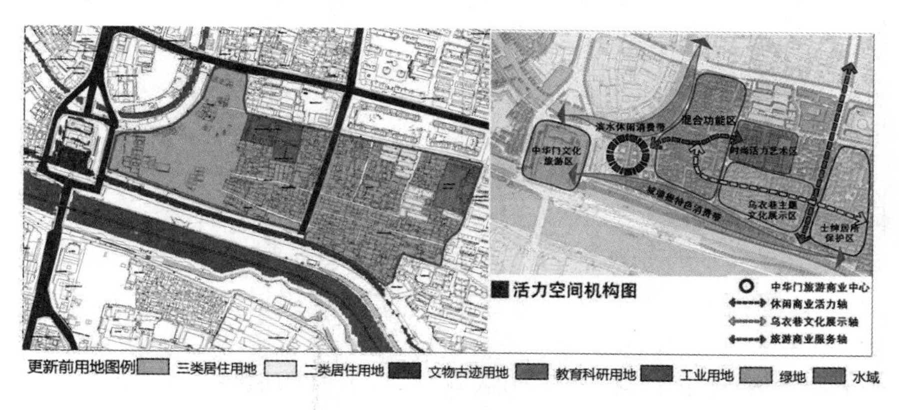

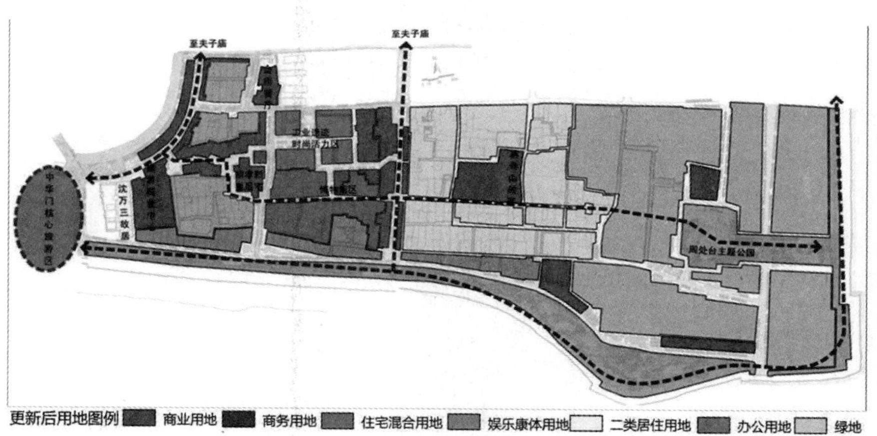

图 4.15　门东地区更新前后地块功能对比（作者根据相关规划自绘）

注：与南捕厅类似，门东地区在更新前除了少量工业用地外，均为居住用地，更新后发展旅游经济，开发休闲商业、旅游商业成为该地区的重点工作。

四　空间形态的再造：从“危旧房片区”到“文化新地标”

正如前文所述，由于人口密度高、人均住房面积低，房屋建筑质量差，历史建筑保护不力，房屋配套设施严重不足等问题，“老城南”核心片区在空间形态上呈现老旧、破败的特征。而经历了阶段性的更新后，“老城南”核心片区的空间形态则从城市的“危旧房片区”转换为秦淮区着力宣传的“文化新地标”。而这种转换过程则是通过三个方面来逐步实现和强化的。

首先，以秦淮区的“文化新地标”作为“老城南”核心片区的整体形象定位，将传统民居区改造为“文化历史街区”。在秦淮区大力发展文化旅游经济的背景下，进一步发掘“老城南”核心片区的文化意涵，由此营造出“老南京”的地方意象、形成区域发展的文化 GDP，文化与资本的联姻似乎就成了某种必然。通过分析更新后的南捕厅、老门东和门西地区的用地规划可以看出，传统居住用地的比例出现了显著的下降，取而代之的则是经济价值较高、更具有地租支付能力的商业用地和文化娱乐用地。大量仿古商业建筑在“熙南里”与“老门东”街区的出现即为例证。

其次，通过对特殊建筑符号的强化，试图创造出“老城南”的“老”味道与传统记忆。无论是南捕厅还是门东地区在进行整体空间营建时，都在有意截取和放大所谓的“江南建筑符号”，尤其是“青砖小瓦马头墙，回廊挂落花格窗”的建筑风格。因此，黛瓦、粉壁、马头墙等元素在改造后的街区随处可见，同时配以砖雕、木雕、石雕装饰，在新建建筑运用到铝合金等材料时，也采用仿木纹（见图 4.16）。规划者和建设者的逻辑是通过对这种建筑符号的强化与运用，来“传承‘老城南’文化，缔造风尚生活”，形成“文化”的包装。

最后，以拆除新建、风貌整治、局部修缮等多种方式延续传统街巷肌理和建筑格局，建设与整体风貌协调的文化街区。正如前文所述，在 2009 年以前，主要采取的是拆除新建的方式来重建历史街区，如南捕厅的熙南里街区和三期工程，以及门东地区 C 地块的西侧等都是采取拆除重建的方式来“延续空间肌理、延续街巷格局”。从图 4.17 南捕厅 2006 年的卫星影像图可以看出，2006 年甘熙故居周边的建筑已经全部

图4.16　门东地区箍桶巷示范工程“老门东”实景图片

注：强化“具有地域性”的建筑符号，通过被认为具有“老城南”意象意义的建筑物、街景小品等的集中展示与堆砌，试图创造出“老城南”的“老”味道与传统记忆。

拆除，到2015年其周边的二期工程熙南里街区和三期工程都已建设完成（见图4.18）。通过对比门东地区2003年与2006年的卫星影像图可以看出，2003年门东地区西侧临近秦淮河的地区还留存有大量的民居，传统的街巷网络也清晰可见，到2006年这片地区已经基本拆迁完毕，以净地的方式进行了招拍挂和出让，后被雅居乐集团拿下，以建设高档别墅（即“雅居乐·长乐渡”）的形式“恢复”传统建筑格局与空间肌理。随着拆除重建历史街区的方式饱受诟病，2009年以后，“老城南”核心片区采取了风貌整治与局部修缮等方式，在保留建筑的基础改善房屋质量，以达到整体风貌协调同时延续历史的目的。如南捕厅地区利用酿造厂进行风貌整治和改造，同时注重与周边建筑风格的协调等（见图4.19）。总之，在“老城南”核心片区，通过采用拆除重建、街巷整治、房屋修缮、意象符号强化等多种空间塑造手法之后，已建成的街区已经被赋予了“城市文化客厅”的责任和意义，并在官方出台的各类文本中不断予以强化。传统的“危旧房片区”也正在消失，取而代之的是“空间秩序井然、地方符号明显、传统留存丰富”的“文化新地标”。

20世纪90年代中后期以来，中国城市经历了前所未有的大规模而持久的经济增长，[①] 并被世界誉为“中国奇迹”与“中国速度”。而在

① 斯蒂格利茨：《中国大规模的增长世上从未有过》，《新华每日电讯》2006年3月21日。

图 4.17 2006 年的南捕厅 图 4.18 2015 年的南捕厅 图 4.19 规划后的南捕厅

注：2006 年甘熙故居周边的建筑已经全部拆除，到 2015 年其周边的二期工程熙南里街区和三期工程都已建设完成。

图 4.20 2003 年的门东 图 4.21 2006 年的门东 图 4.22 规划的门东

注：门东地区 1 号地块在 2003 年仍然以传统民居为主，传统街巷空间清晰可见，到 2006 年全部拆迁，以净地的方式进入市场，公开招拍挂，后被雅居乐以高端别墅地产的形式重建传统街巷与空间肌理。

相当程度上，中国城市经济的增加依赖于快速的城市化进程，城市空间日益成为经济增长实现资本增值、循环、积累以及财富再分配的核心载体，[1] 空间本身也被赋予促进增长的要求和特征。在西方资本主义的语境中，哈维曾用“空间修复”（spatial fix）这一概念来概括这种空间逻

① 张京祥、赵丹、陈浩：《增长主义的终结与中国城市规划的转型》，《城市规划》2013 年第 1 期。

辑，也即经济资本可以通过空间的生产、重组等手段来创造更适合自身并能持续带来积累增值的地理场所，并通过提升空间的使用价值、交换价值等来加速资本的增值和积累。[①] 对于“老城南”的旧城更新而言，这种空间逻辑在更新过程中也占据着主导的地位。在更新前“老城南”核心片区是一个“居民生活空间”，从经济价值和资本循环的角度来考察，这种空间不仅不能带来资本的升值，同时由于其空间破败的特征甚至被认为对城市形象造成了负面的影响。在这样的认知之下，旧城更新成为当地政府的必然选择。而在将“老城南”核心片区从“居民生活空间”转换为“城市增长空间”的过程中，其空间主体、场所文化、空间功能和空间形态等都发生了全面的转换和重构。这种变迁过程既有空间维度的空间形态和空间功能的转换，也有社会维度空间主体和场所文化的变迁，是一个全方面、系统性的社会空间转换的过程。这种社会空间转换过程不仅带来城市更新行为发生区域，也即“老城南”核心片区社会空间的变迁，同时也对原本生活在其中的居民带来了巨大的影响，而对于原本弱势的“老城南”居民群体而言，其社会空间将会出现断裂式的变迁，其日常生活也将面临全面的重建。

第三节　“老城南”社会空间的横断面：2016年的实地考察

城市社会空间的形成过程是一个长时间累积的结果，不同历史阶段、不同事件都会对城市社会空间的形成产生影响，与社会空间形成互构关系。城市在每一个发展阶段由于政治、经济、文化范畴的差异都会呈现出不同的发展脉络与社会空间图景。同时，城市在某一时间点上的社会空间特征是很长一段时间长期累积的结果，之前的空间行为、社会

① 大卫·哈维：《后现代的状况：对文化变迁之缘起的探究》，阎嘉译，商务印书馆2003年版。

关系都会呈现在现有的社会空间格局之中。正如卡斯特尔在讨论空间的时间性时指出的，时间与空间的关系本身是不可分割的，空间研究必须从时间与空间的关系中展开，一个社会空间的断面必然是由不同的时间切面共同构成的。前文描摹并分析了"老城南"核心片区从更新前到经历更新的社会空间过程，本部分则将选取现时段的时间断面，也即2016年，来描述与理解旧城更新所带来的社会空间在特定时间节点上映射于"老城南"核心片区的种种表征。需要指出的是，由于"老城南"核心片区并未完成其更新过程，旧城改造工程仍在推进之中，因而，其社会空间仍然处于相对剧烈变迁的状态。但是，把对现阶段社会空间的分析与历时态变迁过程的刻画相结合，仍然有助于理解其变迁的趋势和可能带来的结果。

一　被碎片化的旧城社会空间

本章重点讨论了更新前后的社会空间转换与变迁，可以看出"老城南"核心片区在经历了城市更新之后，其空间主体、场所文化、空间功能和空间形态等都发生了剧烈的变化。伴随着大量"老城南"居民的被迫外迁，腾挪出来的空间经由更新改造或是被置换为商业休闲街区（如南捕厅地区的"熙南里"街区），或是被置换为文化旅游景点（如门西地区的"胡家花园"、门东地区的箍桶巷示范段），或是被置换为高端房地产（如门东地区的雅居乐·长乐渡项目）。原本平民大杂院式的生活空间被置换成集聚了民俗风情体验、特色文化博览、高端休闲餐饮、宅院特色酒店、主题休闲娱乐、传统情境再现等诸多功能于一体的"文化旅游区"[①]，成为"本地人寻找乡愁记忆、外地人感受南京味道、外国人体验中国文化"[②] 的"最南京"空间。一度被现代化浪潮所"遗忘"的"老城南"似乎又恢复了往昔的繁华与喧闹，然而这些繁华与喧闹不再是由当地居民在日常生活中自然生成的市井气息，而是由来来

① 具体见《秦淮区十三五规划》。

② 具体见秦淮区（老城南）旅游管理体制综合改革工作情况汇报（2015年5月26日）。

往往的游客与消费者在不断的“凝视”[①] 中制造出来的。

然而，由于更新改造工程大多分成几期予以推进，从整体的角度看，其城市更新的过程并未阶段性完成。因此，在南捕厅、门东、门西地区正呈现出强烈的新旧拼贴的空间感：简陋破旧的民居、衣着朴素的居民，与已完成更新改造地区内坚固精致的建筑、形形色色的消费人群或是游客形成了鲜明的对比，“马赛克（mosaic）状”碎片化的社会空间结构已镶嵌于这一片仍在紧锣密鼓更新改造的旧城之上。在西方学界，针对当代城市社会空间特征进行研究时，卡斯特尔曾说道，“巨型城市是空间片段、功能碎片和社会区隔离的不联系群族”[②]；格雷厄姆等人则认为，城市社会空间的碎片化表现为“分化”“碎化”和“极化”，并在此基础上提出了“碎片城市化”（Splintering Urbanism）的概念，描述当代城市在全球（the global）与本土（the local）的对立中所呈现的割裂状态[③]；斯科特曾将城市社会空间演进与生产中出现的碎片化倾向，解读为社会—空间关系（socio-spatial relationships）的“马赛克状拼贴”[④]。这些分析无一不指出伴随资本的不断扩张以及空间私有化的日益加剧，在租金的筛选与社会经济资本差异的分拣机制下，城市社会空间所逐渐呈现出的高贵化与贫困化并置的极化状态[⑤]，“城市由数个安全的飞地、数个贫民窟分割而拼贴”[⑥]。在中国城市的发展语境中，曾有学者指出，进入20世纪90年代以来，中国城市社会也由原来

---

① “游客凝视”（Tourist Gaze）一词源于英国社会学家John Urry所著的*The Tourist Gaze*，John Urry认为人们之所以进行旅游消费，是因为这可能会给他们带来与日常生活截然不同的愉悦体验，而且这种体验中至少有一部分是望见（gaze upon）或观看（view）一组迥异的不同寻常的景观。

② 曼纽尔·卡斯特尔：《网络社会的崛起》，社会科学文献出版社2003年版。

③ Steven Grahsam & Simon Marvin, *Splintering Urbanism: Networked Infrastructure, Technological Motilities and the Urban Condition*, London: Routledge, 2001.

④ Ron Johnston, Joost Hauer, GHoekveld, *Regional Geography: Current Developments and Future Prospects*, London: Routledge, 2014.

⑤ 胡咏嘉、宋伟轩：《空间重构语境下的城市空间属地型碎片化倾向》，《城市发展研究》2011年第12期。

⑥ Luca Pattaroni, Yves Pedrazzini, “Insecurity and Segregation: Rejecting and Urbanism of Fear”, in P. Jacquet, R. Pachauri, L. Tubiana, eds., *Cities: Steering Towards Sustainability*, Delhi: TERI Press, 2010, pp. 177－187.

高度统一、均质化以及连带性强的“总体性社会”，转变为更多带有局部性、片段性和“碎片化社会”。[①] 而这种“碎片化社会”的特征也形成了在当下中国城市社会空间上的表征，如有学者指出中国城市在郊区化的过程中出现了社会空间的“隔离破碎化”[②]，也有学者认为在快速推进的城市化进程中城市社会空间呈现出“双重碎片化”的特征[③]。近年来，越来越多的学者将关注置于旧城更新的背景，探讨伴随旧城社会空间的更替与发展，由此带来的碎片化、绅士化的现象[④]。

在这一理论视域下重观南捕厅、门东、门西这一“老城南”核心片区的旧城更新历程，可以发现，由于旧城更新的阶段性推进方式以及不同阶段更新方式的变化，这种碎片化的拼贴特征就尤为明显。

首先，人群结构的碎片化。从人群特征上来说，尚未搬迁的居民主要由中老龄、收入水平较低的原住民与租户构成，根据南京历史城区保护建设集团有限责任公司H经理的介绍，“剩下的居民中主要是年纪较大、经济收入比较低的原住民，搬迁起来确实比较困难。其中有90%以上都已经达到了申请经济适用房的标准了。另外主要是租住在里面的租户，大多从事比较底层的工作，收入也是比较低”。而就其中尚未搬迁的原住民来说，他们往往极为依赖旧城的各项公共服务，并且大多依靠在旧城的小本生意来谋生，如在南捕厅评事街经营一家街边小店的L女士表示，“把我拆到那么远的地方我绝对不干，我孤寡老太一个，这么一家小门面店，开了几十年，生活来源都靠它。你把我拆到那么远的地方我怎么生活”。现住在门西凤游寺的L先生表示，“我是丧失劳动力的，心脏早就搭桥了，住在这边离医院近，如果搬到那么远的地方，我们又没钱买车，万一出点事情都不知道怎么办，等死啊”。与此同时

① 参见孙立平《转型与断裂——改革以来中国社会结构的变迁》，清华大学出版社2004年版。

② 魏立华、闫小培：《大城市郊区化中社会空间的“非均衡破碎化”——以广州市为例》，《城市规划》2006年第5期。

③ 宋伟轩、朱喜刚：《新时期南京居住社会空间的“双重碎片化”》，《现代城市研究》2009年第9期。

④ 张倩：《老城空间碎片化和绅士化的调研样本与思索》，《现代城市研究》2012年第6期。

在城市更新后继续作为居住功能的地块内，则居住着城市的富裕阶层。如南捕厅三期以及门东地区的“长乐渡”，联排的别墅取代了原来的“城市危旧房”，通过道路、围墙的分割和限定，城市富裕阶层与贫困的旧城居民民集中在了同一个空间，他们空间临近却相互区隔，泾渭分明。可以说，“老城南”核心片区内正呈现出过渡性的核心—边缘的社会空间样态，旧有的边缘与新建的中心并未形成空间上的“差序格局”，而是呈现出一种相互孤立的拼贴状态（见图 4.23）。

图 4.23　南捕厅百度街景和空间碎片化特征

其次，空间结构的碎片化。从居住环境来说，还未拆迁的原居民依旧栖身于破旧狭小、缺少基本设施的房屋之中，街巷中也随处可见有关拆迁的各类标语，经历过浩浩荡荡的拆迁的房屋也显得岌岌可危，越发显得破败颓废（见图 4.24）。如现住在门东边营的 L 女士表示，“我们也希望赶紧改造啊，你看我们房子漏水都漏得不行的，一下雨就漏，南京梅雨季节的时候床都没法睡，家里都要发霉的”。住在南捕厅绫庄巷的 Z 先生说道，“你看看我隔壁那房子，拆得就剩墙了，我成天担心它哪天倒下来压着我们家房子”。而对于居住在更新后联排别墅的居民而言，并没有这种担忧，他们住宅宽敞，设施配套齐全（见图 4.26）。

最后，社会心理的碎片化。从心理状态来说，这些尚未搬迁的居民似乎已将更新改造的地区视为“他者”的空间，在心理上出现了排斥感，空间区隔似已形成。当问及尚未搬迁的居民对已更新地区的看法时，现住在门东中营的 L 先生的看法极具代表性：“你知道门东里面听一场相声多少钱吗？你进去过吗？一个说相声的就买了一栋楼，啧啧，

图 4.24　门东、门西未拆迁区域的现状（作者摄于 2016 年 6 月）

注：左起第二幅图为门东的边营与中营区域，由于紧邻“老门东”街区，居民称这块区域为“‘老门东’的烂尾工程”。

图 4.25　南捕厅新旧空间的拼贴（作者摄于 2016 年 6 月）

注：与门东、门西“块”状的新旧空间拼贴相比，南捕厅的“点”状特征则更为明显，右起第一幅图是千章巷上一户尚未搬迁的人家紧连着一幢已正在修建的建筑。

可那里面原来住的都是我们这种穷老百姓啊。你说说看，星巴克是门东吗？再说说长乐渡，哪个人能买得起？”因此，可以说，已完成更新的“老城南”核心片区借由各种“文化标榜”与“身份诱惑”，实际已传达出了一种这一空间“属于谁”的领域感。对于大量“老城南”原居民而言，个体的经济资本缺乏、社会地位相对低下，往往使其从心理上将自己与已更新区域区隔开来。

二　被挤压的居民日常生活

如上文所述，“老城南”核心片区尚未真正完成意义上的更新过程，仍然处于城市更新阶段过程之中，这也加剧了社会空间碎片化的状况。从南捕厅、门东和门西的实际更新状况来看，南捕厅地区仅大板巷以东、太平南路以西的区域完成了城市更新，也即南捕厅工程的一、二、三期，而大板巷以西的大面积区域尚未完成更新，在已更新面积占地块面积的比例方面，南捕厅已基本完成更新的面积为4.54公顷，占整个地区面积的25.7%。门东地区完成更新区域的比例相对较高，主要分布在双塘园以西的区域，但是双塘园以东仍然有约3.74公顷的面积尚未完成更新，占整个区域面积的18.4%。门西地区由于城市更新启动相对较晚，现仅胡家花园区域约6.2公顷完成了更新改造，仅占区域面积的23.7%。通过对这三个地区的现场调查发现，在未完成更新的区域中，虽仍有大量原居民依旧在此生活，但同时也存在相当规模的人去楼空、居民搬离、房屋面临拆迁的状况。这种状况不仅会加深社区居民的不稳定感，更会加快社区的整体衰退进程。

这种临时性和不稳定的状态也影响着居民的日常生活，在对居民的访谈中，明显能感受到居民对外界的警惕和敏感。在对南捕厅绫庄巷进行调研时，就有不少户在门口张贴有“内有居民、请勿推门”的告示牌（见图4.26）。在开始进行访谈时，即使明确告知了身份和访谈目的，居民还是会反复问：“你是哪个部门的？问我们这个干什么啊？”对拆迁造成日常生活干扰、破坏的抱怨成为居民访谈时表达出来的主要情绪。而根据对现场的观察，实际情况也的确如此，因为“老城南”的住宅大多是低层砖混建筑，旁边房屋的拆迁势必会影响到未动迁居民的生活。另外，因为居民的陆续搬离，“老旧危房”建筑不断被拆除，社区更显萧条，衰退进程也进一步加快。根据现场观察，这些未动迁的房屋与居民就像生活在一片巨大的工地上。评事街的S先生说：“我们现在就是生活在大工地上，甚至可以说是一片废墟上，有时候一夜醒来就不知道这边哪栋房子被推到了，哪还有什么社区的概念，这哪像我们以前啊，虽然住得拥挤，但是起码也是比较稳定的啊。”正是传统的社区生活遭到破换，居民日常生活也受到挤压，对于未动迁居民而言，他们目前最重要的诉求和日常生活的焦点就变成了争取更多动迁利益以及“留下来”，“拆迁”成为日常生活中的重要主题。

在前文的分析中也曾指出，文化式更新在空间上最突出的表现就是保留具有历史价值的建筑，以塑造出具有地方性和地域精神的文化空间。在“老城南”核心片区的更新过程中，随着社会历史文化保护意识的逐步增强，同时也为了满足文化旅游式开发，政府委托相关机构对现有房屋的建筑质量和历史价值等进行综合评估，以确定需要保留的建

图 4.26　南捕厅绫庄巷 X 先生家门口张贴着告示牌
（作者拍摄于 2016 年 5 月）

筑。而对于原居民，这一理由也被援引过来作为其“抵抗拆迁”的重要理由。在居民行动层面，一些居住在具有一定历史价值房屋的产权所有者，通过各种途径强调自身房屋历史悠久，并通过积极的自我房屋修缮，彰显房屋传统风格和历史底蕴，以此作为与官方对话与博弈的资本，达到“留下来”的目的。

案例 1：“我不是危旧房，而且还有传统建筑的风格，我干吗要拆走？”

访谈对象：Z 先生　访谈地点：门东地区中营 Z 先生家

来，来，来！你看看我家这个房子不错吧，这房子历史很久的，是清朝留下来的。我爷爷那时候是当官的，我们也是官宦人家，之前我们房子很大的，后来私房收归国家分出去了不少，房子一直通到边营，很大的，有好几进呢。

现在房子旧了，我自己进行了改造。你先看这外面，我从他们拆迁的那边搞到了一对石墩子，放在门口两边，我小时候就是这样的。还有我们家门口有三级石台阶，这是其他家没有的，这石头也是祖上留下来的。当年台阶越多、门槛越高就意味着这家人越有地位。我们家以前也是当官的。你再进来看看，我家每个房间都有抽水马桶的，其他家没有吧，我自己掌握了化粪池的技术，这也很简单的，对厕所进行了改造，现代人没有抽水马桶肯定是不行的。你再看这个木头的窗花，都是这清朝留下来的。还有这些小的东西（房屋构件）有的是我们家的，有的是旁边有些房屋拆迁，我去捡回来的，都是有历史的。

图 4.27　门东中营 Z 先生房屋实景图片（作者摄于 2016 年 6 月）

我自己把房屋修成这样了，我为什么要搬出去啊。政府不是说要保护历史建筑吗？我家这房子肯定是历史建筑啊。而且政府说怎么改，我就这么改，我自己出钱都行，我改好了我自己住啊，为什么要把我们赶走呢，反正我是不会走的，我们家这么大房子，自己住在这边多方便啊。你看我们头上就有一家，他们就是自己按照南京老房子的风格改造好的，他们肯定也不会搬的。

案例2：“我家是历史保留建筑，我家不能拆”

访谈对象：W女士　访谈地点：南捕厅绫庄巷与评事街路口W女士经营的小卖部前

我家房屋就是历史建筑啊，之前不知道，后来有人告诉我了，我就去街道将牌子要过来了。现在牌子还没挂起来呢。过两天我就将保留建筑的牌子挂起来。这样应该就不能拆了吧，我可以跟政府一起出钱将房子按照要求修好，我们反正肯定不会搬，他们那些没房的，住在危旧房的没有办法。我家可是历史保留建筑啊。怎么能搬走呢，再说我们这些人都走了，还有什么“老城南”的味道啊。

三　终将被吞噬的旧城“孤岛”

现时段“老城南”核心片区的社会空间呈现出碎片化的特征，尚未动迁的居民聚居区如“马赛克”般镶嵌在日益更新的旧城中心，“拼贴”成为最为重要的社会空间现状。这些区域内的空间景观、人口构成、经济特征、生活方式都与周边已完成更新的区域存在巨大差异，而呈现出“孤岛”的状态。这种“孤岛”状态主要表现为以下几个方面：首先，总体呈现出动荡、不稳定的状态。未动迁的居民聚居区这种动荡、不稳定的状态不仅体现在居住的房屋面临被拆迁、居民面临向城市边缘迁移、生活面临重建等，还体现在心理的动荡，缺少稳定感和安全感、传统的邻里社区面临解体等多个方面，这种全方位的动荡也加深了未更新区域的“孤岛”状态。其次，功能分异、人群分异、景观分异。未动迁的居民聚居区不仅在城市空间上与已完成更新的区域出现明显的差异化特征，同时在城市功能、人群构成、物质景观方面都与周边区域出现分化的景象，这一点也在前文中有了充分的说明。最后，社区被外界隔离排斥，“内卷化”趋势明显。正在进行的城市更新、居民的陆续搬离、房屋的不断拆迁也加快了社区的解体和衰退，空间环境更显萧条破败。有学者指出，当一个社会群体处于相对封闭和隔离的状态时，容易形成群体的“内卷化”（inVolution）。[①] 对于“老城南”核心片区而言，社区“内卷化”表现在社区流动性高，但是属于“底层同质化”的人口流动，原有的社区逐渐演变为城市贫困群体、老龄群体的集中区域。

正是因为这种“孤岛”的状态，未动迁的居民聚居区终将在“内城复兴”的宏大目标下，被吞噬并走向解体和消亡。一方面，官方通过各类型的法定规划确定了“孤岛”被吞噬的未来。从更新后的“老城南”核心片区的规划来看，更新后的旅游经济区取代了更新前的邻里聚居区。在用地功能上，更具租金支付能力的旅游商业、文化、金融、办公等功能取代了居住功能，居住用地比例的下降也使得整个片区中居住在此的城市居民的数量迅速减少，取而代之的是与其更新后业态相对应的富裕阶层、外来游客等其他群体。另外，在建筑形态上，更新前的“危旧房片区”也被统一规划建设的空间形态取代（见图 4.28）。另一方面，原居民回迁机制的缺失，更新区域以及周边房价高企，远超出被动迁居民的购房能力，阶层的置换和原居民生活空间的被吞噬也成为难以改变的结果。在前文中提到加强“老城南”文化和记忆的保护与传承，成为全社会的共识，而“人”才是传承文化记忆的根本。因此在“老城南”核心片区更新的过程中，诸多专家也一再强调需要将一部分的“老城南人”进行回迁，保留地方记忆与地点精神。而在实际操作过程中却缺少动迁人群的回迁机制，原本居住在此的老居民不得不接受动迁到城市边缘的命运。此外，笔者也对更新地块以及周边区域的房价进行了调查统计（2016 年 6 月房价数据），可以看出，即使住宅年代较久的小区其二手房的单价也超过了 2.1 万元/平方米（见图 4.29）。如此高昂的房价，也使得居民试图通过自身努力而实现回迁的希望化为泡影。通过以上分析可以看出，即便现阶段“老城南”核心片区仍然处于旧城更新的过程之中，但是结合各种趋势判断，这些位于南京旧城中心的“孤岛”也终将在不远的未来被吞噬殆尽。

---

① 袁媛：《社会空间重构背景下的贫困空间固化研究》，《现代城市研究》2011 年第 3 期。

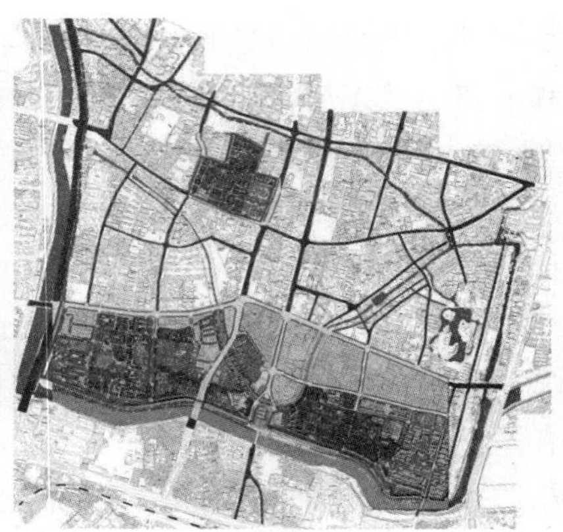

图 4.28　三个地区更新前与规划后对比（作者结合相关现状与规划自绘）

图 4.29　三个地区周边房价情况（作者结合 House365 房价数据绘制）

第五章

被生产的边缘生活空间:迫迁与重建

拆迁过程和我所说的剥夺性积累是在资本主义下的城市化的核心。它是资本通过市区重建而实现资本吸收和积累的“镜像”。也正是由它导致了因对这些宝贵土地上居住多年的低收入群体进行剥夺而产生的大量冲突。

——大卫·哈维①

旧城更新在本质上带来了一种空间的社会生产，城市中心地区日益成为发达的商业与消费活动的集中地，由此也带来了其对于城市外围地区的依附性，通过对外围地区的利用而不断增强与巩固其中心地位。而正如相关研究指出的，现阶段的空间研究的焦点大多局限于资本和空间生产的流通与交换领域，即城市中心，却忽视了资本生产和剥削式积累的领域，而它的主要发生场所是边缘空间。② 在笔者自 2009 年起对“老城南”核心片区的社会空间变迁过程的长期考察中，以及对“老城南”核心片区动迁安置居民的跟踪研究中，可以看出，在“老城南”核心片区的旧城更新过程中，“中心”与“边缘”两个空间都历经了社会生产，并支持着特定的社会关系的重组：“老城南”核心片区从传统的“旧城邻里空间”转换为一个以文化旅游为主导的“城市增长空间”，在此过程中原本的内城社会空间发生了空间主体、场所文化、空

---

① David Harvey, “Social Justice, Postmodernism, and the City”, *International Journal of Urban and Regional Research*, No. 16 (1992), pp. 588 - 601.

② 胡毅、张京祥:《中国城市住区更新的解读与重构——走向空间正义的空间生产》,中国建筑工业出版社 2015 年版，第 1—2 页。

间功能以及空间形态等全方位的空间转换与变迁，空间意义也得以改写；而这一旧城社会空间的转换则依赖于将大量“老城南”居民的动迁安置工程，伴随着动迁安置居民，尤其是动迁群体中的弱势人群被动地向城市边缘集聚的过程而发生。因此，这一由旧城更新政策、拆迁安置政策以及保障性住房建设政策等共同作用下的边缘性的社会空间，实则表现为旧城更新所带来的城市社会空间的延展，而正是由于这一社会空间的存在才完成了旧城更新所带来的空间生产的全过程。

正如前文所述，作为南京地区历史悠久的居民聚居区，“老城南”核心片区的更新工程共涉及万余户居民的拆迁与安置。至 2015 年底，已有数千户居民搬离“老城南”并迁往位于南京城郊不同地区的保障性社区内，面临着社会空间的变迁与个体生活的重建，成为被挤压、被驱逐的群体。从中心城区被迫迁移至城市郊区，“老城南”居民（大多为城市底层人群）的社会空间变迁折射出了旧城更新在南京整体城市空间体系上的“非均衡”效应。韦恩斯坦与任雪飞在对上海进行研究时曾指出，中国的旧城更新形成了以谋求土地交换价值为核心的增长机器模式，而在此过程中，被迫动迁的旧城原居民其住房权（Housing Right）往往在很大程度上被动摇、忽视与损害。[①] 因此，从以上认知出发，本章将借助笔者对于“老城南”核心片区动迁安置居民的跟踪研究，将旧城更新所带来的“动迁安置”视作一个政治性的、强制性的过程，由此来分析旧城更新所映射于居民生活空间层面的再生产。原本位于城市中心的居民在制度运作与政策安排下，被动迁安置到城市郊区的保障性社区中，而保障性社区作为一个典型的“国家型社会空间”，其制度运作和政策安排对社区的空间区位、人群构成，甚至社区内部的群体互动都会产生较大的影响。在面临更新拆迁时，“老城南”原居民的原有社会空间被解体，在被动接受政府安置到新的空间后，其日常生活面临着全面的重建。以下三个方面的问题构成本章讨论的重点：第一，“老城南”核心片区的居民是如何在政策制度以及自身经济能力的

---

① Liza Weinstein, Xuefei Ren, “The Changing Right to the City: Urban Renewal and Housing rights in Globalizing Shanghai and Mumbai”, *City and Community*, Vol. 8, No. 4 (2009), pp. 407 – 432.

双重作用下，逐步从城市中心走向城市边缘的？而其中又有哪些政策和制度在其中发挥了作用？第二，“老城南”核心片区的原居民在动迁后所处的“新”生活空间呈现何种社会空间特征？第三，“老城南”核心片区的原居民其生活空间在这场更新运动中发生了什么样的变化？

第一节　边缘化的安置基地——迫迁的无奈

在对20世纪90年代以来中国城市社会空间变迁的研究中，相关学者曾指出，由于这一轮城市空间重构以经济效益最大化为主要原则，贫困家庭往往由于经济资本有限，只能被动地接受制度安排，被迫动迁并存在“固化”在“城市边缘”的命运。[①]“老城南”核心片区原居民的被迫动迁可谓是一缩影。在实地调研中发现，“老城南”核心片区中经济能力相对较好的居民实际上已通过购买商品房的方式迁出，对于大量留在“老城南”的居民而言，选择动迁安置成为一种必然而无奈的选择。然而，根据南京市的总体规划，拆迁安置住房大规模（占比高达95%）存在于位于城郊的保障性社区中，大量旧城原居民往往面临了“被边缘化”的社会空间后果。这一空间迁移轨迹所具有的社会地理学意涵是理解旧城更新所形塑的社会空间格局的重要一维。作为这一迁移轨迹的起点，本部分将首先分析“老城南”核心片区的原居民何以被迫迁居，又在怎样的制度安排与政策工具下而面临了空间区位的“被边缘化”。

一　制度安排与市场能力下的被迫迁居

前文曾提及，20世纪90年代以来，经济能力相对较好的“老城南”居民已通过购买商品房或在外租住商品房的方式迁离老城南。因而，在旧城更新启动时，“老城南”片区留住的大多是具有贫困特征、老龄化特征的居民，以及相当数量的外来租户。对于已经外迁的居民而

① 宋伟轩、陈培阳、徐昀：《内城区户籍贫困空间剥夺式重构研究——基于南京10843份拆迁安置数据》，《地理研究》2013年第8期。

言，“老城南”的旧城更新实则对其社会生活重建影响相对较小。而对于其中较大多数属于经济水平低、处于社会底层的城市贫困家庭来说，他们却没有能力进行自由选择，不能通过住房市场来自由择居，因此不得不接受政府拆迁安置的政策安排，而这种无奈的迫迁可以从两方面分析：一方面，在政策安排方面，对于动迁居民的安置不以就地安置和回迁为取向，这也就成为动迁居民迫迁的制度因素；另一方面，根据前文的调查分析，原本居住在“老城南”核心片区的居民经济能力较弱，收入水平低，住房面积小，由此决定了绝大部分人不能在原来的市中心区域重新购置新房，这也成为居民无奈迫迁的市场因素。下文中将从制度安排的直接被迫与居民市场能力的间接被迫两个角度，并结合对动迁居民的访谈调查来更细致地分析居民是如何无奈地接受异地安置的安排的。

一方面，制度安排的被迫。通过对动迁居民动迁过程的观察和分析，可以清晰地发现，在“老城南人”的动迁过程中，城市更新（城市拆迁）政策和住房保障政策在此过程中发挥了重要的作用。首先，在城市更新（城市拆迁）政策方面，无论是房屋产权调换还是货币补偿都不能满足其动迁居民回迁的愿望。在“老城南”核心片区的更新拆迁过程中，城市拆迁的补偿办法分为货币补偿和房屋产权调换两种方式。其中，货币补偿办法主要是依据被拆迁房地产的市场评估价来确定，而房屋产权调换则是由拆迁人提供两处不同地点的房屋供被拆迁人选择，并由被拆迁人按照两套房屋的价款结清差价。[①] 然而，由于“老城南”核心片区居民的住房面积通常较小、居民自身市场能力较弱，大多数居民在拆迁过程中很大程度上是按照政府的规定进行拆迁安置，或是选择相对偏远地区的安置房，或是选择经济适用房。南捕厅南市楼的H女士说：“我们家房子太小了，一共也就20平方米多一点，拆迁的时候让我们选择是要钱还是要房子，我们面积那么小，拿了钱哪能买到房子啊，现在房价那么贵，所以也就只能要房子了，起码住房条件能改善点吧。”另外，拆迁部门利用政策的模糊性、不确定性将居民利益压至

① 南京市政府《南京市城市房屋拆迁管理办法》，南京市人民政府令（第227号），2003年12月29日。

最低。笔者于 2016 年 5 月在对门西地区居民的访谈调查时，居民就曾表示现阶段的拆迁补偿仍然用的是 10 年前“老城南”核心片区旧城更新启动时的房屋拆迁补偿标准和管理办法。家住门西凤游寺路的 Z 先生说：“我们现在的补偿标准太低了，我们还用的是蒋宏坤当市长时签字的拆迁管理办法。你不信，等下我去找下拿给你看。我们每平方米就补 7000 块钱，这都是哪年的标准了，你再看看这周围房价啊?”通过以上分析可以看出虽然在针对动迁群体的房屋拆迁时，有货币补偿和房屋产权调换两种方式可供选择，但是在实际的过程中，对于“老城南人”而言，由于原有住房面积小，估价低等多种条件的限制，选取房屋产权调换成为其无奈的选择。那么产权调换的房屋又如何供应？接下来的拆迁安置住房政策也将成为影响动迁居民迁居与重建日常生活的重要制度。现阶段，房屋拆迁安置政策只安排了位于城市边缘建设拆迁安置社区，从制度层面将动迁居民从原本的城市中心排斥到城市外围地区。在南京的实践中，保障性住房（主要指经济适用房）等成为拆迁安置房供给的重要主体。从 2001 年开始，南京旧城进入大规模拆迁阶段，需要大量的产权调换房也即拆迁安置房来保障内城更新的推进。2003 年 9 月南京市出台相关文件宣布暂停低收入困难户的经济适用房供应，经济适用房仅用于城市拆迁群体的住房安置。保障性住房作为“旧城拆迁工具”的功能进一步凸显和强化。而在拆迁安置住房的选址上，几乎所有的安置房都布局在城市边缘地区，因此对于“老城南”核心片区内不得不接受住房安置的居民而言，也只能遵守着这样的制度安排动迁至城市边缘。门东地区的 H 先生说：“你知道我们要搬到哪边去不？是马群南湾营那边，那边就是农村啊，还有搬得更远的，都在乡下偏远的地方。我们搬过去不知道以后生活会怎么样呢，以前一些老邻居也有联系，反正他们在那边也挺不高兴的，什么都不方便”。

另一方面，市场能力的被迫。首先，未更新前绝大多数的“老城南”人处于“住房阶级”的底层，原有的住房状况尤其是产权特征和面积特征都处于劣势地位，因此无论是货币补偿还是房屋产权都只能处于被动选择之中。根据前文中对“老城南”核心片区动迁安置居民的调查数据可以看出，在三个地区 2299 户居民家庭的原住房套型面积方面，南捕厅地区为 27.63m^2、门东地区为 25.5m^2，而门西地区则为

18.26m²，人均住房面积仅为8.63m²、9.01m²和6.52m²，这些数据都远低于当年的南京市平均水平。同时“老城南”核心片区居民的住房未成套比例高、自由私房比例低也严重制约着更新拆迁过程中拆迁安置利益的获取。在未成套户数比例方面，南捕厅地区为74.37%，门东和门西地区高达85.83%和87.56%。在自有私房比例方面，门东地区仅17.2%的被拆迁居民是私房，而南捕厅地区和门西地区甚至不足10%，分别为6.3%和9.45%。通过以上这些数据可以看出在更新前“老城南”核心片区的居民有着严重劣势的住房属性特征，这种弱势的“住房阶层化”属性也将随之传递到拆迁安置后的利益分配格局中。其次，“老城南”核心片区居民经济水平较低，经济能力不足，难以通过市场途径获取住房。家庭经济收入是衡量其经济能力的重要指标，而南捕厅地区家庭年收入为15432元，而门东地区、门西地区仅为12900元和12672元。居民人均年收入分别为4823元、4558元与4526元，都具有典型的贫困特征。那些没有资格获得产权调换房屋的家庭，由于经济能力不足，即使加上获得的房屋拆迁补偿款也没有能力在原有区位购置房屋，只能考虑在城市边缘寻找栖身之所。最后，“老城南”核心片区的文化式更新，在一定程度上推动了自身区域以及周边房价的快速上涨，这更使得居民通过自身努力回迁到原来区位成为泡影。

通过以上的分析总结出“老城南”核心片区居民的迁居过程：在政府对“老城南”核心片区进行更新改造的背景下，原本居住在“老城南”的居民面临着房屋被拆迁的处境，而在此过程中出现了阶层分化与利益分化。少数原本住房条件好、面积大、家庭收入状况较好、社会经济地位较高的居民（这些居民大多在旧城更新启动前已迁离“老城南”地区）可以利用获得的拆迁补偿款以及自身的经济条件，自由地在房地产市场上择居。而正如魏立华等学者对中国老城居民的调查所指出的，“留在老城居住的多数是下岗或者从事‘非正式’职业的劳动者，如小商贩或手工业者，地域性群体贫困成为城市中心住区居民的空间特征”。[1] 在“老城南”核心片区尚未搬迁的居民中，大多数为贫困

[1] 魏立华、李志刚：《中国城市低收入阶层的住房困境及其改善模式》，《城市规划学刊》2006年第2期。

家庭，其住宅的建筑年代久远、人均面积狭小且私有产权比例较低，在这些因素的综合作用下，大多数居民是无法依靠拆迁补偿金来支付旧城更新完成后同等区位的商品房房价的。由此，至“老城南”旧城更新启动时，依旧居住在“老城南”核心片区的这些居民中的绝大多数没有能力自主选择，只能接受政府的制度安排，尤其是城市拆迁政策和住房安置政策的安排。在这样的安排下，被迫搬离旧有住宅、接受政府的安置，迁居至城市边缘也就成为一种无奈的选择。

二　保障性住房作为旧城更新的政策工具

通过上文中对“老城南”核心片区居民动迁历程的分析可以清晰地看出，城市拆迁政策和住房安置政策在旧城更新得以实现中发挥了重要的作用。换言之，政策的运作在很大程度上生产出了拆迁安置社区这一“制度投入型”的社会空间。为了更好地揭示“老城南人”动迁后的社会生活，需要从居民面临拆迁后所获得的安置住房的属性开始讨论。在对“老城南”核心片区跟踪调查的过程中，发现有三种安置住房类型与居民的拆迁安置密切相关，即产权调换房、拆迁安置房和定向安置房。而这一政策概念的产生是和城市拆迁密不可分的。正如前文所述，伴随城市土地制度改革等一系列制度变迁，城市土地所具有的潜在价值被激发出来，在“经营城市”的理念之下，以旧城拆迁改造与新城扩张为主要方式的“造成运动”在中国各大城市中轰轰烈烈地上演。因此，为了使得因大规模旧城拆迁而失去原来生活空间的居民的居住权利得到保障，地方政府提出如上三个概念。其中：“产权调换房”的概念出现最早，在2001年版的《城市房屋拆迁管理条例》中就指出，“产权调换是指拆迁人以自己建造或收购的房屋产权与被拆迁人的房屋产权进行交换，同时在产权调换过程中需要对双方产权房屋进行估价，并进行差价结算”。这一概念一直沿用至今，以实物形态的补偿方式与货币形态的补偿方式构成了现阶段最为重要的两种方式。此外，由于产权调换房的本质是划拨用地上的商品房，因此是具有完整产权的保障性住房，并大多供应于原本房屋位于国有土地上的被拆迁居民。“拆迁安置房”则是指政府进行旧城改造、新区建设和公共设施建设等城市开发活动时，为安置被拆迁家庭而建的住房。因此，拆迁安置房的供应对象既包括国有土地上的被拆迁人，也指集体土地上的被拆迁人。“定向安置房”则包含于“拆迁安置房”的类型之中，是为了应对拆迁难度大、成本高、进度慢等问题，向特定区域的特定群体提供的特定性质的拆迁安置房。然而，正如前文对南京旧城改造与更新历程的梳理中所提及的，仅在20世纪80年代一段时间内南京的旧城拆迁采取的是“就地安置”的方式。自20世纪90年代起，无论是产权调换房，抑或拆迁安置房都不再提供“就地”居住或“回迁”的可能。因此，对于大多数旧城被拆迁居民而言，借助于政策手段所能获取的安置住房必然要求“动迁”，即搬离原有的生活空间。

此外，在“老城南”核心片区的旧城更新实践中，无论是产权调换房还是拆迁安置房都是与经济适用房这一概念密切相关的。进一步说，在“老城南”核心片区居民的动迁过程中，经济适用房成为承担其产权调换、拆迁安置的主体，也可以说这一阶段的经济适用房（保障性住房的一种）构成了旧城更新的政策工具。进入21世纪，南京市经济适用房的供给背景发生了较大的变化。首先表现在供应量的大幅度增长，如由2002年当年实际竣工7万平方米迅速上升到2003年实际竣工92万平方米。[①] 究其原因是从2003年开始，南京内城进入大规模城市更新与拆迁阶段。其中2003年南京拆除房屋面积179万平方米，拆迁居民2.4万户，加上集体土地拆迁，拆迁居民总户数达到4万户以上，成为历年之最。[②] 大规模的旧城拆迁带来的是被拆迁家庭对安置住房需求的剧增，在这样的背景下，经济适用房被用来承担城市被拆迁居民的住房安置功能。值得一提的是，南京市政府曾于2003年9月出台暂停低收入住房困难户经济适用房供应的相关办法，经济适用房仅用于保障城市被拆迁家庭，而申购中低价商品房的前提条件也必须是原有住房面临拆迁。由此，经济适用房很大程度上构成了拆迁安置房的来源。

因此，虽然经济适用房、公租房和廉租房等都包含在保障性住房之内，但根据《南京市总体规划（2007—2020）》住房专题中的规定，保障性住房首要并多用于解决城市旧城改造与更新中的拆迁安置家庭。如

---

① 数据来源：《南京年鉴2003》《南京年鉴2004》。

② 数据来源：《南京年鉴2004》。

在2008年，南京21999套保障性住房中，有20094套用于安置旧城中的拆迁家庭，占比高达91.3%，[①] 直到2010年，随着旧城内部大规模拆迁项目的逐渐减少，这一比例才有所下降。而对于地方政府而言，保障性住房社区的建设，既能够满足安置大量旧城中下层拆迁家庭的需求，同时，这一种带有政策强制性的迁入方式也可以带动保障性住房所在地区（大多为欠开发地区）的发展，增加区域的人气，提升经济活力。但对于大量被拆迁居民而言，他们并非出于自身意愿（如购买商品房）而外迁，其住宅原本就位于旧城内部，而恰恰是由于拆迁安置政策的强制性、非“就地”性，以及将以经济适用房为主的保障性社区用于安置，他们不得不面临被迫迁移，并栖身于“被指定”的新空间之中。因此，可以说，保障性住房所构成的安置基地某种程度上成为政府顺利推动以人群置换为主要特征的旧城更新的政策工具。

三 边缘化与巨型化的安置基地

与商品化所遵循的市场逻辑不同，保障性住房在某种程度上带有福利性质，是由政府依据相关政策与法规，统一规划、统筹安排，提供给特定人群使用的公共物品。因而，地方政府成为保障性住房的单一供给方，虽然近年来也开始出现政府、开发商、国有企业合作的模式，但地方政府的主导地位一直未有改变。对于地方政府而言，在“属地化管理”和“锦标赛体制”的大背景下[②]，在城市保障性住房的选址上，压缩土地成本、提高土地财政收入等因素往往成为地方政府的重要考量因素，而缺乏将其视作政府本应提供的“集体消费品”。由此，正如相关研究指出的，在中央政府的指标压力之下，近年来中国各地政府大多于城市郊区地带划定基地、大规模建设保障性住房。北京、上海、南京、武汉等地的实践均为例证。如在南京，2014年至2015年间已建或在建的86个保障性住房项目中，绝大多数位于南京的绕城公路之外，即主城之外，空间区位郊区化与社区规模巨型化的特征也极为明显。个别城市甚至明确提出将保障性住房基地置于“废弃的工业用地和农田，以及

---

① 数据来源：南京市规划局。

② 于一凡、李继军：《保障性住房的双重边缘化陷阱》，《城市规划》2013年第6期。

洼地上、铁路旁等条件较差的区位”。[①] 因此，对于大量遭遇房屋拆迁的旧城居民而言，在拆迁安置政策的强制作用下，往往面临的是迁往空间布局呈现出“规模化[②]、集中化[③]、郊区化[④]”特征的，由保障性住房所构成的安置基地。

通过对本书的研究对象“老城南”核心片区南捕厅、门东、门西三个地区动迁安置居民的迁移路径的可视化分析可以看出，南湾营、岱山、银龙花园、丁家庄、汇景家园、景明佳园、白靛共七个经济适用房集中建设的保障性住房区域成为接纳“老城南”动迁安置居民的主要空间。而这七个集中安置基地正呈现出空间区位边缘化与空间规模巨型化两个方面的特征。

首先，空间区位边缘化。图5.1 描绘了“老城南”动迁安置居民的空间迁移轨迹。可以看出，这七个安置基地均位于城市外围，主要沿着绕城高速公路布局，位于距城市中心 10—15km 的空间圈层，与原有“老城南”的空间区位相比，明显处于城市边缘。另外，通过将南京市主要的文化设施、医疗设施和体育设施以及地铁交通现状与七个安置基地进行空间叠加分析，可以看出，公共服务设施主要集中在中心城区，城市边缘的公共服务设施供给严重不足（见图 5.2）。同时，由于安置基地也远离地铁站点，缺乏快速交通路线且线路单一，这不仅给较为依赖公共交通的动迁安置居民带来出行上的不便，同时也降低了使用其他公共服务设施的机会。此外，由于远离城市中心，动迁安置居民往往需要承担相对较高的通勤成本与时间成本，客观上降低了居民的生活质量。相较于中心城区公共交通站点 500 米覆盖率水平（95%），这无疑表明了一种空间权益的分配不均。如从南捕厅动迁到南湾营文康苑的 S 先生就说道：“搬过来之后呢，什么都得算。地铁最便宜也要 2 块吧。

---

① 李志刚、任艳敏、李丽：《保障房社区居民的日常生活实践研究——以广州金沙洲社区为例》，《建筑学报》2014 年第 2 期。

② 赵民、袁锦富等：《保障性住房@城市》，《城市规划》2012 年第 1 期。

③ 袁奇峰、马晓亚：《保障性住区的公共服务设施供给——以广州市为例》，《城市规划》2012 年第 2 期。

④ 宋伟轩：《大城市保障性住房空间布局的社会问题与治理途径》，《城市发展研究》2011 年第 8 期。

那我们天天上班肯定坐不起。所以，我就想啊，转公交，转 3 趟公交，也比公交再换乘地铁便宜是吧。你看着一趟好像就差个两三块钱。但是你想想，每天上下班来回两趟呢。一周要上五天班呢。我们一个月工资也就那么点，还不得各处都省省。”从门东三条营动迁至南湾营煦康苑的 L 女士则表示：“在这边就是生活质量，也说不上质量了，基本的安全都得不到保证。你看诊所好多都是私人的，乖乖，一个人看全科。你说哪个敢看。贵就更不用说了。像模像样的连锁超市也很少。我都是周末喊我女儿过来陪我去城市超市一起采购。紫燕百味鸡什么的连锁也没有。”

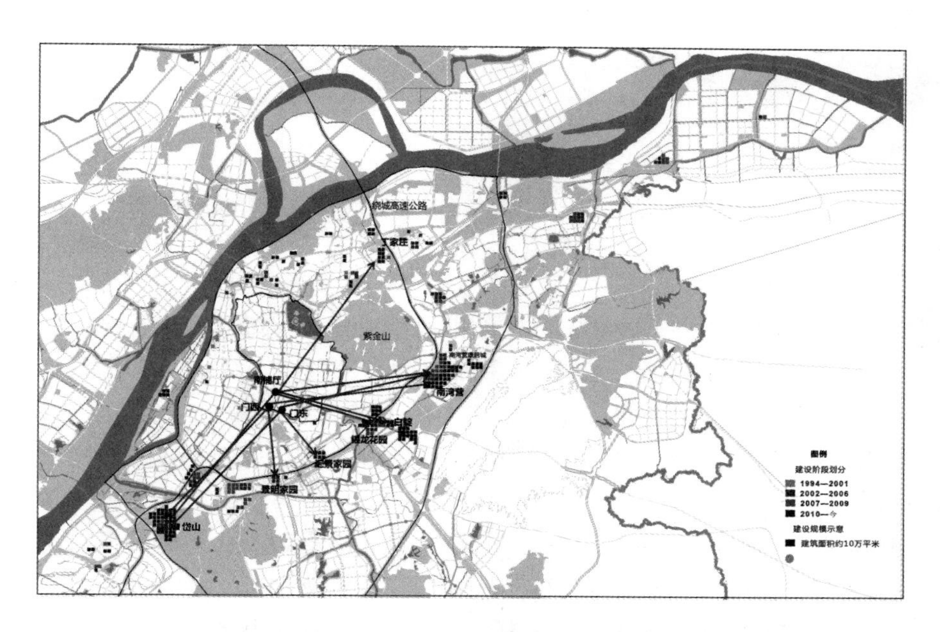

图 5.1　“老城南”核心片区动迁安置居民的迁移路径（作者自绘）

其次，空间规模巨型化。通过对“老城南”核心片区动迁群体的七大安置基地的社区规模和建筑面积看，这些安置基地已经呈现出规模巨型化的特征。在这七大安置基地中仅白鹭安置项目与汇景家园规模相对较小，建筑面积分别为 16 万平方米和 10.9 万平方米。其他五个安置基地的规模都相对较大，其中西善桥的岱山安置项目达到了 380 万平方

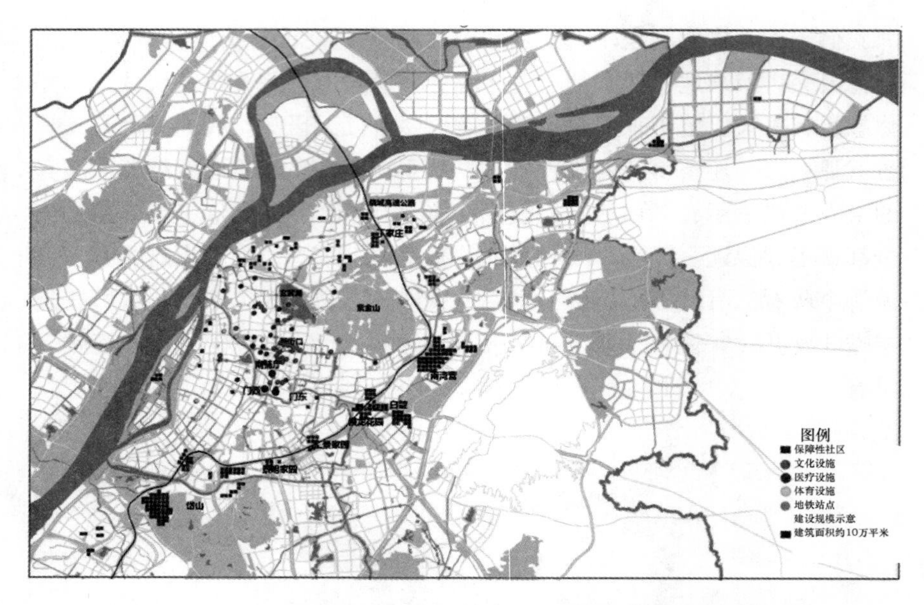

图 5.2　外围安置基地与公共服务设施和地铁站点的空间叠加分析
（图片来源：汪毅，2015）

米（见表 5.1）。由于这些安置基地都属于城市的保障性住房社区，而根据保障性住房的性质，能够获得保障房的人群绝大多数是城市的低收入、住房困难群体。同时，由于保障性社区大多位于城市的劣势区位，租金相对低廉，因此也吸引了其他支付租金能力较弱、对邻里环境要求不高的群体在社区内聚居。美国社会学家威尔逊（Wilson）曾提出“邻里效应”（Neighborhood Effects）的理论用以说明居住社区的特征对于居民行为与心理的影响，其核心议题在于“邻里的社会结构对居住在附近的人会产生何种影响”。他认为，贫困人群的聚居会带来具有“负功能”（dysfunctional）的社会规范、价值体系与行为方式的代际传递，使得社区贫困进一步加剧并带来诸多社会问题。[1] 后续研究者也进一步指出居住社区的差异不单单只包括社会分异的问题，还存在地理想象上的差异，即大量贫困邻里所面临的“污名化”。而居民往往由于被贴上了

① William J. Wilson, *The Truly Disadvantaged: The Inner City, the Underclass, and Public Policy*, Chicago: University of Chicago Press, 1987.

"穷人""危险群体""边缘人群"的标签而在人际交往与工作机会上都面临障碍。[①] 因此，社区规模的巨型化、保障性社区本身的居民属性必然带来城市弱势群体在空间上的高度集中，社区居民面临着社会空间固化的威胁以及由此诱发的关乎个人成长、家庭发展的问题。对于"老城南"核心片区的动迁居民而言，虽然原本就具有弱势群体的特征，但所处城市中心的区位依然赋予其与不同阶层人群交往的可能，并且原本的居住空间未呈现巨型化的特征。这一空间迁移路径为其带来的是与大量贫困、弱势群体的地域性集聚，构成了考量旧城更新所带来的社会空间效应的重要一维。原居住于门东、现搬迁安置于润康苑的 M 女士表示，"政府确实帮我们解决了住房问题。但是，你看看我们这里的整体环境。有本地的农民，还有来打工的，素质真的比不上城里面。政府一开始是愿意建保障房，在周边搞点配套。但是，我们这些人来了之后呢，这里就变成全是穷人了。都是穷人的地方有谁愿意来投钱、来发展呢。你看看南湖。当初说得多好听。现在也成了被遗忘的角落了吧"。

表 5.1　"老城南"核心片区动迁群体七大安置基地建设情况

编号	社区名称	建筑面积（万平方米）	空间位置
1	丁家庄	168	栖霞区
2	南湾营	105.78	栖霞区
3	白靛	16	玄武区
4	银龙花园	138.95	秦淮区
5	汇景家园	10.9	秦淮区
6	景明佳园	43.98	雨花区
7	西善桥岱山	380	雨花区

第二节　边缘化的社会空间——南湾营的实证研究

上文分析已经指出，"老城南"核心片区动迁居民的主要安置基地

① 于一凡、李继军：《保障性住房的双重边缘化陷阱》，《城市规划》2013 年第 6 期。

在总体层面上呈现出空间区位边缘化和空间规模巨型化的特征。为了更好地研究动迁居民被安置到城市边缘后的社会生活，本部分将以南湾营作为重点微观实证研究对象。之所以将南湾营作为重点研究和分析对象，是出于以下两个方面的原因。一方面，南湾营康居城承接了“老城南”核心片区共356户的动迁居民的安置。[①] 根据“老城南”核心片区动迁安置家庭的总体数据，在接受安置的七大保障性社区中，安置到南湾营的家庭占到了总数的18%。因此，将南湾营作为重点分析对象，能够很好地理解“老城南”核心片区的旧城更新如何生产出动迁安置居民的边缘化生活空间。另一方面，南湾营作为一个较大型的保障性社区，由于其建设历程相对较长，因此接纳了不同时间段陆续动迁至该区域的“老城南”动迁家庭，因此，可以从一个相对较长的时间脉络中考量“社会—空间”发展中的辩证关系，并将其与居民日常生活重建的具体历程相联结（这一部分的讨论具体见本章第三节）。

南湾营于2006年正式开工建设，是该时期南京市最大的保障性住房项目，项目总规划用地面积117公顷，总建筑面积106万平方米，隶属于南京栖霞区马群街道。由于整体项目规模较大，南湾营采用了分期建设模式，并由宁康苑社区、润康苑社区、文康苑社区、馨康苑社区四个社区组成，共计保障性住房9799套（见表5.2）。

表5.2　　南湾营保障性住房项目的具体情况

<table>
<tr><th colspan="2">社区</th><th>交付时间</th><th>多层数量</th><th>小高层数量</th><th>住房总计</th></tr>
<tr><td colspan="2">宁康苑社区</td><td>2007年</td><td>18</td><td>20</td><td>2504</td></tr>
<tr><td rowspan="2">润康苑社区</td><td>润康苑小区</td><td rowspan="2">2008年</td><td rowspan="2">31</td><td rowspan="2">16</td><td rowspan="2">3278</td></tr>
<tr><td>融康苑小区</td></tr>
<tr><td rowspan="2">文康苑社区</td><td>文康苑小区</td><td rowspan="2">2009年</td><td rowspan="2">25</td><td rowspan="2">16</td><td rowspan="2">2393</td></tr>
<tr><td>煦康苑小区</td></tr>
<tr><td colspan="2">馨康苑社区</td><td>2010年</td><td>9</td><td>13</td><td>1624</td></tr>
</table>

① 根据南捕厅、门东、门西已动迁安置家庭的总体数据整理所得，原始资料源自原白下区及秦淮区拆迁办。

一 制度安排下的弱势群体地域性集中

作为保障性住房社区，南湾营除去作为安置基地外，亦承担城市住房保障的功能。就前者而言，它不仅容纳了城市中心内城区域，如“老城南”核心片区的动迁安置群体，还需要安置其他区域的需要拆迁安置群体，如大量的农村被征地群体，也即“失地农民”。因此，与其他的安置基地一样，南湾营的群体构成较为复杂。而对于居民构成的理解构成了探寻其社会空间特征的首要维度。根据马群街道主任 F 女士的介绍，“从上次的普查来看，我们主要可以从常住户和出租户两个方面来看我们这里的居民构成。其中，普查户又分为以下几种。一是马群地区的征地农民。这类群体的比重还是较大的。他们都属于就地安置，而且一般都能分到两到三套房子。二是从主城区拆迁过来的，就包括你要调查的‘老城南’拆迁过来的。当然也还有玄武、鼓楼、下关的，基本上是主城各个区都有人过来。三是吃低保的，低保户。他们主要是通过申请经适房过来的，但是这类人群比较少。基本上集中在文康苑和馨康苑，每个社区最多也就十来户的样子。四是廉租房的，他们的房子虽然是租赁性质的，但是他们一般住进来就很少再搬出去的，住的时间也比较长，所以我们在普查时把他们也归在常住户一栏。出租户嘛，就比较复杂了。首先，拿了好几套房子的农民会拿出一套来出租，有的城里拆迁的没过来住，自己在城里租房子，就把这边房子也出租了。租的人主要是在这边打工的，外地来的，这边租金便宜、离他们上班地方也近。还有一些个体户、刚毕业的大学生之类的。人群比较杂，我们管理难度也比较大。特别是有些人把房子还租给搞传销的。之前有住户来投诉说楼上从早吵到晚，搞得不得安生，后来一查才知道是搞传销的。前段时间还被端掉了几个”。

同时，通过对社区居民的人口学特征进行分析，可以发现：首先，常住户呈现出了典型的老龄化特征，50 岁至 70 岁的中老年居民构成了常住户的主流，而出租户的年龄结构相对年轻；其次，常住户的受教育水平较低，小学及以下学历居民的比例达到了 24.2%，高中及以上学历居民占比不足 40%；最后，常住户居民中就业人口占比仅为 37%，其中无业老人的占比高达 16.79%。由此，可以说，南湾营内已经形成了制度安排下的弱势群体的地域性集中。南京大学张京祥教授课题组曾对银龙花园、百水芊城、尧林仙居、西善花苑共四个南京市的典型保障性住房社区进行了基本情况的调查，其结果指出，出于非就业状态的居民占比较高，就业状态仅为26.9%；98.6%的居民学历为大学以下，整体受教育水平低；更换过工作的居民占就业人数的79.3%，就业不稳定性较高；居民家庭人均收入不足1000元/月的居民占比近七成。其结论亦指出，安置性住房社区内已经形成了群体性贫困的集中。[①] 具体到拆迁安置于南湾营的“老城南”人，又呈现出以下特征：在具有完整数据的886人、356户家庭中，50—60岁的人口占有很大比例，而25—50岁的人口比例较低，这说明在这些“老城南人”中适龄就业人口相对较少；处于在职状态的居民占总人口数的28.10%。

从以上分析中不难看出，从“老城南”核心片区动迁安置至南湾营的居民大多具有弱势群体的特征，而前文所提及社区内的其他群体也同样具有弱势特征：失地农民虽然经由征地而获得了一套甚至多套住房，但“离土”使其丧失了谋生的方式，同时自身教育水平与技能状况也限制了其工作发展；廉租房与公共租赁房中住户的贫困特征不言而喻，大多依靠低保而生活；外来务工人员往往呈现较高的流动性，且由于无法支付更好区位的租金而选择在此居住，收入相对较低且文化素质普遍不高。由此可见，在南湾营这样一个边缘化与巨型化的安置基地中，在拆迁安置、住房保障等制度强制作用下，其居民群体呈现出普遍性的弱势特征，并形成了地域性的大规模集中。而正如前文述及的，这种贫困、弱势邻里的大规模集中往往会带来边缘化与弱势处境的进一步加剧。

二　高流动性下的社区解组特征的出现

根据物业管理人员S女士的介绍，“这里出租户还是挺多的。所以流动性也比较大。我们去收物业费就发现，欸，又换人住了啊。其实常住户挺不满意出租户这么多的。流动性太大了也让他们老觉得不安全”。

---

① 胡毅、张京祥：《中国城市住区更新的解读与重构——走向空间正义的空间生产》，中国建筑工业出版社2015年版，第106—118页。

从门西搬迁安置于煦康苑的Z女士也表示，“你看我们两头的房子都是大一点的户型，一般都是当地农民拿的。他们也不自己住，都是出租出去。之前还租给过搞传销的，把我们吵死了。传销的被赶走之后，现在又住了来打工的小年轻。估计住不了多久又要换人。以前在城里住的时候，你说家里缺个东西什么的跟邻居借借根本不是个事儿。在这里你敢啊，里面都不知道住的是什么人”。社区提供的数据也表明，在南湾营四个社区中，整体房屋出租率达到了47%，馨康苑甚至超过了一半，整体呈现出了较高流动性。较高的流动性实则降低社区内不同群体实现较稳定的、长期互动的机会，同时旧城动迁居民对流动人口的排斥与偏见也进一步降低了进行互动的可能。这不仅对社区管理带来了较大的挑战，不利于基于安全感的相互信任感的形成，更无法在有效互动中生长出为居民所共享的场所精神与价值规范。

在对城市社区进行研究时，美国芝加哥派学者曾提出社会解组（social disorganization）的概念。在这一概念下，一个结构稳定的社区需要具有：稳定的内部结构，即统一的规范与集体观念；紧密的邻里关系，即居民之间的熟悉度较高；一定的凝聚力与组织能力，即表现为较高频率的社区集体活动。肖（Shaw）和麦凯（Mckay）指出，一旦社区居民具有较低的社会经济地位（low economic status）、较大的种族隔离（ethnic heterogeneity）以及较强的居住流动性，那么整个社区的非正式的社会控制能力会降低，同时导致犯罪概率增加，而趋向于解组（social disorganization）。[①] 其中，较强的居民流动性意味着居民的迁入或者迁出较为频繁，由于互动不足居民之间会缺乏相互信任感，影响居民之间关系网络的形成，并导致非正式化社会控制的减弱。[②] 同时，国内外的大量研究亦指出，居住流动性和居住满意度之间呈现出负相关关系，社区的凝聚力依赖于一定的居住稳定性。从这一理论认知出发，南湾营

① 具体见 Clifford R. Shaw, Frederick F. Zorbaugh, *Delinquency Areas*, Chicago: University of Chicago Press, 1929. Clifford R. Shaw, Henry H. McKay, *Deliquency and Urban Areas*, Chicago: University of Chicago Press, 1969.

② Charis E. Kubrin, Hiromi Ishizawa, “Why Some Immigrant Neighborhoods Are Safer than Others: Divergent Findings from Los Angeles and Chicago”, *The ANNALS of the American Academy of Political and Social Science*, Vol. 641, Issue 1 (2012), pp. 148 – 173.

社区内居民的普遍性贫困特征以及高度的流动性，在某种程度上已表明社区出现了“解组”的特征，进一步影响社区归属感与认同感的建立。而社区集体效能、归属与认同感作为居民日常生活质量的重要组成，作为一种居民行为的“隐形”约束与规范准则，若难以建立，往往会造成不同居民之间的疏离状态，而带来社会心理的碎化。

三　污名化下的外部声誉与内部认同

正如前文提及的，贫困邻里往往会因贫困化而被贴上“危险”等歧视性的标签。在实地调研中也发现，外界对于南湾营的认知往往呈现出了偏见、歧视等污名化的现象。如在对外部群体的随机访谈中，“穷”“乡下”成为被提及的高频词汇，正如一位受访者所说，“南湾营就是穷人集中区啊，低保户、当地农民什么的，都不是什么有素质的人”。一位在附近高端楼盘内置业的居民则表示，“天哪，我去办户口，没想到居然被分到百水芊城社区了，我居然跟低保户一个社区”！笔者在调研完打车去地铁站，出租车司机也说道，“这里一般没车跑过来的，这里的人一般都不会打车，打不起车的，都是穷人啊农民什么的。你真是幸运，我今天正好有事到这边来的，要不然你估计等个半天都等不到车”。相关研究曾指出，随着住房市场的确立，“住房自有”成为大多数人的追求也被赋予了“常态”之应然内涵。由此，那些难以成为私房业主的居民，就会被他人（甚至自我）认定为“非常态”的“异类”。如佛利斯特和吴英的研究指出，公租房的租赁群体极易被视作与大众不同的“他者”，而当这种业权歧视与贫困特征、所处区位特征等负面因素相叠加时，这类群体的边缘性和弱势地位就会日趋明显；[①] 马赛等学者通过对美国费城等城市中的公租房的研究指出，这类社区常被贴上“贫困”的标签，而中产阶级则表现出不愿与其中居民交往的态度。[②] 由此出发，可以认为，在这样的污名化之下，正如受访者指出

① Ray Forrest, Ying Wu, "People Like Us? Public Rental Housing and Social Differentiation in Contemporary Hong Kong", *Journal of Social Policy*, Vol. 43, No. 1 (2013), pp. 135 – 151.

② Douglas S. Massey, Shawn M. Kanaiaupuni, "Public Housing and the Concentration of Poverty", *Social Science Quarterly*, Vol. 74, issue 1 (1993), pp. 109 – 122.

的，南湾营极有可能成为下一个“被遗忘的角落”。

相关研究亦指出，公租房内的居民实则亦成为再生产并强化这一污名化的力量之一。在外部负面评价的影响之下，他们会产生自我贬损的心理，将自己视作与社会主流群体格格不入的失败者，主动创造社会距离。[①] 现已动迁安置于馨康苑的 W 先生表示，“怎么说呢，就是产生了一种低人一等的感觉。原来住在城南的时候吧，还觉得自己是老南京人。现在搬到这边来，不相熟的人问起来都不好意思说，总觉得一说别人就会觉得我是穷人、乡下人。不过也不怪别人这么觉得，这边人确实素质比较差”。由此，南湾营所遭受的污名化实则也阻碍了动迁安置居民社区认同的形成——“逃离南湾营、重回老城南”也成为相当一部分被安置居民的某种愿望。原居住于门西、现安置于馨康苑的 P 女士说道，“要说回去，哪个都想回去，但凡有一点点可能，都要想着回去。现在就是混日子吧，混一天是一天。你看我提前退休了还好，我老公来了根本找不到工作，没办法，只能再回城里面找了份保安的工作。我看我女儿天天上下班辛苦得很，说是 8 小时工作制吧，早上 6 点多就出门了，晚上 8 点多才到家。我们外孙女马上也要上小学了，这边的小学能上么。我想想，不行的话，让他们年轻的到城里租房子住，带小孩上学，我们老两口就在这里待着吧。唉！总归有一线希望，我们都是想要回去的”。

第三节　边缘化的日常生活——重建的艰难

对于大多数“老城南”核心片区的居民而言，与旧城更新相伴的大规模动迁安置意味着生活空间的转移，是日常生活的全方位重建。根据对居民的跟踪调查，可以发现，在经历了迁居后因住房条件而改善的短暂喜悦后，其日常生活结构体系的重建面临着种种困难且日趋边缘化。

---

① Talja Blokland, “‘You Got to Remember you Live in Public Housing’: Place-Making in an American Housing Project”, *Housing Theory & Society*, Vol. 25, No. 1 (2008), pp. 31 – 46.

一　迁居之后的短暂喜悦：客观改善的住房条件

从对南湾营四个社区“老城南”核心片区动迁安置家庭的住房面积的数据分析可以发现，与原来居住在内城区的住房条件相比，在住房面积、房屋质量和房屋配套设施等方面都得到了较大的改善。在住房面积方面，具有完整数据的356户“老城南”家庭中，最小套型面积为40平方米，最大套型面积为105平方米。其中65平方米及以下的家庭共有108套，占总户数的30.3%；86—105平方米的家庭共有49套，占总套数的13.8%。通过以上数据可以看出，与更新前户均面积27.63m^2相比有了极大的改善。在访谈中，几乎全部的受访者都表示迁居后住房条件得到了改善，“比以前宽敞明亮多了”“质量也好多了”“房间多了，也有卫生间和厨房了”。原居住于门西、现动迁安置于文康苑的W女士就说：“住房条件比原来还是好了不少，你看我家房子都有两个房间了，刚搬进来的时候还是很高兴的，那时候就在想，再也不怕儿子带女朋友回来了，起码有个房间可以住啊”。原居住于南捕厅、现动迁安置于煦康苑的L先生也表示，“姑娘要面子，以前在南捕厅的房子挤得不行，没法办大事。搬到这边来，好歹像模像样，就把婚结掉了”。

然而，在经历了短暂的迁居喜悦之后，受访者更愿意讲述和倾诉其生活重建的艰辛与困难。在他们看来，搬到安置社区后生活重建的困难远超过了刚搬进来的喜悦，面临着日常生活的全面再生产。下文中将从社会网络、身份认同、公共服务以及就业状况四个方面来理解“老城南”核心片区动迁安置居民的日常生活如何在这一场浩浩荡荡的被迫迁移中被重建。

二　公共服务的严重缺失：空间剥夺感的产生

起源于社会学领域的“剥夺概念”被地理学者引入，建立了空间现象的差异性不公正与社会不公平现象之间的对应关系，并形成了解释空间分配不正义的“空间剥夺”（spatial deprivation）的概念。从这一概念出发，国外学者大多通过建立指标体系的方式来衡量空间剥夺是否存在以及存在的程度。其中，城市商业、医疗、教育和交通成为评价空间剥夺的最为重要的指标，[①] 由此通过阐释城市公共资源的可接近性，来衡量社会生活空间的健康程度[②]与城市社会公正公平性。地理学者的研究主要侧重于物质维度，包括生活区位、公共服务与资源、商业设施等，[③] 社会科学学者则进一步指出，资源空间与机会空间的剥夺往往会影响个体地域认同的建立，并进一步造成情感空间的剥夺。根据对“老城南”核心片区的动迁安置居民的访谈，虽然拆迁安置从客观上改善了其居住条件与社区环境，但是由于公共资源的可接近性与可靠性难以保证，空间剥夺现象普遍地存在着，并使得居民的生活成本出现了增加，具体包括以下几个方面。

在医疗服务上，由于原先受访者均居住于市区，对于市区医院的信任程度较高，而在南湾营周边仅有社区卫生中心和私人诊所，其中的医疗条件又让以前一直在市区医院就诊的居民感到不放心。同时，受访居民普遍反映由于周围缺乏值得信赖的大医院，他们现在依旧到城里就医，但是时间成本、人力成本都大大增加了。如原居住于南捕厅、现动迁安置于煦康苑的 W 女士表示，“看病也很不方便。你说我要看病啊，一个半天都不止。我要看专科，早晨去，最起码要下午 4 点才能到家，要排队啊，要拿药啊，要等车啊，反正你中午饭是别指望在家吃了。以前这地方就门口有个小门诊，现在是多了好几家私人诊所，但是你敢看啊，贵还贵得要死。而且，调到这边来，检查个身体要跑到仙林大学城，还不到时候不给你检查，七拖八拖的。以前我就直接在老白下医院检查了，多方便啊。这次搞到仙林大学城检查，一个人都不认得，检查得我一头恼火”；原居住于门东、现动迁安置于文康苑的 M 先生也认为，“我们老城南拆过来的都是穷人，也不是说像有钱人出门开个车分分钟就能到医院的。而且我们老年人也比较多，这里的医疗条件确实需

---

① 宋伟轩、陈培阳、徐昀：《内城区户籍贫困空间剥夺式重构研究——基于南京 10843 份拆迁安置数据》，《地理研究》2013 年第 8 期。

② Karen Witten, Daniel Exeter, Adrian Field, “The Quality of Urban Environments: Mapping Variation in Access to Community Resources”, *Urban Studies*, Vol. 40, No. 1 (2003), pp. 161 - 177.

③ 汪丽、李九泉：《西安城中村改造中流动人口的空间剥夺——基于网络文本的分析》，《地域研究与开发》2014 年第 4 期。

要改善。靠得近的医院都不靠谱，靠谱的医院都靠得不近”。

在教育服务上，“郊区的教育质量跟城里不好比”是安置居民的普遍认知。因此，他们往往采用不迁户口的方式，将户口留在老城区，从而使得自己的子女能够享有学区房的待遇，能够入读南京市第一中学等教育质量较好的学校。正如现已动迁安置于馨康苑的Z女士所说，“我们2010年就过来的，但是户口呢，确实不敢迁。主要也是考虑到第三代的教育问题。老城南那块毕竟都是什么一中啊、中华中学的学区房，教育质量也有保证。所以你看有小孩子其实都是最不愿意搬的，总归要为小孩的教育问题考虑”。不愿放弃由于生活空间重置导致失去享用市区福利资源的机会而将户籍留于原地实际也是安置居民的普遍做法，据文康苑社区的Y主任介绍，“从户籍上来说，目前，大多数的户籍都没有迁到我们小区，还保留在原来的城区，主要是为了享受城区的一些服务。没有迁户口的人，很大一部分考虑的是孩子的就学问题。因为我们这边毕竟是农村，学校都不太好，他们把户口留在城里，小孩就可以在城里上学。一般有小孩的家庭要么是城里还有房，要么就是在城里租套房子，或者是孩子住在城里的亲戚家，方便孩子上学，小孩就不住在这边了”。而这也可以视作动迁安置居民面对空间剥夺时的某种反抗与策略。

在生活服务上，居民最大的不满主要集中于：第一，正规的大型超市的数量不足；第二，菜场质量不能保证而且价格偏高；第三，银行服务的严重不足。与原先居住于“老城南”方便而丰富的日常生活服务相比，相对剥夺感尤为严重。如原居住于门东、现动迁安置于煦康苑的S女士说道，“你看看大超市就那几个，空间还很小，东西也不足，根本不像我们原来在城里苏果啊、大润发啊，东西全又多，从来不说什么会没有的。这里好不容易开了个大超市，回回去里面都是人，经常有东西缺货，架子上只有标签没有东西。其他小超市东西又不放心。菜场的菜也比城里贵，你想啊，菜运过来估计路费都不少，我有的时候只能趁着下班在城里买点菜带回来”。其丈夫L先生也说道，“前几年这里只有个紫金农商，大家都反映啊，太不方便了。好了，现在是有什么建行、工行了，但你知道啊，那就是个ATM机，没人来办公的，要办点业务什么的还是要往城里跑，时间、精力啊，来回路费啊”。

三　职住空间的分离错位:“本地人的地盘”

“空间失配假说”（the spatial mismatch hypothesis）最早是由美国学者肯（John Kain）在其重要论文《住房分异、黑人就业与大都市去中心化》一文提出的。该假说指出，居住在美国内城中的、缺乏职业技能的黑人之所以就业率低、收入低是因为他们没有途径接触到郊区的工作机会。[①] 因此，“空间失配”关注的居民居住空间和工作机会空间之间的不一致现象，及其带来的对居民个人发展的种种障碍，后期的研究也进一步深入至工作可达性、社会可接受性等具有“社会公平”内涵的议题之中。显而易见，旧城更新带来了动迁安置居民生活空间的骤然转换，必然将对其就业造成影响。既有研究已指明，在我国保障房建设的推进过程中，被保障对象的居住条件改善已是公认的事实，但是他们的工作就业仍然艰难。[②] 观之从老城南迁往南湾营的动迁安置居民，可以发现，这种社区空间区位的边缘化不仅使居民面临着公共资源的空间剥夺，也进一步影响到居民就业机会的获取，出现明显的空间非正义的特征。

通常而言，居民在迁居后面临两种选择：一是在迁入地重新寻找工作；二是忍受长距离通勤而维持原有工作不变。就前者而言，在实地调研中，居民纷纷表示“这里工作太难找了”。究其原因，主要有三重：首先，保障性社区所处的边缘化区位不能提供与动迁安置居民职业技能相匹配的工种。上文曾提及，“老城南人”大多工作于服务性行业，尤其是并不需要专业技能的零售业、餐饮服务业，正如相关学者所言，从事这类工作的群体，如果辞职就很难再就业，在择业和换工作方面存在诸多限制因素，具有典型的被动和排斥特征。[③] 并且，此类职业往往密集分布于生活性服务业发达的中心城区，而在大规模保障性社区集聚的

---

① Laurent Gobillon & Harris Selod & Yves Zenou, The Mechanisms of Spatial Mismatch, *Urban Studies*, Vol. 44, No. 12 (November 2007), pp. 2401 – 2427.

② 李梦玄、周义、胡培:《保障房社区居民居住—就业空间失配福利损失研究》,《城市发展研究》2013 年第 10 期。

③ 周素红、程璐萍、吴志东:《广州市保障性住房社区居民的居住—就业选择与空间匹配性》,《地理研究》2010 年第 10 期。

地带是较难寻觅的。因此，对于动迁后的“老城南人”而言，存在典型的就业空间与居住空间的错位。正如原本在城中从事餐饮服务工作的Q先生所说，“我一开始想着搬出来这么远就把工作辞掉了，想着到这边找一份工作。结果来了才发现，工作太难找了。你看看这边有适合我们的工作岗位吗？而且工资待遇也跟城里完全不接轨。你看我们小区保安的工资才1000块出头，而且一点也不规范，都不交养老保险的。他们不怕找不着人，我们这块外来打工的那么多。所以我没得办法，又回城里找了份保安工作，好歹2000块钱，还帮我交养老保险。所以就算来回上下班钱多一点，但好歹有份收入来源”。其次，与“老城南人”职业技能相匹配的工种已被较早嵌入本地的征地农民群体“捷足先登”了。如动迁安置于文康苑的T女士所说：“这里工作真的是不好找。我们来的时候，保安啊、物业啊都已经给他们本地人都占了，根本没有我们的份。说白了，这里就是本地人的地盘，他们农民的地盘”。文康苑社区的物业管理人员Z女士便是当地征地农民，她说道，“我们征地农民是第一批搬进来的，当时物业公司啊、保安啊、勤杂工啊都在招人，所以我们就先把这些工作岗位给占了。后来再有新的岗位，毕竟我们人已经那么多了，肯定也是优先考虑我们自己人的，毕竟都是关系。所以，确实，城里面迁过来的人在这边不好找工作。毕竟我们是本地人”。组织社会学的理论早已言明非正式的社会网络对于弱势群体获取就业机会的重要意义。由于针对本地征地农民，动迁安置政策采取的是整体搬迁模式，较之于分批、零散地从城内迁出的“老城南人”，其社会网络因动迁而遭受的影响较小，因而能够借助于社会网络的支持而获得工作机会。最后，除去社会网络的影响，动迁安置的“老城南人”群体所具有的老龄化特征以及较低的受教育程度也导致其在劳动力市场上并不具有优势，进一步限制了获取就业机会的可能。

因此，对于大多数动迁安置的“老城南人”而言，不得不忍受长距离的通勤、付出对其而言高昂的交通成本来维持原有的工作。如动迁安置于煦康苑的Z女士表示，“没办法，只能忍着，总归要有工作，混口饭吃，工作没了那就一分钱也没了。这里主要是远，上下班成本比较高。我儿子刚工作，他很远很远，他要2号线坐到底呢，往西到底，铁心桥那边，从城东到城西，你说远不远啊。我儿子上个班来回就16块钱，你看这里不通地铁，就得先坐2块钱公交到地铁，地铁坐到底要4块钱，下了地铁还有两站路，又要坐个公交才能到上班的地方呢，又要2块钱，这样一个月要500块钱花在来回路费上。我在宁海路上班，路上差不多要一个半小时，从这里坐车还要转地铁，不是增加我们成本嘛。我就只能一趟坐到底，然后骑个车子，我就直接把车子扔在城里头，这样一天还能省4块钱。我本身就是打零工的那种，1个月才1000多块钱。我爱人在迈皋桥那边，你说我们一家人上班，真的很不方便，但是也没有办法，城里面也买不起房子”。

四　社会网络的被迫断裂：萎缩与同质化

美国学者塞尼曾指出，“当人们被迫迁移时，生产系统解体，长期形成的居民社区和相关设施被拆散，邻里亲朋相互分离，提供日常生活互助的既成社会关系网络遭到了破坏”[①]。通过居民的实地访谈可以发现，作为非自愿性移民，从老城南向南湾营的迁移使其经历着原有社会网络断裂和现有社会网络重建困难的双重考验，具体包括以下几个方面。

一方面，旧城更新与被迫动迁解构了“老城南”核心片区居民原有基于地缘性、血缘性的社会网络。正如第五章所述，“老城南人”在城南地区长期的生活经历，使其形成了尤为紧密、能够提供互助与情感支撑的邻里网络结构。世代相交的情谊也使其社会网络显得更为稳定与有效。正如相关研究指出的，老人、穷人、有孩子的家庭主妇往往受自身能力和经济条件的限制，社会活动空间较小，更多地依赖于住地附近的社会联系。[②] 从“老城南人”的口述中，也不难发现原有的紧密型的社会关系网络对其日常生活维系的重要支持作用。然而，“老城南”核心片区旧城更新工程的启动则使其与居住空间紧密重合的邻里互动空间被打破，居民被分散安置于空间并不邻近的不同保障性社区之内，并且

---

① 迈克尔·M. 塞尼：《把人放在首位：投资项目社会分析》，王朝纲、张小利等译，中国计划出版社1998年版，第203页。

② 黄信敬：《社会网络特性对被拆迁居民行为的影响分析》，《北京行政学院学报》2005年第3期。

即便被安置于同一社区，由于保障性社区极为巨大的占地规模，居民往往也难以像过往般比邻而居。原有的社会关系网络由于居住空间的转换而被迫断裂。正如原居住于南捕厅、现动迁安置于文康苑的T先生所说，“原来我们都是一大家子住在一起，邻居什么也都是好几辈的交情了。给这么一拆，就搬到城市的四面八方去了。现在离得也比较远，偶尔打打电话，想要见个面还蛮不容易的。各个出门也都不是太方便。也有几户和我们是一起搬到这边来的，有时候在菜场里能看见个熟脸，打个招呼、聊上两句还是挺高兴的”。另一方面，通勤距离、通勤成本的上升都使得动迁安置后的“老城南”人难以维持与原有社会网络核心成员的互动频率。正如前文所指出的，在旧城更新之前，“老城南”核心片区的大量居民都是祖居于此，呈现出“一大家子”的居住特征，日常互动的频率相当之高。而被迫动迁则使得其社会网络中的成员被分散至城市不同地区，既使得原有的互动频率骤然下降，也使其需要为互动与交往支付相对较高的时间与经济成本，社会网络由此面临萎缩。动迁安置于宁康苑的S女士说道，“在拆迁之前我跟我姐她们都住在鸣羊街（门西地区）那边，虽然住的条件差点，但是还蛮方便的，我两个哥哥家就在我楼上。现在我搬出来，一个哥哥家在城里租房子，另一个被拆到岱山去了。我们兄妹三人真是彻底打散了。以前爬个楼就到，现在坐车不坐个一两个小时真是别想见上一面。花钱不谈，见个面光路上就要搭进去不少时间”。

另外，正如相关研究指出的，大型保障性社区内的居民邻里互动网络中存在“阶层化”的现象，即居民倾向于与具有同质性特征的居民进行互动，导致保障性社区内的邻里互动呈现出回迁房居民群体、经济适用房居民群体和廉租房群体三个阶层。① 这一点“老城南人”身上表现得更为明显，他们更乐意与有着同样动迁经历的内城外迁安置的群体进行互动，而将本地征地农民、出租户视作“格格不入”的群体，而“不屑于”与其互动。如现动迁安置于宁康苑的Y女士就说道，“我跟你说啊，我们这层基本都是从主城迁过来，素质都不错，接触接触也成

① 李欣怡、李志刚：《中国大城市保障性住房社区的“邻里互动”研究——以广州为例》，《华南师范大学学报》（自然科学版）2015年第2期。

了朋友。比如他家城里来人了，就会喊我们家一起去吃饭。我家城里来人了，也会喊他们来吃饭。不过我们也就只跟他们接触接触了，我们是绝对不会跟农民和出租户打交道的。我刚来的时候搞了两部电瓶车。全新的哦，一眨眼全被偷掉了。你说哪个偷的呢，现在我们家只敢放家门口”。物业管理人员 Y 女士也介绍道，“我们这边也有跳广场舞的。但说来奇怪，跳广场舞的基本都是拆迁的农民，主城过来的就算看到了也不跳。他们说，他们以前在城里都住在老城区，小街小巷的，根本没有地方跳广场舞啊，跳广场舞是农民的习惯”。因此，从某种程度上而言，“我们是城里人”的优越感限制了动迁安置的“老城南人”与异质群体进行互动的可能，而使其社交范围日趋狭隘化与同质化。

五　身份认同的建立困境：“想当年”与“我是谁”

在动迁安置居民看来，他们的动迁过程实为城里人“下乡”的过程。他们原先居住在老城南，也往往以“老城南”“老南京人”自居。然而，当动迁安置到南湾营后，在短暂地经历了“乔迁之喜”后，这种“大房子”“新房子”带来的喜悦感很快被心理上的落差感冲散，致使他们的言谈中充满了复杂的受挫、失落与挫败的感觉。可以发现，在身份认同上，动迁安置后的“老城南人”呈现出了矛盾性：一方面，通过与本地征地农民进行严格的社会边界划分，他们强调自己是“城里人”，而这样的“城里人”的身份确立却又是和“想当年”的回忆联系在一起的；另一方面，在与本地征地农民进行横向的物质资本比较时，他们又往往以“穷人”自居，再联系当下的空间区位时，又进一步自称为“乡下人”，展现出了日益模糊的身份认同中的矛盾性。

就前者而言，将自身与本地征地农民进行严格划分，确立“城里人”的身份是动迁安置后的“老城南人”获取群体身份认同的重要策略。通过表达对本地失地农民的种种不认同，“老城南人”有意识地构建了自身群体的边界，也在一种“优越感”中获得了对自身群体的认同。现动迁安置于宁康苑的 Y 女士就说道，“农民真的没素质哦，天天从楼上往下摔东西。不瞒你说，连大便都从楼上倒下来过。他们生活习惯就是这样的。以前在农村，可不都是随手扔东西嘛。而且他们分的房子又多，又不工作，你看看小区外面的麻将店，全是农民在里面赌。有的一下午就能把两套房子赌出去。你说说看，这种素质，我们还能跟他们打交道么。你说说我们城里的哪会这样子。我们原来在城里住得是紧张，但是家家户户不都也收拾得整整齐齐。城里来的就是素质好很多，看着就不像农民那么邋遢”。而这样的身份确认往往又是建立在“想当年”的基础之上的。正如文康苑的 C 女士所言：“你看我们是秦淮区的吧，我们跟鼓楼区的啊、玄武区的啊，都很融洽，想当年我们都是在主城住的人呀，只要一说是从主城拆迁过来的，大家都关系很好”。想当年相似的居住区位、想当年共同的拆迁经历，一方面使得动迁后的“老城南人”更倾向于与从主城动迁的群体交往，另一方面，这一“想当年”的背后，既有对自我的慰藉，也包含着一种“再也回不去”的失落。

就后者而言，动迁安置后的“老城南人”需要明确自身的坐标就不能避免与其他群体进行横向比较。在调研中可以发现，虽然一方面对本地征地农民极为“瞧不起”，但这一类群体往往又是“老城南人”提及最为频繁的参照群体。他们认为，“你说说看，还好笑啊，我们城里拆出来的现在比不上这里的农民。农民一拆都拆了好几套房子，都是大户型，天天不用工作的，一辈子吃喝玩乐都够了。我们反而倒变成穷人了，我们看不起他们，他们还更看不起我们呢”，“现在周围居民都是农民，跟他们沟通不起来。他们的想法和生活方式跟我们绝对不一样。他们讲话、他们思维跟我们绝对不一样。像我们思维比较开朗，他们都比较封闭一点。我们讲实话，这边 20 多栋房子，很多都是本地的拆迁农民占有的。这里的居委会主要是管他们这里的征地农民，我们反而都好像是外乡人了”。在这样的比较中，动迁安置后的“老城南人”往往又陷入了“外乡人”“穷人”的困惑中，不仅带来了对自身处境的挫败感，还进一步产生了对个体身份的迷茫。从他们的成长经历来看，他们是不折不扣的“城里人”，却在非自愿性的迁移中丧失了原有区位价值，更导致自身陷入了边缘化的处境。这些矛盾性与模糊性恰恰表明了动迁安置后“老城南人”关于“我是谁”的种种困惑。

第六章

空间生产的文化策略：空间消费与消费空间

文化是一种控制城市的强劲手段/策略。借助“回忆”及“影像”，文化这一手段策略将“某地域属于哪些人”的信息象征性地表达出来。

——沙朗·佐京①

纵观“老城南”核心片区近十年的旧城更新历程，从相对早期的建筑表皮仿真，到近几年的空间意象的整体仿真，地方文化一直与“老城南”的更新过程发生着种种交织，并以变幻的姿态参与到“老城南”的社会空间过程之中。作为典型的“传统民居型历史地段”，“老城南”核心片区既有城市文脉的物化表征——大量建于明清时期的穿堂式民居，也有风土人情的鲜活印记——云锦、绒花、白局等非物质文化遗产的发源，以及传统生活方式与生存状态。这些累积而成的原生态历史文化艺术价值获得了大众的集体文化认同，使得“老城南”与南京文化的发源地、南京本土文化的活化石画上了等号。经由近十年的旧城更新，再次出现在公众视野中的“老城南”核心片区，则是以“文化旅游区”作为整体功能定位，并成为秦淮区“全域旅游发展格局”中的重要支撑②。正

---

① Sharon Zukin, *The Cultures of Cities*, Cambridge: Blackwell, 1995, p. 1.

② 2016年7月13日，秦淮区在江苏省“全域旅游示范区”暨“旅游业改革创新先行区”创建工作推进会上作交流发言，提出：“十三五”期间，秦淮区将围绕“保护更新老城、开发建设新城”的总体格局，以全域旅游示范区创建为重要抓手，通过对一批重点文化旅游项目的建设，增强旅游发展核心竞争力，培育旅游发展新的增长极。其中，秦淮的老城将形成“一河一城三鼎足”的全域旅游格局，即以“V字形”的秦淮河为血脉，以“U字形”的明城墙为骨骼，以夫子庙、朝天宫和大报恩寺为三鼎足，以门东、门西和南捕厅为支撑。

如前文对“老城南”核心片区更新历程的梳理，可以说，以“专家上书”事件影响下的短暂搁置（2009—2011 年）为界，“老城南”核心片区的文化策略从建筑符号仿真、商业与地产主导的阶段进入空间整体仿真、文化旅游主导的阶段。

在北美和西欧城市，自 20 世纪 80 年代以来，在城市产业再结构与城市营销的发展诉求下，文化以旅游与消费形式所创造出来的象征经济已经成为政府与资本家对于地方经济与城市空间再发展的重要想象[①]，文化被大量用作城市更新计划的催化剂，并被视作挽救城市中心萧条及政府财政困境的最佳途径[②]。而在全球化的“去边界化”（debordering）作用下，这一被西方学者称作文化导向的城市更新计划经由政策转移逐渐为“后进”的发展中国家效仿，成为中西方城市在旧城空间再造中的普遍实践，旧城空间越发呈现出迪斯尼化的主题空间性质，在此过程中文化所具有的经济发展功用与生产要素价值被挖掘出来，“旧城”所特有的文化内涵成为地方政府进行空间治理并构筑新的增长点的重要工具与策略，地方文化从而构成了一种可以重塑空间意象、提振地方经济、营销城市品牌的策略或手段，成为全球化大环境下各大城市大力发展的文化经济（cultural economy）[③]。如在“老城南”核心片区的更新过程中，“地方文化→国际知名都市文化休闲旅游目的地→全区现代服务业发展”[④] 被表述成了一种因果关系链，也被诉诸如“经济搭台，文化唱戏”的制度性话语，在秦淮区“十三五”发展规划中，更进一步确定了“保护更新老城、开发建设新城”的总体格局（见图 6.1）。

然而，由于文化本身并不仅仅是商机或美学营销手法，还牵涉了社

---

① Sharon Zukin, *The Cultures of Cities*, Cambridge: Blackwell, 1995, p. 14.

② Darel E. Paul, “World Cities as Hegemonic Projects: The Politics of Global Imagineering in Montreal”, *Political Geography*, Vol. 23, issue 5 (2004), pp. 571 - 596.

③ Weiping Wu, “Cultural Strategies in Shanghai: Regenerating Cosmopolitanism in an Era of Globalization”, *Progress in Planning*, Vol. 61, No. 3 (2004), pp. 159 - 180.

④ “力争通过 3—5 年努力，将夫子庙—老城南打造成为本地人寻找乡愁记忆、外地人感受南京味道、外国人体验中国文化的国际知名都市文化休闲旅游目的地，努力在南京‘三都市三名城’建设方面发挥窗口作用，在旅游管理体制机制创新方面发挥示范作用，在促进全市旅游业发展上发挥领军作用，在提升全区现代服务业发展层级上发挥引导作用。”引自秦淮区（老城南）旅游管理体制综合改革工作情况汇报（2015 年 5 月 26 日）。

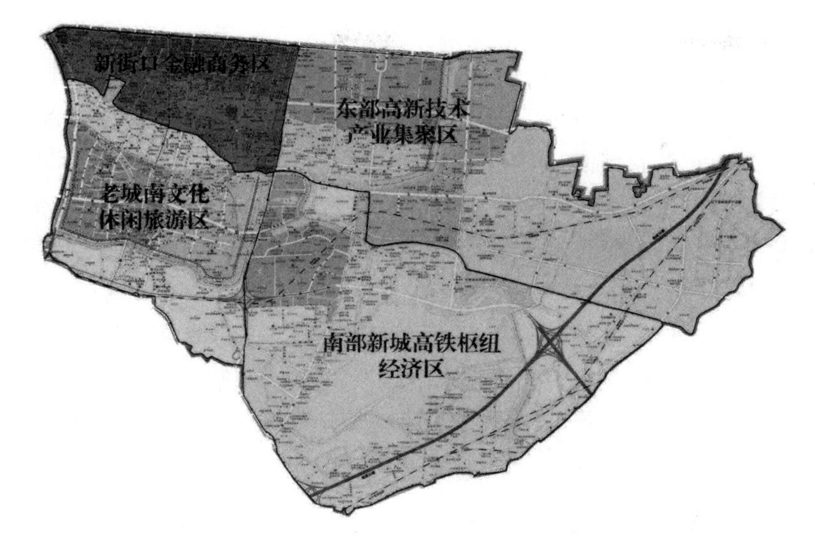

图 6.1　秦淮区功能板块（来源：秦淮微信公众号）

注：秦淮区在“十三五”规划中明确提出打造“老城南文化旅游区”，其功能定位为“国内一流、国际知名的文化休闲旅游中心”，重点产业为“发展休闲旅游、文化创意产业”。其中，门东、门西、南捕厅地区主要承担休闲旅游功能。

会群体的记忆、认同、意义和生活方式①，旧城更新的文化策略在塑造城市空间的同时，也蕴含着深刻的社会意义。在对都市文化研究中的中国问题进行反思时，包亚明曾指出，“问题的核心不在精英阶层成功地伸张了他们对于空间使用的要求，而在于精英阶层对空间的需求很少被质疑或拒绝，中国的城市正不断地因这批新使用者的要求而改变”②。西方的城市研究者也建议，“近期的研究重点应更深入与批判性地看待文化创意、城市更新政策与空间生产之间的相互关系”③。当“老城南”

① 王志弘等：《文化治理与空间政治》，台北：群学出版社 2011 年版，第 10 页。

② 包亚明：《城市空间的“新天地”缺少什么》，《社会科学报》2009 年 10 月 22 日。

③ 具体见 Bas van Heur, Creative Networks and the City, Bielefeld: Transcript-Verlag, 2010. Deborah Leslie, Shauna Brail, “The Productive Role of ‘Quality of Place’: A Case Study of Fashion Designers in Toronto”, *Environment and Planning A*, Vol. 43, No. 12 (2011), pp. 2900 – 2917. Sharon Zukin, *Naked City: the Death and Life of Authentic Urban Places*, New York: Oxford University Press, 2010.

核心片区摇身一变为“文化旅游区”并实现了大规模空间主体的置换与社会关系的重组时，我们也许需要沿着佐京“谁的城市？谁的文化？”的问题进一步发问：文化如何正当化为“老城南”核心片区旧城更新的策略？“老城南”核心片区在更新的过程中到底传承了谁的文化？其空间再现又延续了哪一个过去？已完成阶段性更新的“老城南”核心片区又支撑了怎样的社会关系的重组，其中指涉了怎样的空间政治意涵？在这些问题的指引下，本章试图深入剖析地方文化的基本要素如何被重塑、构建为“老城南”核心片区空间增长的策略，由此解构文化在旧城更新中的运作方式与逻辑脉络，并在此基础上反思这种特定文化面向的城市空间生产所蕴含的空间政治意义。

第一节　文化作为旧城更新的策略：“正当性”的表述

如前文所述，作为城市“历史地区”，在“老城南”核心片区的更新过程中，“文化保护”与“商业开发”一直是各方争论不休的问题，2006年和2009年的两次“专家”上书、国家领导的批示以及主流媒体的强势关注，都使得“保护老城南文化，保护老南京最后的根”成为社会各界对“老城南”旧城更新的核心诉求之一。在此过程中，“老城南”核心片区的更新也从早期的“以特色传统建筑为主体的商业步行街与高档住宅区”的具体实践，到目前的“以‘全面保护、应保尽保’为原则，以旅游、文化娱乐、居住、休闲、展示为主要功能”的规划思路。在此过程中，地方文化或是作为建筑表皮，或是作为空间意象，或是作为生产要素介入了更新过程之中，而构成了“老城南”旧城更新的主体策略。

根据文化政策学者托尼·本涅特的看法，文化本是具有自主性的中介场域，诸多专家与特定知识介于其中并将文化资源进行转换与组织，从而施加于社会之上。[①] 作为“老城南”旧城更新的主流策略，地方政府一直试图用“文化”整合各方利益主体，打破“保护”与“开发”的二元对立：自2013年起，地方政府就在各类出台的规划与文件中反复强调“彰显区域历史人文优势的积淀”“有机串联历史文化资源”，形成“国内一流、国际知名的文化休闲旅游中心”，“不仅要展现历史建筑、景观风貌，还将与发展旅游休闲、文化创意相结合”，由此使得“老城南”成为“老城保护与更新的样板和典范”“市民宜游宜业宜居的全景式城区”。由此，地方政府寄希望于文化策略可以一举打破历史文化保存与现代化开发之间的僵局，以一种极具正当性的城市发展主义面貌出现，使得“老街巷、老建筑、老居民所代表的老城南文化，与现代生活功能和谐共存”。

具体而言，地方政府在推动“老城南”更新过程中面临最大的“阻滞”来源于地方专家学者、主流媒体的“反对”意见，以及由此形成的公众舆论与上级部门的压力。在2006年至2009年的更新过程中，虽然“老城南文化”一直是用以宣传的重点，但在具体建设过程中以容积置换与房地产开发为导向，文化的策略性作用仅仅沦为“表皮”式、“镶牙”式的“包装”，不断遭受质疑。因此，在推动文化策略不断进行调整时，地方政府的核心目的在于打通地方文化所具有的公共物品属性与生产要素属性，联结“文化保护”与“文化经济”，寄希望于通过提出诸如“历史文化型城市休闲旅游区”的概念定位，实现文化保存、地方认同与城市发展、产业经济的共存，从而以文化为核心要素串联起多方利益，成为多赢的政策“解药”。

首先，对于地方专家学者、主流媒体而言，其核心诉求在于寻求城市历史文化遗产的合理保存方式。因此，在2009年“老城南”更新被“叫停”之后，地方政府开始提出对历史建筑、名人故居、传统街巷与非物质文化遗产实行“整体保护、有机更新、政府主导、慎用市场”的原则，2010年拟定的《南京老城南历史城区保护规划与城市设计》中则进一步提出“小规模”“逐院式”“全谱式”地保护整治各类、各

---

① Tony Bennett, “Putting Policy into Cultural Studies”, in G. Lawrence, C. Crossberg, & P. Treichler eds., *Cultural Studies*, London: Routledge, 2000, pp. 23 – 34.

时期历史文化资源的要求。根据媒体的报道，这一规划让原先对“老城南”更新持反对态度的“专家们连声叫好”[①]，也被长期致力于南京文化遗产保护的姚远博士称为“耳目一新的文保新政”。同时，进一步从多个维度阐释旧城更新非但不会磨灭“老城南”文化，反而会使得“老城南”文化生长出多重价值：在“文化保护”意义上，强调是延续历史文脉，传承传统文化，以及城市特色的“文化复兴”；在“产业发展”意义上，强调是“将文化内涵注入旅游产品中，以实现历史和现在、内涵和载体、文化和项目在老城南，实现文化旅游开发中的天然耦合”；在“区域提升”意义上，强调是“促进城市现代化建设与历史文化传统的有机衔接”的重要手段。[②] 由此，通过突出“老城南”更新中“整体保护”方式，并在其基础之上“发展文化经济”“打造文化 GDP”，使之与城市居民的生活福祉相联结，以此满足专家学者对“历史文化保护”的诉求。虽然，后续实践表明，部分原则并未得到真正的落实，但接连不断的“文化宣称”确实起到了调节社会舆论的效用。

其次，对于地方政府而言，其核心诉求则在于提升城市形象并以此推动城市发展，并获得社会公众的支持。由于近年来文化产业在中国被作为战略性新兴产业而予以扶持，文化经济也被赋予“绿色 GDP”“朝阳产业”的意象，因此，对于地方政府而言，通过文化策略创造性地挪用“老城南”的历史记忆、文化资产而创造文化产业价值就能够与发展“文化经济”、提振地方产业等积极内涵画上等号，为地方政府正当地获取文化经济创造了可供援引的合理性价值资源。2015 年 3 月，以门东、门西、熙南里、朝天宫等为主体的秦淮特色文化产业园正式挂上了“国家级文化产业试验园区”的铭牌，也许可以说明这一模式所产生的城市经济效益。另外，在全球化时代，文化策略是城市现代化不可或缺的动力，各大城市均积极地重建历史文化景点、创造休闲空间、举

---

① 《老城南新一轮规划出炉，“应保尽保”和“鼓励居民留守”成最大亮点》，《现代快报》2010 年 11 月 15 日。

② 具体见《南京市十七个旅游集聚区概念性规划：夫子庙—老城南历史文化休闲旅游街区》。

办艺术展览等盛事，以促进旅游业及增加本土市民消费。[①] 对于地方政府而言，将“老城南”的历史、文化商品化，营造一种浪漫化的“地方感”，不仅可以换取经济资本，还有助于全球化时代塑造城市品牌与形象，意味着一种“软实力”的提升——通过效仿世界先进城市，而将自身定义为“合乎潮流”的文化城市。因此，从长远来看，以文化策略来治理旧城空间，以传统建筑来形塑城市发展大计，无论对于城市经济增长还是政府形象打造都是大有裨益的。

最后，对于开发商而言，虽然“老城南”核心片区的开发主体是以政府为背景的开发公司，但是在不可回避的“政府企业化”背景之下，经济效益仍然是其核心诉求之一。在被“主题与象征”笼罩的全球化消费性资本市场中，依托文化策略而实现“老城南”的主题化更新，无疑能够构成维持资本循环与再生产的重要修补机制，成为满足资本盈利期待的有效工具。戈特迪纳在分析当代主题环境的兴起时曾指出，由于资本循环的危机日益从“生产面”扩张至“消费面”，主题与象征就成为吸引消费者、营销过剩商品的重要手段，[②] 而这一思路日渐渗透进城市空间的营造之中。因此，借由文化策略形成主题化的空间更新，不仅可以使资本介入“老城南”稀缺性的土地价值，获得土地价值倍增的经济效益，还能如哈维所言一般，利用文化、意义和美学而创造出独特性或差异性，来维系资本扩大再生产的需求[③]，即通过持续性的再开发而得以维持进入资本市场的竞争力。

同时，文化策略也可以满足日益增长的空间文化消费需求。在中产阶级构成强大消费力量的今天，“文化消费”已成为一种符合“潮流”的发展方向，将“老城南”核心片区转化为具有“格调”“品位”的文化消费空间有利于拓展城市消费的文化吸引力，满足各种基于文化而产

---

① Weiping Wu, “Cultutal Strategies in Shanghai: Regenrating Cosmopolitanism in an Era of Globalization”, *Progress in Palnning*, Vol. 61, No. 3 (2004), pp. 159 – 180.

② Mark Gottdiener, *The Theming of America: Dreams, Visions, and Commercial Spaces*, Boulder, C. O.: Westview Press, 1997.

③ David Harvey, *Spaces of Hope*, Edinburgh Berkeley, C. A.: Edinburgh University Press, 2000.

生的情结式消费，从而集聚市场经济下的自由资本[1]，实现旧城复兴。同时，“老城南”核心片区的开发商作为政府控股企业实践政府意志，联合政府推动文化更新是其必然选择，也同时为其经济资本积累提供了“文化”理由。

因此，对于参与到“老城南”核心片区旧城更新的不同主体而言，从文化角度组织关于“老城南”的话语表达与空间策略是最符合自身价值诉求的选择，文化开始成为一种策略性的工具。随着文化策略的形成，地方居民也开始以“保卫最后的老城南”来组织反对拆迁的话语：从“补偿太低，不愿搬迁”逐渐转向“没有老城南人，哪儿有老城南文化”。然而，伴随着文化策略成为旧城空间治理的正当化的策略，“老城南”核心片区的空间价值已然发生了变化：它的使用价值已变得不再重要，它不再作为日常生活空间而存在，而它的象征价值却越发凸显，意味着一个可以用文化力量去创造的“老城南”印象。

第二节　地方文化的空间再现：“空间的文化消费”

在对城市文化进行研究时，佐京曾指出，当一个地区的建设与发展在种种文化论述的持续包装下，相辅相成地构造出附加的“文化、艺术、历史”意义并虚拟出美感经验时，城市空间便由“功能性—需求主导”的发展原则变成了“象征性—消费主导”的都市发展原则。[2] 由此观之“老城南”核心片区的旧城空间重塑，就会发现特定的地方文化被选择、挪用、重组、拼贴而用于呈现特定的文化想象，其目的都在将“老城南”核心片区本身生产为一个具有文化特色的“空间消费品”。

---

① 张佳、华晨：《城市的文化符号及其资本化重组——对国内城市历史地区仿真更新的解析》，《马克思主义与现实》2014年第5期。

② Sharon Zukin, *The Cultures of Cities*, Cambridge: Blackwell, 1995, p. 141.

一　空间作为文化消费的对象

在新马克思主义学者看来，在当代社会，生产已由空间中的生产转为空间本身的生产，空间成为生产的对象。而作为空间生产体系的必然结果和逻辑延伸，城市空间成为消费对象在所难免。空间不仅仅只是作为消费活动的发生场所或背景，还作为一种“消费品”进入了消费序列之中。其实，从广义上而言，使用意义上的空间消费自古就有，但是，真正商品意义上的大众参与的“空间消费”主要始于“二战”之后，随着西方发达社会全面进入消费社会，消费已经取代生产成为社会生活的重心，生活中的一切都成为消费品，同时房地产也成为国家的支柱性产业，也为全社会范围内“空间消费品”的出现提供了基础。[①] 而消费社会的一大特点便是审美的泛化与符号的价值凸显。具体到城市空间这一消费品中：前者意味着伴随大量的时尚、设计与文化影像等元素涌进了消费场所和城市之中，城市的空间本身也构成了审美和进行美化的重要对象，因此，对空间进行各种装饰与包装，以满足现代人的审美需求就成为重要的手段；后者则说明提高空间作为一种消费品的商品价值必须为空间附加上更多和更受欢迎的符号意义，按照阿尔文·托勒夫的说法就是给空间添上更加丰富的“心理的原料”，[②] 由此空间的符号价值生产与消费便成为生产者关注的重点。[③] 由此，在消费社会的逻辑主导下，空间一方面本质性地成了一种可供人们消费的对象，即不仅仅存在“空间中的消费”，还包括“空间本身的消费”；另一方面消费社会中的审美取向与符号功能的凸显，使得必须“将地方转化为‘有文化’的景观来展示”，[④] 由此，在消费主义逻辑的主导下，旧城更新的

---

① 季松、段进：《空间的消费——消费文化事业下的城市发展新图景》，东南大学出版社2012年版，第293页。

② 阿尔文·托勒夫：《未来的冲击》，蔡伸章译，中信出版社2006年版，第120—121页。

③ 季松、段进：《空间的消费——消费文化事业下的城市发展新图景》，东南大学出版社2012年版，第301页。

④ Loretta Lees, Tom Slater, Elvin Wyly, *Gentrification*, New York: Routledge, 2008, p. 114.

本质在于创造一个为当今城市所需、迎合符号消费潮流的文化消费品，正如相关学者指出的，“现今城市要做到的，不单是成为文化、艺术的载体，而是要让城市本身也成为艺术品，即消费品”①。

伴随全球消费文化的影响以及经济水平的不断提高，一些学者提出，一场深远的消费革命也正在中国发生着，并将当下中国称作“不完全的消费社会”或“局部的消费社会”。其中一个重要的特征便是居民文化消费需求的高速增长，随着居民收入水平的普遍提高，日渐富裕起来的城乡居民已不仅仅满足于住房、服装、食品、家用电器和汽车等物质性商品消费，转而对文化和旅游等非物质性商品消费有了更多和更高的要求。② 如在南京，连续数年来社会消费品零售总额呈现不断上升的趋势，居民消费结构中衣与食的比例在下降，而娱乐文教消费则呈现增加的态势。可以说，作为中国国内经济相对发达的地区，南京已经呈现出了消费社会的某些特质，居民的生活方式开始呈现出文化消费的倾向。加之地方政府近年来力推文化产业作为南京的支柱性产业，更促使了大量资本流入文化经济部门。因此，对于“老城南”核心片区而言，在这样的社会背景之中，透过文化手段生产出新的空间，从而成为一个具有特定文化意涵与价值的“文化消费品”，进而构成城市空间文化经济的重要组成部分似乎成为一种必然。

二　地方文化的空间符号化：比“老城南”更“老城南”

在论及当代文化时，丹尼尔·贝尔曾经说过，“当代文化正在变成一种视觉文化，而不是一种印刷文化，这是千真万确的事实”③。视觉景观的呈现在获致林奇所谓的城市“可意象性”成了必要条件。因此，为了盈造具有视觉冲击力的时代感，“老城南”核心片区在更新过程的第一步便是对各种地方文化符号进行提取，并对传统民居、街巷格局、历史场景等进行系统仿真，由此首先在门面上形成明清盛景的往日情

① 郭恩慈：《东亚城市的空间生产：探索东京、上海、香港的城市文化》，台北：田园城市文化，2011 年，第 81 页。

② 谢涤湘、常江：《文化经济导向的城市更新：问题、模式与机制》，《昆明理工大学学报》（社会科学版）2015 年第 6 期。

③ 丹尼尔·贝尔：《资本主义的文化矛盾》，严蓓雯译，人民出版社 2010 年版。

调。这些被提取的符号既形成"明清"那段历史的在场要素，又模拟了传统的地方市井生活，将"老城南"不同历史时空的种种符号重新聚合进了同一空间之中，超越了真实的"真"，创造了一个鲍德里亚所谓的"超真实"的"仿真空间"。

1. 传统建筑的表皮仿真：历史的在场要素

对于"老城南"核心片区而言，作为明清时期的传统民居区，其特别之处在于是一类具有南京地方性的民居建筑流派，既不同于皖南徽派建筑的张扬，又不同于苏式建筑的书卷气，"青砖小瓦马头墙，回廊挂落花格窗"以及散布其间的古井、古树构成了极具辨识度的南京传统民居意象，也是最具有视觉冲击力的空间符号。因此，仿真这类民居建筑的公共界面表皮就成为文化策略的第一步。

在最早启动更新工程的熙南里街区内，由于仅仅保留少量的建筑构件与古井、古树，而大规模采取拆除后仿古重建的方式，遭受了广泛批评。作为对社会各界批评的吸纳与回应，地方政府调整了对原有建筑的更新方式，提出"建筑保护与政治分类措施"：对于尚未拆除的历史建筑，须在评估的基础上，"保护修缮文保单位建筑，整治改善一般传统建筑，保留改造与传统风貌协调的现代建筑，改造利用与传统风貌冲突的现代建筑"，其中，需要改造的建筑类型都被强调"应外观符合传统风貌的特征"；对于已经拆除的历史建筑，"有条件的应当择地重建，或者在原址立碑，保留和传递历史信息"。[①] 除此以外，地方政府还提出按传统工艺和构造修缮破损历史建筑、原则上进行原址保护的保护措施，并在2014年出台《南京市老城南历史城区传统建筑修缮技术图集》。由此，对历史建筑表皮的仿真构成了"老城南"核心片区的更新重点：在"传统风貌特征"的要求下，一方面通过传统建筑以及对建筑构件的保留来传达历史信息；另一方面通过仿真材料和工艺使得整治或新建的建筑也似乎回到最初建造的年代，从而形成历史的在场要素，

---

① 具体见《南京老城南历史城区保护规划与城市设计》。规划局、文物局等部门随后对"老城南"核心片区其余地块的传统建筑进行了评估，拟定了"历史建筑"名单，并在后续各个地块的保护规划、复兴规划里进一步"推荐历史建筑"，如在2013年1月出台的南捕厅评事街历史风貌区保护规划中，除去原先确定的67处保留建筑外，新推荐3处历史建筑；门东D4地块保护复兴及环境整治方案中也提出新推荐6处历史建筑。

力图还原一种原汁原味的历史体验。

首先，在传统建筑的修缮上，根据南京城南历史保护建设有限公司相关负责人员的介绍，“每个保留下来的老宅子在修缮前，我们都会请南大建筑系的专家进行测绘，尽量保证能用的材料都用上，恢复原真性，实在不能用的才会进行替补和翻修。有时候我们会在老宅子地底下发现文物或者有价值的材料，都会千方百计尽可能地用在老宅子里，让游客能够直观地感受到老宅子的历史价值、文化价值。只有实在不符合安全标准的老建筑才会拆掉。另外，为了保证原汁原味地呈现老城南的建筑风格，我们已经坚持了好几年从全国各地寻找、采购老的城砖和木料。比如为了修老门东，光老城砖我们就储存了近 50 万块。虽然现在这些老材料的寻找难度越来越高，但是我们还是不惜成本在寻找，就是为了修旧如旧，要让游客有一种历史的真实感”。除去凸显真实感，被保留的历史建筑也大多为三进深以上的大型民居，旧时多为达官贵人的住所，这样的建筑保留同时也保留了些许过往的繁华气息，极易让人们联想到当年富贵人家的显赫生活。其次，对于一些局部保留的传统建筑，也会采取一些特殊的方式加以“保护”，如加盖“玻璃防护罩”，涂抹墙体保护材料，使游客直观地感受到时光流转带来的“岁月质感”。再次，对于原先传统建筑上具有代表性的建筑细节（如门楣构建、廊檐构建），将之与旧有建筑材料进行重新装嵌组合。最后，先前被拆除的片区也被要求按照传统样式复建传统中式砖木结构建筑、马头墙，通过可以造旧的方式和保留建筑一起再现老城南“原”貌，营造传统建筑的“古旧”气氛。

通过保留、仿真这些作为传统南京民居的典型建筑语汇的各种历史符号，虽然“老城南”核心片区内的保留建筑仅占少数，但并不影响形成一种历史的“在场感”。在这样的符号抽取与拼贴的过程中，这些历史建筑的空间意义实则已被改写，其象征性意义早已膨胀超越其实际功能。

2. 空间肌理的整体仿真：“超传统”（hyper-tradition）的营造

除去仿真历史建筑的表皮，后期的更新过程中“保护与恢复传统街巷界面性格”的要求，试图进一步仿真整体空间肌理。如在门东、门西等已拆除地块，提出依据 1937 年地界图、1951 年地界图等鼎盛时期院落边界记录资料，按照原来传统的、真实的街巷进行建筑恢复，保留原有的空间尺度和记忆。在20世纪90年代末城市改造过程中被拓宽的箍桶巷和鸣羊街也被按照要求进行“瘦身”，如根据门东历史街区管理有限公司Z经理的介绍，“我们也针对这边原有的文化进行了专门的研究，从历史文化的角度出发试图还原老城南的风貌。比如，箍桶巷在前一轮城市建设中被拓宽到20多米，这是和原来不符的，所以，我们现在又重新‘瘦身’到了十二三米的样子，想要恢复它原本的面貌”。同时，修建后的街巷多以青石板、青砖铺地，以恰如其分的浓淡色彩烘托出传统的行路感受。

保留古井、古树的做法被延续下来并被进一步要求“结合保护，营造和恢复具有活力的小型开放空间”。在门东的箍桶巷示范段，即可看到由古井与石凳、竹椅等建筑家具所构成的公共空间，并被安放在恰当的空间点与时间点。据Z经理进一步介绍说，“保留古树、古井，也是为了让现代人能够感受到传统那种更贴近自然的生活，树下与井边纳纳凉，聊聊天。所以我们也都围绕古井古树设计了一些供休憩的空间，也是为了营造一种传统市井生活的悠闲的感觉”。这些古井、古树的保留，联合街巷格局与历史建筑仿真，共同塑造了一种反复被强调的时间点概念，由此形成了有关“过去”的痕迹密集拼贴，创造出一种比传统还传统的时空感受，直指“过去”的“老城南”。

3. 历史场景的强化仿真：传统生活的“断面化”复原

在通过提取特定的“老城南”文化元素形成物质空间的仿真后，在“老城南”核心片区的设计中还采取大量体验性的设计手法，旨在复原传统的历史场景、再现“消失”的历史记忆以形成整体场所氛围的营造。如在南捕厅的熙南里街区与门东的箍桶巷示范段都可见到相当数量的场景雕塑。如在门东的箍桶巷示范段，由北至南，分别设置了箍桶老汉、寄信小女孩、下象棋等8个反映老城南居民生活的系列铜铸雕塑小品。这些雕塑小品大多“断面化”地仿真了传统市井生活的某一具体场景，其目的在于激发人们的文化熟悉感，从而经由一种局部的熟悉感而形成整体的文化认同，唤醒人们对“老城南”似清晰、似模糊的空间记忆，形成“老城南味道”的意义链。同时，大幅的文化景观墙也意在还原剃头、爆米花等传统“老城南”市井生活的片段，在视觉上传达一种过去“老”生活、“旧”传统的感觉，使得在游客的“凝视”中能产生出大量与“历史”的情感联结（见图6.2）。

图6.2　“老门东”的各类情境式雕塑与文化景观墙

大量消失的“老地名”也在这一过程中被复原以唤起特定的历史记忆。如在门东箍桶巷示范段的入口处即以大型地雕展示历史上的“老城南”街巷格局与名称。除去这一集中展示的方式，还通过具体复建“老地名”、讲述“老地名”故事等方式强化历史场景的仿真。如在门东地区曾有一条街巷名为“五板桥”巷。这条街巷在门东的箍桶巷示范段内予以复原，并通过展板对其“前世今生”进行了介绍：“原为小运河南段的一座桥，用五块石板搭建，无栏杆，故名。此后小运河干涸。2010年，门东保护性建设中，于地下找到了原桥五块石板，遂以之新修一座小桥，并将小桥附近街巷取名五板桥。”同样地，在箍桶巷等其他街巷入口处也都可见类似的介绍展板。通过这些“老地名”的留存与再现，将具象的空间与“故事”形成了直接的投射关系，让人们在阅读这些“故事”时带入自己的想象与回忆，从而获得一种“真实”的体验。

在历史场景的仿真中，尤为值得一提的是位于门东地区箍桶巷示范段文化展示区的“老城南记忆馆”，这里通过陈列图片、实物，集场景复原、文化展示、互动体验于一体，被定位为“再现明朝旧都南京的市井情形”。“老城南记忆馆”的官方介绍中如此写道，“依托老城南记忆馆延续了老城南记忆的血脉，能在现代城市化中找到历史的痕迹，体现出人文景观”；“老城南记忆馆承担起保护美好记忆的责任，文物、道具、模型、声光电、多媒体把过去的美好时光揉作馆中温馨的场景。这场记忆在诉说：往事，并不如烟”（见图6.3），由此，“老城南记忆馆”意在呈现给游客一个由大量符号累积而成的“老城南”文化历史空间，由此将“老城南”过去的时态直观地呈现给游客，触发通过将空间、回忆与认同的联结。

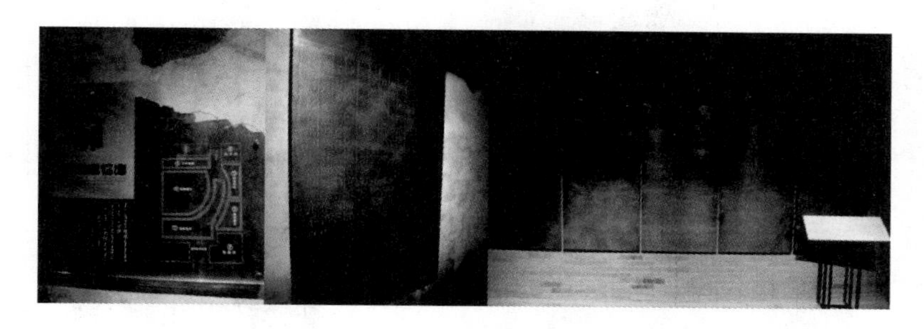

图6.3 “老城南记忆馆”里的官方介绍

在内部空间的设计上，根据老城南记忆馆讲解员的介绍，“老城南记忆馆”由“城南变迁、秦淮烟月、百业兴旺、民国烟云、火炉南京”共五个部分组成，其目的在于“展现金陵繁华、城南市井，将游客一下子拉回几百年前”；展出了大量诸如大花轿、老虎灶等“老物件”，意在“勾起儿时回忆”；声光电和雕塑呈现了“夏日法桐树下纳凉、在井里冰西瓜，正月十五闹花灯等生活场景”，场景的讲解也大多采用地道的南京话，其中部分还是“邀请南京白局艺人录音”；同时，设置了许多互动性的体验项目，如3D技术复原的《南都繁会图》，“包括109家商店及招幌匾牌，一千多个职业身份不同的人物，侍卫、纤夫、邮差、渔夫、商人等‘行走’在长卷上，再现了明朝南京老城南的繁华”（见图6.4、图6.5）。因此，在这里，原本鲜活的日常生活被赋予在每个场景之中，传统的民俗符号贯穿于每一个角落，在符号的盛宴中形塑了一个关于城南盛景的各种情景体验，构造了一个逻辑完整的“类迪斯尼空间”。

图 6.4　“老城南记忆馆”展出的各种“老物件”——传统生活的符号

图 6.5　“老城南记忆馆”里的各种“仿真”场景

由此，通过传统建筑的表皮仿真、空间肌理的整体仿真与历史场景的强化仿真，“老城南”核心片区首先将所谓的真实衰变为平面的系列，提取建筑表皮和外部空间的历史文化细节，并将其符号化，形成历史的在场要素；其次，再通过大量重复和堆叠文化符号，解构历史空间内的生活方式与日常实践，构筑具有象征性的空间尺度，剔除空间的使用价值；最后，通过场景仿真来形成整体历史文化氛围的系统性整合，[①] 创造历史的身临其境感，让到访者能够真正感受到这种历史性的存在，填补了由于真实对象缺场而形成的断裂感，也由此模糊了真实性与虚拟性之间的界限。由此，"老城南"的旧城空间在文化策略的作用下首先再现为了一种去脉络化的表层拼贴[②]，其地方文化被"空间符号化"了，旧城空间也成为一个由片段化的文化话语和文化叙事组织而来的"超真实"的"文化消费品"，象征性价值日益凸显。

三　场所感的群体分化：谁的"老城南"？谁的文化？

在密集的地方文化符号与建筑、空间符号的堆叠下，再次呈现在世人面前的"老城南"是一个被"去芜存菁"的空间化文化商品："大杂院"现实生活中的一切"不理想"元素被清除干净，取而代之的则是展现地方建筑文化的明清南京民居风格建筑群，以及展现日常生活温情的各类雕塑与布景。所有的空间符号意在指明，这里是一个展现"金陵文脉、老城记忆"，具有"城市文化客厅"与"特色旅游街区"功能的文化消费空间（见图6.6）。在居民生活空间向文化消费空间的转变之中，"老城南"核心片区也迎来大量的消费者与游客，成了消费空间、体验空间的重要群体。

由此，与"老城南"核心片区这一空间进行互动的群体就从原先的居民拓展为居民与消费者、游客两大群体。城市地理学家段义孚（Yi-Fu Tuan）曾经指出，"当人类的生存与活动参与其中时，空间就会成为场所"，由此，"场所"会带来心理上的感情，即"场所感"，是人

---

① 张佳、华晨：《城市的文化符号及其资本化重组——对国内城市历史地区仿真更新的解析》，《马克思主义与现实》2014 年第 5 期。

② 弗雷德里克·詹姆逊：《后现代主义与文化理论》，唐小兵译，陕西师范大学出版社 1987 年版，第 125—188 页。

图6.6 作为“文化消费品”的“老城南”（来源：《南京市十七个旅游集聚区概念性规划：夫子庙—老城南历史文化休闲旅游街区》）

在情感上与地方之间一种深切的联结[1]。因此，对于居住生活在“老城南”核心片区的居民，以及以空间消费介入“老城南”核心片区的游客与消费者而言，其具体的活动与实践都会使其产生关于“老城南”的场所感。通过实地访谈，可以发现，对于“老城南”核心片区已完成更新的“老门东”箍桶巷示范段、熙南里街区与胡家花园，“老城南”居民和游客群体体现出了截然不同的“场所感”。

1. 游客群体：公共空间中的集体怀旧

对于大多数游客而言，他们在“老城南”核心片区已更新区域所形成的“场所感”来源于一种公共空间的集体怀旧情绪，空间消费所激发的集体记忆，以及这一记忆与自身情感的联结，往往使他们大多认同“这里古色古香，很有味道”“让我想起小时候的生活”。而这在公共空间相对丰富的“老门东”箍桶巷表现得尤为突出：

访谈对象：Q女士年龄：30 职业：广告业 访谈地点：老门东街边亭台

> 我觉得这里给我感觉很舒服。比如我坐在这里，看看这些古老的建筑，就感觉一下子回到了过去的南京，想到过去那个时代的生活，有一种身临其境的感觉。像现在城市建设速度这么快，很多东

① Yi-Fu Tuan, Topophilia: A Study of Environmental Perception, New Jersey: Prentice-Hall, 1972.

西来不及记住就忘掉了，传统文化消逝的速度很快。在这里看到这些古色古香的建筑，还有青砖流水之类的，就会有一种想要缅怀过去的感觉，有一种历史感。

访谈对象：L先生　年龄：26　职业：传媒业　访谈地点：老门东小东园

这里很有古代风格，觉得挺吸引人的。不像夫子庙，全是各种服装店，一点文化风格都没有。比如那个老式电影院，看着就很有民国气息，有feel。还有那个“冒烟河”（指喷泉），就能营造一种人与自然的感觉，想到传统那种和大自然的亲密接触，能在脑海里出现很多画面。还有街巷，那首诗怎么说的，刘禹锡的乌衣巷，我感觉就是这样的吧。对了，那边还有个南京南古城墙图，也让人可以想象一下过去。

因此，对于游客而言，他们的场所感大多来源于空间符号所营造出的“历史感”，这些密集出现的空间符号通过选择性地诉诸某些虽远犹在的历史记忆，勾引出复古怀旧式的空间消费欲望，并在不断地“凝视”之中确立了游客的“场所感”。然而，大多数游客表示并不了解“老城南”文化，也往往存在相对模糊的空间认知，但对于他们而言，“就是有那么个念想”。

访谈对象：Q女士　年龄：19　职业：学生　访谈地点：老门东星巴克门前广场

“老城南”这个词我是听说过的，但是也不知道具体指什么。就是感觉这里挺有明清范儿、民国范儿，挺好看的，所以我们特地穿旗袍来拍拍照。看照片也还蛮有穿越的感觉，感觉一下子回到过去，挺带感，挺有意境。虽然逛巷子的时候觉得跟苏州、扬州有些地方很相像，一下子有种不知道哪儿的感觉。但是还是挺有味道的，以前觉得那些历史生活只能在电视上看到，现在有种生活在那个时代的感觉，特别是今天穿了旗袍……

访谈对象：L先生 年龄：52 职业：公务员 访谈地点：南捕厅熙南里

> 虽说我大学毕业就留在南京了，你要我说，我也真搞不清“老城南”文化到底是个什么。其实我觉得应该这么讲，这些建筑是真的还是假的并不重要，重要的是给人们一个念想。让人们看到能想到，噢，原来南京以前是这个样子，南京也不从来就是高楼大厦的。你看我，以前都是来吃饭，今天就是特地来转转感受一下，看看这些建筑，还有那边的古井什么的，就是满足满足心愿、满足满足怀旧的情结。年纪大了，就是想看看这些传统的东西，看到说，噢，南京喧嚣的城中心里还有这么一片安静，就行了。故事嘛，都是人讲出来的。

苏贾曾如此写道：“人们越来越多地把自己伪装进空间表象和模拟的环境中去，地点和场所想象代替了记忆、经验与历史。”[①] 对于“老城南”核心片区的游客而言，是不是一个原真的“老城南”并不重要，重要的是空间符号与空间氛围是否能够满足对过去的“念想”，是否能够安顿自己的怀旧心情。从这个角度而言，“老城南”核心片区的文化策略是成功的：传统江南民居的典型文化符号、小尺度街巷的行走感受、街边布置的休憩亭台……都旨在为消费者营造一种“传统地方”的场所感；而这也恰恰能够满足游客的怀旧需求，对于他们来说，这里是怀旧的、有念想的、有故事的。正如同相关学者对上海南京路的研究指出，“一个场所的好坏并非仅仅因为它是‘真的’还是‘假的’，是‘原真的’还是‘山寨的’，无论真假，人们都能从中得到乐子，或者说，亦真亦假也不一定损害人们对场所的经验”[②]。

---

① 爱德华·索亚：《后大都市：城市和区域的批判性研究》，上海教育出版社2006年版，第446页。

② Zhen Yang, Miao Xu, “Evolution, Public Use and Design of Central Pedestrian Districts in Large Chinese Cities: A Case Study of Nanjing Road, Shanghai”, *Urban Design International*, Vol. 14 (Summer 2009), pp. 84－98.

2. 老城南居民："老城南是那样的?"

对于大多数老城南居民而言，这里是作为日常居住与生活的"社区"而存在的，因此，他们对"老城南"文化的感知是与其日常生活的种种需求绑定在一起的，他们对地方文化的描述也大多朴素而平实，如有居民总结道，"'老城南'文化就是百姓文化、邻里文化、生活文化"，体现了老南京普通民众的传统生活方式，也与日常生活的各种功能性需求紧密地联系在了一起。因此，当问及对"老城南"已更新区域的看法时，受访的老城南居民纷纷表示，"哪个说老城南是那样的?"在对游客的访谈中，笔者也偶遇了两名曾在城南地区居住过数十年的原居民，谈及"回来看看"的感受时，这两位原居民表示，"居然改造成这种样子""真的老城南已经消亡了"。如现居住在门西凤游寺路的L女士说道，"你讲胡家花园啊? 那里原来里面住的都是人家，我们也经常过去玩。现在就是个旅游景点，还要收门票呢"! 现居住门东中营的C先生也表示，"我可以跟你说，熙南里、老门东绝对不能代表老城南。现在改造得是蛮漂亮的，但只是皮留下来了，关键皮有的是假的。你看德云社那个楼，老城南会有这么高的楼? 人没有了哪儿还有文化呢。我也去过其他古镇，比如西递宏村、周庄。人家都是原汁原味的，都是原住民住在里面的，有人脉在里面。你再看看现在的老门东，有老城南文化吗? 肯德基、麦当劳是老城南文化? 都是给旅行团看的"。

"回来看看"的S先生则说道，"我本来是想来看看过去小时候的地方，没想到改造成了这种样子。原来老城南遛鸟的、喝茶的到处都是，现在整个变成一条商业街了，跟夫子庙一个样。都是给外地人看的，我们老南京绝对不会去的，不信你问问，你见到的十个人里面有没有一个南京人。南京人来玩一次绝对不会有第二次。还有过去的房子每家每户都不一样，有富豪的大宅子，也有平民老百姓的小屋，现在全搞得一模一样，越来越没有感觉。……上海也有很好的弄堂，仿古不代表把一切都去掉，过去的景象都没了，我真是不满又惋惜。人都没了，留下来的又是什么呢?"

因此，对于"老城南"核心片区的居民或是曾在此有过数十年居住经历的"老南京人"而言，现阶段以文化作为"包装"的"老城南"

核心片区由于疏离了居民在日常生活中所累积的真实历史过程，而无法被他们所认同，更难以形成场所感。而这恰恰体现了普遍存在于旧城居民中的一种“被剥夺感”：作为自己“使用空间”的“老城南”核心片区已经日益变作游客的“文化消费品”。

3. 谁的老城南？谁的文化？

根据列斐伏尔的观点，空间再现涉及概念化、构想的空间，是由科学家、规划师和专家治国论者从事的空间，这种空间在任何社会中都占有统治地位，趋向于一种文字和符号的系统，是一种可以据此进行控制的工具。[①] 英国文化学者米歇尔（W. J. T. Mitchell）在阐释“景观”与“权力”的关系时也曾指出，应该将“景观”一词视为动词，而非名词，因为景观已经不再仅是一个消极、被动的被阅读的文本或客体的经验，而是一个社会中主体认同形构的过程。[②] 因此，在研究美国城市的更新实践时，佐京提出了“谁的文化？谁的城市？”的问题，以此探求城市空间中文化再现所涉及的权力关系。

从以上认知出发，或许我们可以理解当“老城南”核心片区摇身一变成为一种文化消费的对象时，为何游客群体和老城南人产生了不同的空间认知。在这一过程中，原有空间实践实则已消亡，由原先的“差异化空间”逐渐转化为打着文化标签的统治化空间，以文化为标签的消费主义空间在巧妙利用地方性元素满足游客群体的“怀旧”与“念想”时，实则正在瓦解和颠覆这社会生活的多样性和地方性文化传统。作为制度投入主导性的旧城更新，地方政府通过文化策略赋予了“老城南”核心片区以“明清文化”为主体的特定文化形象，并进一步通过规划、政策形成了“老城南”文化的制度性再建构。地方政策透过文化机制直接干预了“老城南”的空间生产——直面文化消费时代的需求而将“老城南”核心片区重构成了“文化消费品”。虽然大量的历史文化符号得以保留，但是“老城南”的空间已失去原本的意义，失去了作为旧时居住区的“真实”。正如同李（Y. S. Lee）和杨（B. S. A. Yeoh）指

① 洪醒汉：《现代化发展下西安都市策略的空间批判》，《（台湾）地理研究》2008 年第 48 期。

② W. J. T. Mitchell, *Lanscape and Power*, Chicago: University of Chicago Press, 1994.

出的，当代旧城更新往往依靠对怀旧情结的唤起，指向一种可以将地方带入一种期望中的“灵晕”（aura）的历史氛围；然而，现在这种将地方与过去联结起来的做法是被构建的，并被“净化”了，它包含着主动的“忘却”与“记起”。[①] 由此，在由政府主导的空间再现中，在将“老城南”核心片区塑造为一个文化消费品的过程中，游客的需求被“记起”了，而“老城南人”的生活实践却被“忘却”了，从而，对于游客而言，这里成了绝妙怀旧之所；而对于“老城南人”而言，这里却成了仿古建筑的集中地。

第三节　文化消费的空间植入：“空间中的文化消费”

上一节具体分析了“老城南”核心片区如何重组原有的历史文化符号与意象，以及这些符号与意象如何通过实质空间而得以落实。从这个层面而言，关于空间的视觉消费已经在这一过程中不断地被制造与生产出来，“老城南”的旧城空间也在这一过程中被纳入了城市消费空间的序列。随后，随着怀旧文化、全球消费时尚的注入，“老城南”核心片区进一步完成了向具有特定文化意涵与价值的“文化消费空间”的转型，并通过文化消费的符号性赋予了空间中社会关系的重组。

一　怀旧文化的消费体验：特色店铺的集聚

在秦淮区政府的规划中，“本地人寻找乡愁记忆、外地人感受南京味道、外国人体验中国文化”成为“夫子庙—老城南”在文化维度上的重要发展目标。因此，对“老城南”核心片区而言，激发集体记忆、形成怀旧体验就成为构造一种文化厚度以实现发展目标的重要方式。除去通过建筑空间、街巷空间中传统元素、旧元素的再现，创造一种浓烈

① Y. S. Lee, B. S. A. Yeoh, “Introduction: Globalisation and the Polictics of Forgetting”, *Urban Studies*, Vol. 41, No. 12 (2004), pp. 2295 – 2301.

的怀旧氛围，“老城南”核心片区还在具体业态中引入大量具有文化底蕴的特色商铺，由此为“空间中的消费”也赋予了一种强烈的文化体验，从而让消费者将这里与一般的商业消费场所区分开来，构建一种更具品位、更具格调的“文化消费”空间，如南捕厅四期示范区招商规划中所宣称的：“南京有太多消费商品和服务的场所，只有在这样的文化客厅中才能找到文化消费的品位生活”。南京门东历史街区管理有限公司的Z经理也介绍说，“作为一个历史街区，我们在招商上也是有所考虑的。比如说，引进了一些老字号，谢馥春、韩复兴等，也扶持了一些非物质文化继承人在街边设立摊点；在箍桶巷和剪子巷的交叉处，也做了一个南京传统小吃的片区，把蒋友记、鸡鸣汤包等老字号，还有蓝老大、司记豆腐脑这些传统南京美食都引进来。总体还是想要营造一种有历史的、有文化的、有地方特色的，能让消费者有文化认同、唤起传统记忆的消费空间。在进驻的商铺上也会偏向于一些比较有文化内涵、传统地方感觉的，像‘好一朵茉莉花’，品牌本身就是想把《好一朵茉莉花》这种民歌的文化风韵和传统糕饼相结合，也比较符合我们街区的整体消费的定位”。因此，对于“空间中的消费”，“老城南”核心片区意在营造一种文化体验与情感联结：将“格调”“品味”等消费意义写入街区，并在特色传统店铺营造的历史氛围中形成消费的文化情感暗示。而这些具有文化底蕴的特色商铺大体可分为以下三类。

第一类是各类“老字号”商铺，主要引进了小苏州、王殿祥、李顺昌、张小泉、吴良材、韩复兴、谢馥春等“老字号”品牌以及南京特色小吃的“老字号”。这些老字号品牌的引入为消费者消费创造了一种“亲近传统”的感觉，形成了一种记忆上的联结，如在“谢馥春”购买香粉的Z小姐说道，“小时候经常在我外婆的梳妆台上看到这个，她可是个很讲究的老太太。现在一闻这个味道，好像就想起了穿着旗袍、盘着头的外婆，感觉很亲切”；在传统小吃街吃着小馄饨的L先生说道，“我的怀旧就是吃的怀旧。虽然这个味道和小时候差了点，但吃的就是个感觉。吃着这个我也能想到小时候用柴火煮的小馄饨，也就是解一解乡愁”。第二类则是非物质文化遗产的特色商铺，这类商铺大多与具体的手工艺相结合，集展示与售卖于一体。对于消费者而言，这些大多与传统的百姓生活相联结，创造了一种真实的历史感，如在观看糖人制作的L先生说，“我感觉这个就是传统百姓生活中的智慧，能用糖做出这么精致的人物来，也让现在的孩子们看看，知道过去的不一定是不好的，过去手工艺其实很有智慧”。第三类则是诸如“金陵戏坊”“德云社”等传统演艺空间，直接代表了一种传统文化的消费，如刚在“金陵戏坊”听完戏的W小姐说道，“老艺术家真是声情并茂，唱念做打，功夫十分了得。而且里面的环境布置也有很多梨园脸谱的元素，这样的就餐环境，让人就感觉穿越到了过去的岁月，在茶馆戏院里才能看到的风景”。

厄里曾说过，“怀旧是现今时代的流行病”①。通过将老字号、非遗店铺和传统演艺空间的集聚，具有怀旧功能的文化消费空间得以在“老城南”核心片区中生产出来，并且，通过这些文化消费业态的引入，加之传统空间的具象营造，“老城南”核心片区就构成了关于记忆的符号性空间，在其中进行的文化消费也就带来了对历史、文化的一种切身体验，而满足了自身怀旧的情感诉求，正如一位受访者所说，“这些店铺在一般的商业区很难看到，传统手工的精巧往往是现在的机械化生产很难做到的，买一点这些传统的物件，感觉购买的并不是产品本身，而是购买了一种人文气息、一种历史情怀”。

二　全球时尚的元素拼贴：生活方式的隐喻

费瑟斯通的研究指出，生活方式这一词语现在已经被过度滥用。原本，这个词语在社会学中有严谨的定义，它通常被理解为某一社会群体某种独特的生活样态，但是，在消费社会中，这个词语的社会意义已经彻底改变。“（时尚）生活方式”往往被联想为个人主义、个人的表达或是富有风格的自觉意识的统称。进一步而言，时尚生活方式是指通过服饰、闲暇消遣、饮食上的选择，来反映个人的品味及风格。② 相关学者在对上海淮海路进行研究时指出，在大众传媒的大肆宣传下，“时尚有品位”的生活是富裕阶层的生活方式，而这种生活方式，是社会共同确认的阶级分层的象征。这套阶级分层隐含的象征意识形态，说明了必

① John Urry, *Mobilities*, London: Polity, 2007, p. 69.

② Mike Featherstone, *Consumer Culture and Postmodernism*, London: Sage, 1991.

须懂得欣赏艺术，或是参与文化消费才是最高尚的生活品味。① 因此，文化消费已在当代和特定阶层的生活方式画上了等号。

图 6.7　“老门东”和“熙南里”的各式咖啡馆（作者拍摄于 2016 年 5 月）

图 6.8　“老门东”JAKET 女装店入口处的广告宣传

注：该家店铺包括服饰、咖啡、书籍、文化活动、生态艺术等业态形式。

① Shahid Yusuf, Weiping Wu, “Pathway to a World City: Shanghai Rising in an Era of Globalisation”, *Urban Studies*, Vol. 39, No. 7 (2002), pp. 1213 – 1240.

以此观之“老城南”核心片区，除去创造怀旧消费的情感体验，将西方的消费文化渗入片区的日常活动中，创造出南京都市生活的多元性、包容性，成为与国际时尚接轨的重要媒介，也成为“老城南”核心片区在塑造文化消费空间时的重要考量。无论是在“老门东”还是“熙南里”都涌现出了相当数量的咖啡、酒吧、西餐厅，这些西方业态与仿古历史建筑的混搭，塑造出一种既保有本土化意识，又有全球化体验的独特文化想象，异国情调与地方传统的交织恰恰满足了“老城南”核心片区力图争取的“目标客群”的消费需求（见图 6.7）。如根据南京门东历史街区管理有限公司 Z 经理的介绍，“我们在招商时也会考虑到我们的客群定位，相对小资一点、有情调一点的，文艺青年、城市小白领、外国游客，有品位的、喜欢这种文化腔调的消费者。所以也不可能说我们是历史街区就完全排斥掉现代的东西，而只做传统的老字号。只是比如说像星巴克这些商业化的业态引进来之后，怎么样在空间设计、氛围营造上能够符合我们街区整体的文化定位，是我们着重需要努力的地方”。

而根据李斯等人的研究，这类群体大多热爱富有“艺术文化色彩”的消费，特别爱好以美感经验为主题设计的空间：新中产阶级的美学很容易就实体化为各式各样的空间（及在其中营业的行业）——除了老旧的建筑，最佳的例子便是画廊、时装店/特色旧衣店、特色餐厅、咖啡馆、设计精品店或特色酒店等，同时，将老旧的建筑物“活化”，即在老旧的建筑物中经营上述业态，更是全世界流行的做法（见图 6.8）。[①] 在“老门东”星巴克内喝咖啡的 D 小姐的讲述便印证了上述观点，“这里确实和一般的星巴克都不一样。我一开始没仔细看都没注意到是星巴克，就是个典型的徽派建筑，上面挂着牌子写了星巴克。你看这里面装修很有特点，非常有历史气息。我喜欢这种有特色的店。你看在这里喝个咖啡，看着外面的青石板，想着不远处是城墙，真是特别的文艺小清新，非常适合慢下来，很有腔调”。

这些咖啡文化、酒吧文化的导入，以及现代休闲文化消费（如以

---

① Loretta Lees, Tom Slater, Elvin Wyly, *Gentrification*, New York: Routledge, 2008, p. 114.

“厚朴堂”“臻品堂”为代表的spa养生服务，以“木玉轩”“石道轩”“东方珍宝坊”为代表的高端艺术品的售卖，以“上上禅品”“汉声书店”“天工锦合”为代表的文化创意产品的售卖）、服装定制服务、名人工作室的引入，加之以各类文化展馆，都是旨在创造一种极富文化内涵的，而又时尚且国际化的生活方式、生活品位、生活风格。正如根据老门东箍桶巷示范段某设计女装店的店长的介绍，“老门东在招商时就很明确客群，主要是有点文艺情调的白领群体、精英群体。比如我们店是一家设计师品牌，主推的就是限量销售的理念，基本每个款每个码就只有一件，在面料的选用上很讲究，主要还是面向对生活品质比较有要求的都市女性。同时，我们这里也设置了咖啡茶座，还举办一些家具设计的文化沙龙，因此，我们并不只是做成一个卖衣服的商店，而是有我们自己的品牌理念，让消费者可以在这里感受一种生活方式。老门东的招商团队就觉得我们的理念和老门东的风格比较协调，有文化内涵在里面，传递的也是一种生活态度”。由此，这些文化消费业态与叠加消费空间之上的文化特性，都昭示了一种为迎合精英阶层品味而设计的消费模式，其目的在于通过文化形式的消费活动来传递一种为城市精英阶层所偏好的生活方式，正如在“瓦库”中等待客户的Z先生所说，“其实来这里主要是消费一个环境，闹中取静，对于商务洽淡是个不错的选择。并且，整体氛围比较文艺，门口有小吊椅、木桌木椅，也非常适合朋友聊天，私密聚会。特别值得一提的是这里的洗手间，真是很少看到将洗手间做得这么整洁优雅，甚至还有些艺术感。我觉得这些小细节都很能把握住我们这类热爱时尚、追求生活品质的都市年轻人的需求”。在“花迹酒店”定下了每晚818元一间房的S小姐表示，“你看这个酒店是建在一座以前大户人家的大院里的，有一种追溯感，还有一种回归的感觉，的确很有格调。床上用品也全部是棉麻布，很有一种传统而自然的感觉。所有的一切就是传达一种闲时、随意、舒心的感觉，让忙碌的都市人可以慢下来，感受一下生活”。

同时，根据笔者对大众点评网上人均消费数据的统计，以上这些文化消费业态的人均消费不菲，早已不是平民百姓日常可接受的水准。如在“老门东”和“熙南里”内，“咖啡酒吧”类的人均消费水平达到97.7元，其中“芬尼根酒吧”人均消费高达192元；“正餐”类的人均消费则达到134元，其中“王品牛排”人均消费高达367元（见表6.1）。可以说，无论在文化消费业态的设置上，还是文化空间氛围的营造上，抑或是消费水平的设置上，这里都成为一个面向城市中产阶级、精英群体的“文化消费空间”。

表6.1　“老门东”与“熙南里”内“咖啡酒吧”与“正餐”类的人均消费水平①

<table>
<tr><th></th><th>正餐餐饮</th><th>人均费用（元）</th><th>咖啡酒吧</th><th>人均费用（元）</th></tr>
<tr><td rowspan="13">熙南里</td><td>御茶坊</td><td>188</td><td>The Fish Tank Café</td><td>42</td></tr>
<tr><td>城门里火锅店</td><td>119</td><td>芬尼根酒吧</td><td>192</td></tr>
<tr><td>金熙楼精菜馆</td><td>110</td><td rowspan="11">维多利亚港</td><td rowspan="11">54</td></tr>
<tr><td>江宴楼</td><td>199</td></tr>
<tr><td>瓦库</td><td>151</td></tr>
<tr><td>盐巴客</td><td>75</td></tr>
<tr><td>王品牛排</td><td>367</td></tr>
<tr><td>日式烤肉</td><td>108</td></tr>
<tr><td>听秋阁</td><td>246</td></tr>
<tr><td>熹园</td><td>136</td></tr>
<tr><td>蓉城印象</td><td>111</td></tr>
<tr><td>溜达刺身</td><td>95</td></tr>
<tr><td>阿英煲</td><td>64</td></tr>
<tr><td rowspan="4">老门东</td><td>问柳菜馆</td><td>119</td><td>马铃薯餐厅</td><td>85</td></tr>
<tr><td>诱色鱼</td><td>71</td><td>白鹭洲啤酒花园</td><td>122</td></tr>
<tr><td rowspan="2">吴记老锅底</td><td rowspan="2">106</td><td>南梦里音乐餐吧</td><td>91</td></tr>
<tr><td>AJ Bar</td><td>98</td></tr>
</table>

① 根据“大众点评网”上相关数据整理。

三　文化消费的身份区隔：“中产阶级的‘游乐场’”？

在各种消费主义符号注入“老城南”核心片区后，我们看到的是社会空间的重组，看到的是特定的消费活动将空间中的人群区隔开来。传统文化已经从世代居住于此的居民日常生活中退出，而成为构建空间幻境的底色。在外表上，留下地方的元素作为空间外壳，而在内里置换以休闲、娱乐、购物、文化、观光等多种功能，“老城南”核心片区成为面向游客、面向城市精英群体的文化消费空间。其本身所具有的历史文脉已经去脉络化而成为消费对象，历史文化元素已经成为营造特定文化想象的一种方式，地方记忆也已经成为构建精英生活方式的手段。再辅之以各类国际化文化业态的注入，“老城南”核心片区被纳入城市文化消费与空间经济体系之内，而成为特定人群生活方式的组成部分。

相关学者已指出，经过文化包装的城市空间往往成为“吸引 CEO 的观赏物”①，是吸引、取悦中产阶级的文化消费品。由于“高级的文化商品消费是中产阶级的兴趣”，“他们以此区别特殊的社会位置”②，因而当城市更新以创造文化经济为目标时，就必然以中产阶级品味为指向。李斯（Lees）则进一步描摹了西方社会这一伴随经济结构转型而新生的中产阶级，“他们大多是从事服务性行业的专业人士，如律师、建筑师、文化艺术界人士，或是管理阶层人士，他们普遍拥有高等教育水平，偏好‘炫耀性消费’及文化文艺性炫耀的、富有‘艺术文化色彩’的消费，文化消费、文化旅游、高档特色餐饮等构成他们的日常休闲活动”。③ 虽然我们并不能直接用西方中产阶级的特征来定义中国的中产阶级，但是国内学者的研究已指出，中国中产阶级在消费水平和消费行为偏好方面显示出明显的追求舒适、享受和有文化层次的生活方式的特

---

① Andy C. Pratt, “Creative Cities: Tensions Within and Between Social, Culture and Economic Development: A Critical Reading of the UK Experience”, *City, Culture and Society*, Vol. 1, issue 1 (2010), pp. 13 – 20.

② Sharon Zukin, *The Cultures of Cities*, Cambridge, M. A.: Blackwell, 1995.

③ Loretta Lees, Tom Slater, Elvin Wyly, *Gentrification*, New York: Routledge, 2008.

征，重视个性化与文化品味[①]。由此，从上文对“老城南”核心片区中文化消费的分析可以看出，这里有着明确的阶层指向性与消费区隔，似乎正在成为一个“‘中产阶级’的游乐场”[②]。

① 虽然我们不能直接将“老城南”中反对拆除的公共知识分子与西方的“新中产阶级”画上等号，但是国内的相关研究已经指明，20世纪最后20年中国经济的迅猛发展，以及1978年后的社会转型带来了中国中产阶级的出现和成长。他们教育水平在正规大学及以上，大多是管理和技术行业的专业人士、企业家、私营企业主和公务员，并且他们形成具有超前意识的现代消费观念，如消费注重个性化和文化品位，更为重视教育、旅游和文化方面的消费支出等。因此，从这些重要特征上来说，我们至少可以认为中国的中产阶级在消费特征上与西方的新中产阶级具有某些类似之处。具体见李春玲《中国中产阶级的消费水平和消费方式》，《广东社会科学》2011年第4期；周晓虹《中产阶级：何以可能与何以可为?》，《江苏社会科学》2002年第6期；周晓虹《中国中产阶层调查》，社会科学文献出版社2005年版。

② Neil Smith & Peter Williams, *Gentrification of the City*, Boston, M. A.: Allen & Unwin, 1986, pp. 31 – 32.

第七章

认知与讨论

旧城更新作为当下中国城市普遍的政策实践，被认为是快速城市化进程中的城市经济升级、再生与复兴的重要手段。实际上，旧城更新不仅带来了空间形态的更新改造、空间功能的升级替换，更为重要的是，它更带来了空间主体的更替、社会关系的重组以及社会生活的变迁。本书重点关注了“老城南”核心片区的旧城更新，试图从一个相对较长的时间段来理解和研究其社会空间的变迁过程、变迁方式与变迁机制。本书以“社会空间”为主要研究视角，试图解释旧城更新所带来的社会空间变迁，关注旧城的社会空间如何被转换、居民的生活空间如何被生产，并深入剖析现阶段旧城更新所涉及的社会空间生产的文化策略。由此，通过一个相对较长的时间段内的“老城南”核心片区的社会空间演变，来把握旧城更新所形塑的空间生产的缘起、历程、表征形式、社会结果等问题。

第一节　基本认知

一　旧城更新涉及了“中心”与“边缘”的双重社会空间变迁

包含历史地区在内的旧城更新成为中国城市内部社会空间变迁的重要推动力之一。而在传统城市中心地区（旧城）进行大规模的更新改造、在郊区等城市边缘地区建设保障性社区来安置旧城被迫动迁居民已成为中国城市经由政策设计而实现的空间实践。通过对南京“老城南”核心片区，即南捕厅、门东、门西三个历史地区旧城更新的实证研究，可以发现，旧城更新的确在很大程度上改变了旧城衰败地区的空间面貌、环境质量以及配套设施。然而，与这种物质空间的更新改善相伴随的是空间主体的更迭、场所文化的消解以及空间功能的重置。从更深层次上来说，这些社会空间转换与变迁的背后是城市社会空间的分异和极化。在旧城地区，作为传统民居集聚地的旧城邻里社区在旧城更新的作用下走向解体，取而代之的是以文化休闲、商业商务、都市旅游为主的城市功能区。而在人群置换和社会关系重组方面，原本长期生活于此的“老居民”却在旧城更新的浪潮中，不得不动迁到城市边缘的动迁安置社区（保障性社区）内。而在现有的保障性社区的制度性安排下，大量的城市低收入群体集中于此，巨型的城市边缘贫困空间开始显现。由此，旧城更新实则涉及了“中心”与“边缘”的双重社会空间变迁，其最为显著的特征即为“旧城绅士化”与“边缘贫困化”。

在“老城南”核心片区，社会空间变迁过程集中表现为“传统的旧城邻里社区”转换为“以文化旅游经济为主导的城市增长空间”。其社会空间转换与变迁主要包括四个方面的内容。首先，空间主体的侵入与接替。在“老城南”的旧城更新中，既存在城市高端收入群体对旧城贫困原有居住空间的侵入与占有，也包括外来游客、商业经营者、城市消费者等更加多样的人群的进入。而与此同时，“老城南”核心片区的原居民则面临被迫迁离的命运。其次，场所文化的消解与重构。经由旧城更新，“老城南”核心片区的场所文化从“市井平民文化”日趋朝向“精英消费文化”而发展，建立在居民日常互动以及邻里交往基础之上的生活文化被商业旅游、高端居住、文化体验等消费文化而取代。再次，空间功能的重置与转换。“老城南”核心片区由一个以居民居住功能为主的“居民聚居区”演变为一个以经济增长功能为主的“文化旅游区”。更具有“GDP 竞争力”的城市功能取代了“原住民”的居住功能，以文化旅游为主的高端服务功能进入了南京的旧城地区，“老城南”的空间交换价值渐次替代使用价值。最后，空间形态的更新与再造。“老城南”核心片区从一个官方话语体系中的“危旧房片区”转换为“代表城市形象与文化特色”的“文化新地标”，再现原本区域中具有代表性的“地方特色文化”成为空间形态更新的重点。需要指出的是，在由以上四个维度共构的变迁过程中，“差异与不平等的空间模式”[①] 显著存在，旧城更新政策并没有消退前一阶段由于住房制度改革导致的住房不平等，补足地方政府的集体消费欠债，反而使得住房不平等进一步延续和放大。其重要表现在一部分“老城南”原居民由于住房面积小以及家庭经济收入状况差等多方面的原因，所获得的拆迁补偿款不足以在同等区位购买一套住房而继续在旧城内生活，因此就不得不接受地方政府具有强制性、政治性的制度安排，被迫动迁并栖身于城市边缘地带。

进一步而言，对于“老城南”核心片区的原居民而言，通过拆迁或征收等名义这些居民被迫搬离原居住地，再经由安置政策的作用迁入新居住地。通过相关数据分析，本书指出，“老城南”核心片区的居民大多属于经济水平低、处于社会底层的城市贫困家庭，他们缺乏足够的经济能力来通过住房市场实现自由择居，而不得不接受政府拆迁安置的政策安排。在这一过程中，一方面，从表面上来看，这似乎是因为“老城南”核心片区原居民的经济能力有限而无法购得同等区位的新住房。然而，原居民并非自愿进入房地产市场并发生购房行为而迁离，房价与自身经济能力对于居民留住原地的限制仅仅是个表象。其背后实质的政治过程是，地方政府为了获取旧城空间所潜在的区位价值、资本价值与积极的社会形象，借由政策杠杆和宏观规划的强制性效用，将“老城南”的原居民从地租高端区域安排到了地租末梢区域。“老城南”核心片区旧城社会空间得以按照地方政府的意志而实现转换依赖于这一大规模的居民动迁。另一方面，对于动迁居民的安置不以就地安置和回迁为取向，构成了居民“被迫”动迁并进入安置性住房社区的制度设计。由此，这一场浩浩荡荡的旧城更新实则带来了“中心”即“老城南”旧城地区以及“边缘”即“老城南人”在边缘性安置社区内边缘化生活空间的生产。唯有认识到这一点，将“中心”与“边缘”的双重生

① 保罗·诺克斯和史蒂芬·平奇曾经指出：“在经济和政治占主导的社会分层中处于底层和边缘的群体，无论在逻辑上还是现实经验上都会产生‘差异与不平等的空间模式’，因此社会极化作用的主旋律是不可避免的。”详参保罗·诺克斯、史蒂文·平奇《城市社会地理学导论》，柴彦威、张景秋译，商务印书馆 2005 年版。

产视作旧城更新所带来的空间生产的完整过程，才能破除“旧城更新就等于城市发展”的话语迷思，理解现阶段旧城更新所带来的社会矛盾之根源所在。

二　旧城居民在旧城更新过程中遭遇了边缘化生活空间的生产

本书对南京旧城更新的时空脉络与阶段演变的梳理中曾指出，20世纪90年代以前，南京对旧城内居住区的更新或是采用修缮维护，或是采用“拆一建多”的方式，居民可以通过原地回搬或原地安置的方式保有原先的区位价值与空间权益。然而，20世纪90年代中期以来，在城市土地价值确立、市场经济体制深化的背景下，南京的旧城更新无论在规模上还是强度上都有所增加。旧城更新的范围也逐渐从旧城中心的棚户区、工业用地逐渐扩散至大面积的危旧房片区。这些地区大多是高密度的人口居住区，居民也大多为经济资本相对匮乏的中低阶层，旧城更新开始进入依赖于大规模拆除重建、居民全部外迁、异地安置或货币补偿的阶段。2000年以来，城南地区开始成为南京旧城更新的重点区域，继续延续用地置换的模式。在这一模式的作用下，无论是房屋拆迁还是近年来房屋征收的官方用语，其对于“老城南”核心片区的原居民而言，意味着的是生活空间的急速转移，是日常生活的全方位重建。根据本书对“老城南”核心片区动迁安置居民的跟踪调查，可以发现，在缺乏迁居主动权的情况下，在地方政府相对激进地快速实现旧城社会空间重构的过程中，这一迁移的社会地理学表现为“被生产的”边缘化生活空间，动迁安置实则已对居民产生了结构性的影响并构成城市社会空间变迁的重要一维。其边缘化特征主要表现在以下三个方面：

其一，从“中心”城区被迫迁往位于郊区的安置基地，面临空间区位的“边缘化”。根据南京市的总体规划，拆迁安置住房大规模（占比高达95%）存在于位于城郊的保障性社区中。而由于缺乏进入房地产市场自主选择的经济能力，“老城南”核心片区的原居民被人为地迁往并集中于位于南京城市边缘的南湾营、岱山、银龙花园、丁家庄、汇景家园、景明佳园、白龍共七个经济适用房集中建设的保障性住房区域，丧失了原先身处“老城南”的优质区位条件。其二，通过对“老城南”原居民的重点安置基地——南湾营保障性社区的实证研究可以发现，动迁安置居民、失地农民、廉租房与经适房群体以及具有高流动性的租户群体等具有普遍性弱势特征的群体在这一位于城市边缘的大型保障性住房社区内的大规模集中，实则形塑了具有边缘化特征的社会空间，并整体呈现出一种孤岛化的发展状态。其三，旧城更新启动以前，大量“老城南”核心片区居民享有着步行可达的繁华商业、便利的公共交通系统、良好的教育和医疗条件；而经历了旧城更新带来的动迁安置后，居民附着于原先居住空间之上的空间权益被剥夺，而面临着公共服务的严重缺失、职住空间的分离错位的问题，生活与就业成本都出现了增加。同时，正如卢森堡指出的，空间甚至可表现为人的心理效应而成为心理空间，[①] 迁居后“老城南”居民亦遭遇着社会网络的萎缩与同质化、身份认同的建立困境。由此，被迫迁居使得“老城南”动迁安置居民既面临着物质空间的边缘化，又面临着弱势群体地域性大规模集中的社会空间的边缘化，还经历着主体意识的崩塌、文化认同的解构、生活结构体系重建的困难且日趋边缘化。

三　旧城更新的文化策略从客观上带来了旧城的经济复兴

哈维在论及西方旧城的文化更新时曾提出“垄断地租”的概念，他认为，“文化”“美学”被都市政府策略性地挪用、构建“垄断地租”以发展出城市象征经济，维持自身在竞争经济中的垄断差距，其中又以最能宣称其特殊性与本真性的历史建构之文化产物和特殊的文化环境，是最具垄断性的“集体象征资本”，[②] 因此，在当代城市的发展语境中，文化、美学可以用于创造城市的差异性与独特性，从而带来刺激消费、扩大再生产。张鸿雁提出的“城市文化资本”也具有相近的内涵，他指出，城市自身历史的物质文化遗存、流芳千古的人物及精神价值，以及城市自身创造的一系列文化象征与文化符号等，都具有鲜明的资本属性和资本意义，可以转化为城市的政治、经济、文化和社会效益，并形

① 吴宁：《卢森堡资本积累的空间理论及其得失》，《社会科学管理与评论》2006 年第 3 期。

② David Harvey, “The Art of Rent: Globalization, Monopoly and the Commodification of Culture”, in Leo Panitch, Colin Leys eds., *Socialist Register 2002: A World of Contradictions*, New York: Monthly Review Press, 2002, pp. 93 – 110.

成新的城市经济资本、社会资本和文化资本，形成新产业发展资源、旅游经济资源和整体发展资源。[①] 以此观之在“老城南”核心片区的更新历程中，文化策略的导入实则的将其所具有的文化资源进行资本化运作并带来哈维所谓的“垄断地租”的象征经济价值：通过特有的历史特征、场所感，以现代旅游业、商贸业、文化产业导入新的功能来克服原先“老城南”地区的形象老旧、功能落后。

“老城南”的文化更新在旅游市场上获得的成功毋庸置疑：如“老门东”自开街以来，日均流量数万，2015 年国庆期间曾创下 5 万人次的高客流，其市场欢迎程度可见一斑。这对于以旅游产业作为主导产业的秦淮区而言，无疑是旅游经济价值的又一空间极点。进入 2016 年以来，秦淮区又提出以“老城南”为核心创建国家全域旅游示范区，在 2016 年 7 月出台的南京市“十三五”文化创意产业发展“1 + 1 + 1”政策体系中，将“老城南”定位为“秦淮老城南历史文化传承创新功能区”，提出“打造成融国家级文化产业示范园区、国家级 5A 级景区、全国文化金融合作实验区于一体的示范功能区”，以“传承地域历史文脉，体验都市休闲文化，促进文化旅游消费，打造南京城市名片”作为主导功能，并将发展目标定为“功能区到 2020 年实现营业收入超过 500 亿元，增加值超过 70 亿元”。由此，通过将本身所具有的江南文化资源进行资本化运作，形成不同的旅游与文化消费品，从旧城经济复兴的角度而言确实具有积极的意义：首先，推动了南京城市产业结构的转型升级，第三产业的发展也将带动城市就业；其次，通过导入新的业态，从原先几乎没有经济产出的城市聚居区变成了城市新型的文化休闲消费区，对于刺激城市消费有着重要的意义；最后，“老城南”核心片区的物质环境得到了全面更新，过往的颓败、落后的空间景象被修葺一新的街区建筑所替代，成为城市中心极具怀旧气息的标志性景观。因此，从城市物质形态的角度而言，旧城社会空间的“文化化”与“消费化”对于城市形象、城市经济都有着正面的意义。

---

① 张鸿雁：《城市形象与“城市文化资本”论——从经营城市、行销城市到“城市文化资本”运作》，《南京社会科学》2002 年第 12 期。

四　地方文化成为空间生产的策略性工具，隐喻着社会空间的绅士化过程

近年来，南京的旧城更新渐由旧城中心与旧城内原工业用地转移至旧城内的传统民居区等历史地区。同时，与其他中国城市相类似，南京的旧城更新则将进一步面临全球化时代塑造区域品牌的压力，因此，旧城（尤其是旧城历史地区）所具有的文化、象征、符号等无形资产开始在更新过程中受到重视，如何对这些资产资源进行重新再利用，转化为城市品牌的要素之一，并塑造城市文化经济成为这一时期南京旧城更新的新特点。这与西方在20世纪末出现的以“迪斯尼化”为特征的文化导向的旧城更新模式有所类似。西方的城市研究者近年来大多强调以批判性的视角看待文化创意、城市更新政策与空间生产之间的相互关系。本书也将这一视角引入对旧城更新所带来的社会空间变迁的研究并指出，在“老城南”核心片区的旧城更新过程中，当地方文化被制度性地建构为一种空间生产的策略工具时，其反映的是特定群体对空间、文化的特定需求，而解构了其本身所具有的公共属性，意味着与居民日常生活的疏离，隐喻着社会空间的绅士化进程。而这主要是通过地方文化的空间再现与文化消费的空间植入而完成的。

就前者而言，在“老城南”核心片区的旧城空间重塑中，特定的地方文化被选择、挪用、重组、拼贴而用于呈现特定的文化想象，其目的都在将“老城南”核心片区本身生产为一个为当今城市所需的、迎合符号消费潮流的、具有文化特色的“空间消费品”。就后者而言，通过对特色店铺的打造、全球化文化休闲业态的引入，各种消费主义符号得以注入“老城南”核心片区，使其作为一种文化消费对象而被纳入城市文化消费与空间经济体系之内，成为特定人群生活方式的组成部分。客观上，通过传统建筑、景观的现代再现，这里为消费者提供了一个怀旧与体验“老城南”的空间，也使得南京旧城的风貌焕然一新，构筑了文化旅游经济新的增长点。然而，这种面向精英文化、消费文化、时尚文化的文化更新方式却可能带来驱贫引富的空间区隔化效应。高端消费业态的导入、周围地价的上涨却使得这里越发倾向于成为城市新富阶层、城市精英群体的聚居地，成为他们的生活空间。而“老城南”居民却因为经济能力的不足，被排斥在这一空间之外，使得其身份

地位的失衡感与文化认同的危机感越发强烈，其主体经验在这一空间“文化化”与“消费化”的过程中被剥离，其与地方的联结也因此而被断开。这一隐藏于空间内部的差异性与冲突性，实则指涉着空间生产的不平等，以及在这一过程中原居民主体地位被高度压缩、社会空间日益趋向绅士化的事实。

同时，本书指出，为旧城更新赋予“文化”名义实则已构成地方政府的一种政策“解药”。地方政府寄希望于文化策略可以一举打破历史文化保存与现代化开发之间的僵局，通过文化策略创造性地挪用“老城南”的历史记忆、文化资产而创造文化产业价值就能够与发展“文化经济”、提振地方产业等积极内涵画上等号，为地方政府正当地获取文化经济创造了可供援引的合理性价值资源，从而以一种极具正当性的城市发展主义面貌出现，使得“老街巷、老建筑、老居民所代表的老城南文化，与现代生活功能和谐共存”。然而，伴随着文化成为旧城空间治理的正当化的策略，实则意味着空间所具有的面向日常生活的使用价值的剥离以及空间所具有的象征价值与交换价值的压倒性“胜利”。

第二节 进一步的讨论

一 旧城更新价值取向的反思：根除贫困抑或迁移贫困？

从产生根源来看，旧城更新最早源于改善中心城区的物质空间问题，清除贫民窟，改善居民的住房条件、基础设施等。以南京为例，20世纪90年代之前的南京旧城改造，无论在规模上还是强度上都相对有限，其目的也大多在于解决旧城服务功能的不足，尤其是解决多年累积下来的城市住房问题与基础设施问题。从卡斯特尔的观点出发，住宅、城市基础设施等都是城市提供的集体消费品之一。在中华人民共和国成立初期至20世纪90年代，南京的旧城改造所具有的空间意义即是满足城市集体消费的需求，无论是棚户区的修缮、道路改造与建设，还是以“解困”为目的的旧城拆建，其核心都在于解决长久以来战争动乱以及错误的城市政策所带来的城市集体消费的“历史债务”。

而进入20世纪90年代，南京的旧城更新政策的价值取向出现了根本性的转换：“旧城更新”就此开始蜕变为以“旧城再开发”的本质与模式进行运作，从单一地应对旧城空间功能的不足转变为具有振兴经济价值的强势城市发展议题。随着地方政府角色在土地制度改革以及分税制的影响下发生变化，刺激地方经济发展就成为南京地方政府的首要诉求。与此同时，在多种制度改革的叠加影响下，尤其是土地资源的市场机制建立后，南京的旧城更新则从对特定城市空间再发展的关注转为促使资本加速对旧城土地的投资，旧城更新的政策也明显地转型为城市经济成长服务的手段，旧城更新政策更明确地指向为将资本引导至旧城中进行投资以达到提振经济的效果。以高楼大厦代替矮旧民居、以商业用地置换工业用地，南京旧城开启了高容积率、高强度的更新开发模式。由此，南京的旧城更新虽然依旧有实体空间的创造，但是一个抽象的资本空间业已通过追求经济成长的政策导向而得以塑造，而成为城市经济战略不可或缺的组成部分和重要考量。在此转向之下，社会关系的空间再生产也得以达成。当南京的旧城逐渐为高档的商业消费中心、商务休闲场所、封闭住宅小区和别具风情的文化街区所占据时，大量旧城的原居民则面临被迫拆迁至城郊地带的命运。这是因为，在土地投标租金曲线下，单中心结构的南京旧城其土地的稀缺性决定了其必须被置换为资本投资的空间极点，而更新的旧城区域则进一步带动了房价的上扬，已非旧城原居民的经济能力所能承担。由此，这一居住社会地理的改变更进一步反映了南京的旧城更新再不仅仅是满足城市居民需求的功能“补足”与“民生工程”，而是指向持续创造经济价值与城市发展价值的“空间生产”。

可以看出，在这样的价值转换下，旧城更新的价值源头已经发生了偏离，原有的“根除贫困”被“城市中心的复兴”所取代。需要强调的是这种“城市中心的复兴”并没有将“社区的复兴”囊括在其“复兴”框架内，可以说，20 世纪 90 年代以来的旧城更新是缺少了社区更新与复兴的城市更新。从本书所试图指明的旧城更新带来“中心”与“边缘”两个空间的生产可以看出，从根本上而言，这一类型的旧城更新并未消除贫困，而仅仅是将贫困空间进行了地理空间上的迁移，从经济价值更高的城市中心区迁移到了土地价值相对较低的城市边缘。在此过程中，提供城市集体消费品的应然责任与以“增长主义”[①] 为主导的城市发展模式之间产生了断裂，原本集中在旧城破败空间中的弱势群体反而成为“清除”和“清理”的对象。旧城空间被作为资产而进行再利用，而非被视作集体消费“欠债”而进行补足，成为地方政府提振地方经济的重要资源——但这恰恰侵蚀了旧城作为城市更新对象而出现的源头。

二　城市历史地区的文化价值：经济发展为前提的文化“保存”

伴随着消费社会的来临，以及工业社会向后工业社会的转型，文化开始成为一种重要的经济资源与日常消费品，不仅促进了后工业时代城市服务经济的发展，也成为一种城市社会空间转变的动力。[②] 城市旧城区作为城市历史文化积淀最为深厚的区域，纵观近些年中国城市的旧城更新，“地方”“文化”与“经济”三者正呈现出一种共生关系，并逐渐在城市形成新的文化经济形式与社会空间形式。正如沙朗·佐京在《谁的文化？谁的城市?》一书中指出的那样，“文化越来越多地成为城市的商机——它们的旅游胜地与独特的竞争优势的基础（对艺术、食物、时装、音乐、旅游的)”，同时，“保护老建筑和城市的小部分再现了那些对城市可见的过去的‘垄断’。这样的垄断在旅游收入和地点价格上拥有经济价值。脱离了背景的对有历史意义的东西的保护的形象本身，就具有经济价值”。[③] 文化已经日渐成为城市象征经济的基础、城市空间组织的手段。由此，在城市空间历史与文化消费价值被创造的同时，地方脉络的内涵早已被掏空，仅仅作为消费的理由与目的而存在。

与此同时，在全球经济文化重构与文化转向下，“文化”的内涵发生了变化，并在城市更新中成为迎合资本需求、满足特定阶级想象的策

---

① 张京祥、赵丹、陈浩：《增长主义的终结与中国城市规划的转型》，《城市规划》2013年第1期。

② 谢涤湘、常江：《文化经济导向的城市更新：问题、模式与机制》，《昆明理工大学学报》（社会科学版）2015年第3期。

③ 沙朗·佐京：《谁的文化？谁的城市?》，载包亚明主编《后大都市与文化研究》，上海教育出版社2005年版，第107—126页。

略性工具，这种可以塑造的地方感、这种被保留的特定多样性，则极有可能构成一种新样态的“虚无的全球化”，看似异质，实则同质。传统的元素的提炼虽然来自地方，但已被注入了全新的内涵，成为以消费为导向来满足城市中产阶级文化审美的街区景观（landscape）。佐京在研究纽约市的城市变迁时曾感慨道：“文化创造的城市沃土，正在毁于私人开发商和官员典型的财富与权力炫耀性展示，也毁于将邻里认同转译为品牌的媒体宣传，还毁于最初受到这类认同吸引、最后却加以摧毁的新都市中产阶级品味。”① 当保留传统建筑外观、注入现代消费业态已成为城市更新的一种通用做法时，当城市空间作为居民社会互动场所的功能逐渐弱化而被全球性的消费空间吞噬时，实则带来了对文化多样性的抹除。

因此，在文化主导的城市更新运动、造城运动方兴未艾的今天，当文化策略已成为中国新一轮城市更新的官方话语并诉诸实践时，我们需要对此进行反思：城市空间的文化表征若窄化为特定阶级的文化话语与特定的经济追求时，一方面会带来排斥，甚至是压迫；另一方面也会解构城市文化本身所具有“本真性”，以及由此而产生的“人在情感上与地方之间一种深切的联结”②。从这一层面而言，如何在重建过程中联结地方文化与真实生活，如何保证每一个城市居民的文化话语权与空间权，如何彰显城市文化的精神价值意义，不仅仅具有空间政治议题的理论内涵，同时也昭示着未来实践的可能方向。

三　关注城市居民的“城市权”：空间正义是城市化进程中的永恒课题

空间生产理论的创始人列斐伏尔曾针对资本主义城市空间中的压迫和异化批判性地提出“城市权”（the right to the city）的概念并将其定义为“获取信息的权利、使用多种服务的权利、使用者表达对空间的想

① 沙朗·佐金：《裸城》，王志弘、王玥民、徐苔玲译，台北：群学出版社 2012 年版。

② Yi-Fu Tuan, *Topophilia: A Study of Environmental Perception*, New Jersey: Prentice-Hall, 1972.

法并在城市空间中活动的权利，同时也包括使用城市中心的权利”。[1]对于列斐伏尔而言，“城市权像是一种哭诉和一种要求，对被剥夺的权利的哭诉，对未来城市空间发展的一种要求，是一种转化了的、更新了的城市生活权利”[2]。因此，列斐伏尔用“城市权”这一概念试图阐述城市居民控制空间生产的权利，即居民有权拒绝国家和资本力量的单方面控制。“城市权”的目标在于使得公民进入非正义或正义的空间生产过程，使得城市及其空间的变革和重塑能够反映公民的意见和要求。[3]从这个层面而言，“城市权”的目标不仅仅是居民进入城市空间的权利，还是进入空间生产的过程，使得城市及其空间的变革和重塑能够反映居民的意见和要求。[4] 在“老城南”核心片区的旧城更新过程中，其方向多遵循地方政府与开发企业的意志，居民基本处于缺位的状态而呈现被动、从属的地位。

因此，当城市诉求日益成为居民权利的有力保障时，却唯独剥夺了居民改造城市的权利，居民尚未能进入城市的空间生产并表达自己的意愿。然而，伴随着社会的发展，居民也开始自发自主地参与城市更新并要求维护自身权利。因此，对于每一个城市居民而言，进入城市空间生产的权利必须是其作为城市公民不可动摇的基本权利。因此，必须保障居民的“城市权”，改变现有的城市空间治理结构，形成公共参与机制，通过社会力量的介入形成对权力与资本的有效制约，形成居民对于城市空间使用、城市空间改造的约束与监督权利，促进城市居民积极参与城市空间的生产过程，并在城市更新的过程中体现公众的思想，形成一个政府、开发企业、社会力量三位一体的城市空间的治理结构。与此同时，必须以“空间正义”的视角对当前的城市更新模式进行反思。当动迁安置居民的生活空间受到前所未有的挤压，空间权利面临丧失的时候，“空间正义”要求城市更新必须协调不同群体的空间利益。具体

---

① Henri Lefebvre, *The Production of Space*, p. 34.

② Mark Purcell, “Excavating Lefebvre: The Right to the City and Its Urban Politics of the Inhabitant”, *Geojournal*, Vol. 58 (2002), pp. 99 – 108.

③ 曹现强、张福磊：《空间正义：形成、内涵及意义》，《城市发展研究》2011 年第 4 期。

④ 任政：《正义范式的转换：从社会正义到城市正义》，《东岳论丛》2013 年第 5 期。

而言，可通过在安置地形成完善的公共配套设施，提升安置群体的生活质量，满足其空间权益，将边缘化的压迫感降至最低；创造社区内的公共空间，加强安置居民的情感交流，重构首属邻里关系，重建居民的社会网络；同时，应探索在更新后的旧城内通过建设保障房、廉租房的方式，满足被拆迁居民回迁愿望等。

参考文献

阿尔文·托勒夫:《未来的冲击》, 蔡伸章译, 中信出版社 2006 年版。

阿多诺:《文化工业再思考》, 史建《文化研究 (第 1 辑)》, 天津社会科学院出版社 2000 年版。

爱德华·苏贾:《后现代地理学: 重申批判社会理论中的空间》, 王文斌译, 商务印书馆 2004 年版。

爱德华·索亚:《后大都市: 城市和区域的批判性研究》, 李钧等译, 上海教育出版社 2006 年版。

安东尼·吉登斯:《第三条道路》, 赵旭东译, 北京大学出版社 2000 年版。

安东尼·吉登斯:《社会学》, 李康译, 北京大学出版社 2005 年版。

鲍德里亚:《消费社会》, 刘成富、全志钢译, 南京大学出版社 2000 年版。

保罗·诺克斯、史蒂文·平奇:《城市社会地理学导论》, 柴彦威、张景秋译, 商务印书馆 2005 年版。

包亚明:《城市空间的"新天地"缺少什么》,《社会科学报》2009 年 10 月 22 日。

包亚明:《现代性与空间的生产》, 上海教育出版社 2003 年版。

曹现强、张福磊:《空间正义: 形成、内涵及意义》,《城市发展研究》2011 年第 4 期。

陈浩、张京祥、林存松:《城市空间开发中的"反增长政治"研究——基于南京"老城南事件"的实证》,《城市规划》2015 年第 4 期。

陈良斌:《当代资本主义的"完美罪行"——解读让·鲍德里亚〈符号政治经济学批判〉等文本中的空间思想》,《国外理论动态》2014 年第 7 期。

陈曙光、周梅玲：《论马克思的“生活”概念》，《江汉学刊》2015 年第 8 期。

陈统奎：《南京，救市压力下的城建新高潮》，《南风窗》2009 年第 6 期。

陈映芳：《城市开发的正当性危机与合理性空间》，《社会学研究》2008 年第 3 期。

陈映芳：《都市大开发——空间生产的政治社会学》，上海古籍出版社 2009 年版。

陈映芳：《作为社会主义实践的城市更新：棚户区改造》，林拓等《现代城市更新与社会空间变迁：住宅、生态、治理》，上海古籍出版社 2007 年版。

陈友华、佴莉：《社区共同体困境与社区精神重塑》，《吉林大学社会科学学报》2016 年第 4 期。

陈煊：《城市更新过程中地方政府、开发商、民众的角色关系研究——以武汉汉正街为例》，博士学位论文，华中科技大学，2009 年。

程玉申、周敏：《国外有关城市社区的研究述评》，《社会学研究》1998 年第 4 期。

大卫·哈维：《后现代的状况：对文化变迁之缘起的探究》，阎嘉译，商务印书馆 2003 年版。

大卫·哈维：《列斐伏尔与〈空间的生产〉》，黄晓武译，《国外理论动态》2006 年第 1 期。

大卫·哈维：《后现代的状况：对文化变迁之缘起的探究》，阎嘉译，商务印书馆 2003 年版。

大卫·哈维：《新帝国主义》，初立忠等译，社会科学文献出版社 2009 年版。

丹尼尔·贝尔：《资本主义的文化矛盾》，严蓓雯译，人民出版社 2010 年版。

邓智团：《空间正义、社区赋权与城市更新范式的社会形塑》，《城市发展研究》2015 年第 8 期。

丁开杰：《社会排斥与体面劳动问题研究》，中国社会出版社 2012 年版。

方长春：《体制分割与中国城镇居民的住房差异》，《社会》2014 年第 3 期。

方长春：《组织化的权力和资本与碎片化的多元利益主体——旧城改造中的公众参与及其本质缺陷》，《江苏行政学院学报》2012 年第 4 期。

风笑天：《社会学研究方法》（第二版），中国人民大学出版社 2008 年版。

弗雷德里克·詹明信：《晚期资本主义的文化逻辑》，生活·读书·新知三联书店 2003 年版。

弗雷德里克·詹姆逊：《后现代主义与文化理论》，唐小兵译，陕西师范大学出版社 1987 年版。

盖奥尔格·西美尔：《社会学——关于社会化形式的研究》，林荣远译，华夏出版社 2002 年版。

高源、吴晓庆、王雅妮等：《“蜂族”群体住房调查及规划设计策略——以南京市宁康苑小区为例》，《规划师》2012 年第 2 期。

耿宏兵：《90 年代中国大城市旧城更新若干特征浅析》，《城市规划》1999 年第 7 期。

顾朝林：《城市社会学》，东南大学出版社 2002 年版。

顾朝林：《中国城市化：格局·过程·机理》，科学出版社 2008 年版。

郭恩慈：《东亚城市空间生产：探索东京、上海、香港的城市文化》，田园城市出版社 2011 年版。

郭凌、王志章：《历史文化名城老街区改造中的城市更新问题与对策——以都江堰老街区改造为例》，《四川师范大学学报》（社会科学版）2014 年第 4 期。

何淼、张鸿雁：《城市社会空间分化如何可能——西方城市社会学空间理论的中国意义》，《探索与争鸣》2011 年第 8 期。

何雪松：《社会理论的空间转向》，《社会》2006 年第 2 期。

何深静、刘玉亭、吴缚龙：《南京市不同社会群体的贫困集聚度、贫困特征及其决定因素》，《地理研究》2010 年第 4 期。

何深静、刘臻：《亚运会城市更新对社区居民影响的跟踪研究——基于广州市三个社区的实证调查》，《地理研究》2013 年第 6 期。

何深静、于涛方、方澜：《城市更新中社会网络的保存和发展》，《人文地理》2001 年第 6 期。
何深静、袁振杰、李洁华：《广州亚运会旧城改造项目对社区居民的影响研究》，《规划师》2010 年第 12 期。
何艳玲：《城市的政治逻辑：国外城市权力结构研究述评》，《中山大学学报》（社会科学版）2008 年第 5 期。
亨利·列斐伏尔：《空间与政治》，李春译，上海人民出版社 2008 年版。
洪世键、张衔春：《租差、绅士化与再开发：资本与权利驱动下的城市空间再生产》，《城市发展研究》2016 年第 3 期。
洪醒汉：《现代化发展下西安都市策略的空间批判》，《（台湾）地理研究》2008 年第 49 期。
贺云翱：《认知·保护·复兴——南京评事街历史城区文化遗产研究》，南京师范大学出版社 2012 年版。
胡乐明：《资本积累、阶级斗争与空间生产——一个文献综述》，《山东社会科学》2014 年第 9 期。
胡位钧：《社区：新的公共空间及其可能——一个街道社区的共同体生活再造》，《上海大学学报》（社会科学版）2005 年第 5 期。
胡咏嘉、宋伟轩：《空间重构语境下的城市空间属地型碎片化倾向》，《城市发展研究》2011 年第 12 期。
胡毅、张京祥：《中国城市住区更新的解读与重构——走向空间正义的空间生产》，中国建筑工业出版社 2015 年版。
黄佳豪：《西方社会排斥理论研究述略》，《理论与现代化》2008 年第 6 期。
黄信敬：《社会网络特性对被拆迁居民行为的影响分析》，《北京行政学院学报》2005 年第 3 期。
黄亚平、王敏：《旧城更新中低收入居民利益的维护》，《城市问题》2004 年第 2 期。
吉登斯：《现代性与自我认同》，赵旭东、方文译，生活·读书·新知三联书店 1998 年版。
简·雅各布斯：《美国大城市的死与生》，金衡山译，译林出版社 2006 年版。
卡尔·马克思：《资本论》（第一卷），郭大力、王亚南译，人民出版社

1975 年版。
卡尔·艾伯特：《大都市边疆——当代美国西部城市》，王旭等译，商务印书馆 1998 年版。
康哈拿：《空间的社会批判：列斐伏尔空间理论研究》，硕士学位论文，台湾淡江大学，2012 年。
李保平：《西方社会排斥理论的分析模式及其启示》，《吉林大学社会科学学报》2008 年第 2 期。
李春玲：《中国中产阶级的消费水平和消费方式》，《广东社会科学》2011 年第 4 期。
李建波、张京祥：《中西方城市更新演化比较研究》，《城市问题》2003 年第 5 期。
李侃桢、何流：《谈南京旧城更新土地优化》，《规划师》2003 年第 10 期。
李梦玄、周义、胡培：《保障房社区居民居住—就业空间失配福利损失研究》，《城市发展研究》2013 年第 10 期。
李晓乐、王志刚：《后现代地理学想象与社会理论的再激进化》，《云南社会科学》2014 年第 2 期。
李欣怡、李志刚：《中国大城市保障性住房社区的“邻里互动”研究——以广州为例》，《华南师范大学学报》（自然科学版）2015 年第 2 期。
李艳玲：《美国城市更新运动与内城改造》，上海大学出版社 2004 年版。
李洋：《政策运作于市场能力：城市拆迁中的住房阶层化问题研究》，博士学位论文，清华大学，2009 年。
李易骏：《社会排除：流行或挑战》，《社会政策与社会工作学刊》2006 年第 10 期。
李志刚、顾朝林：《中国城市社会空间结构转型》，东南大学出版社 2011 年版。
李志刚、任艳敏、李丽：《保障房社区居民的日常生活实践研究——以广州金沙洲社区为例》，《建筑学报》2014 年第 2 期。
林南：《社会资本——关于社会结构与行动的理论》，张磊译，世纪出版集团、上海人民出版社 2005 年版。

刘大千、修春亮：《国内外犯罪地理学研究进展评析》，《人文地理》2012 年第 2 期。
刘怀玉：《历史唯物主义的空间化解释：以列斐伏尔为个案》，《河北学刊》2005 年第 3 期。
刘怀玉、伍丹：《消费主义批判：从大众神话到景观社会——以巴尔特、列斐伏尔、德波为线索》，《江西社会科学》2009 年第 7 期。
刘欣葵：《北京城市更新的思想发展与实践特征》，《城市发展研究》2012 年第 10 期。
刘玉亭、吴缚龙、何深静：《转型期城市低收入邻里的类型、特征和产生机制：以南京市为例》，《地理研究》2006 年第 6 期。
刘青昊、李建波：《关于衰败历史城区当代复兴的规划讨论——从南京老城南保护社会讨论事件说起》，《城市规划》2011 年第 4 期。
刘易斯·芒福德：《城市发展史——起源、演变和前景》，宋俊岭等译，中国建筑工业出版社 1989 年版。
刘源超、潘素昆：《社会资本因素对失地农民市民化的影响分析》，《经济经纬》2007 年第 5 期。
刘战国：《城中村犯罪的形成机制——以深圳 T 村为例》，《犯罪研究》2010 年第 6 期。
吕陈：《保障性社区居民的居住—就业变迁与空间匹配性——基于南京市西善花苑小区的调查研究》，《转型与重构——2011 中国城市规划年会论文》2011 年 9 月。
季松、段进：《空间的消费——消费文化事业下的城市发展新图景》，东南大学出版社 2012 年版。
马克斯·霍克海默、西奥多·阿道尔诺：《启蒙辩证法：哲学断片》，渠敬东、曹卫东译，上海人民出版社 2006 年版。
迈克·费瑟斯通：《消费文化与后现代主义》，刘精明译，译林出版社 2000 年版。
迈克尔·M. 塞尼：《把人放在首位：投资项目社会分析》，王朝纲、张小利等译，中国计划出版社 1998 年版。
曼纽尔·卡斯特尔：《网络社会的崛起》，夏铸九、王志弘等译，社会科学文献出版社 2001 年版。

倪鹏飞：《中国城市竞争力报告》，社会科学文献出版社 2003 年版。
塞缪尔·亨廷顿：《我们是谁？美国国家特性面临的挑战》，程克雄译，新华出版社 2005 年版。
潘泽泉：《当代社会学理论的社会空间转向》，《江苏社会科学》2009 年第 1 期。
彭华民：《社会排斥与社会融合——一个欧盟社会政策的分析路径》，《南开学报》（哲学社会科学版）2005 年第 1 期。
彭爊：《城市文化研究与城市社会学的想象力》，《南京社会科学》2006 年第 3 期。
钱再见：《中国社会弱势群体及其社会支持政策》，《江海学刊》2002 年第 3 期。
让·鲍德里亚：《消费社会》，刘成富等译，南京大学出版社 2008 年版。
让·波德里亚：《美国》，张生译，南京大学出版社 2011 年版。
任政：《正义范式的转换：从社会正义到城市正义》，《东岳论丛》2013 年第 5 期。
任政：《资本、空间与正义批判——大卫·哈维的空间正义思想研究》，《马克思主义研究》2014 年第 6 期。
莎朗·佐京：《城市文化》，朱克英等译，上海教育出版社 2006 年版。
沙朗·佐金：《裸城》，王志弘、王玥民、徐苔玲译，台北：群学出版社 2012 年版。
莎伦·佐金：《裸城》，丘兆达、刘蔚译，上海人民出版社 2015 年版。
莎朗·佐京：《谁的文化？谁的城市？》，载包亚明编《后大都市与文化研究》，上海教育出版社 2005 年版。
单娟：《“三城会”加速南京成为国际化大都市进程》，《华人时刊》1995 年第 9 期。
邵任薇：《城市更新中的社会排斥：基本维度与产生逻辑》，《浙江学刊》2014 年第 1 期。
沈关宝、李耀峰：《网络中的蜕变：失地农民的社交网络与市民化关系探析》，《复旦学报》（社会科学版）2010 年第 2 期。
佘高红：《从衰败到再生：城市社区衰退的理论思考》，《城市规划》2010 年第 11 期。

司敏：《“社会空间视角”：当代城市社会学研究的新视角》，《社会》2004年第5期。
丝奇雅·沙森：《全球城市：纽约、伦敦、东京》，周振华译，上海社会科学院出版社2005年版。
斯蒂芬·迈尔斯：《消费空间》，孙民乐译，江苏教育出版社2013年版。
斯蒂格利茨：《中国大规模的增长世上从未有过》，《新华每日电讯》2006年3月21日。
宋伟轩：《大城市保障性住房空间布局的社会问题与治理途径》，《城市发展研究》2011年第8期。
宋伟轩：《欧美国家绅士化问题的城市地理学研究进展》，《地理科学进展》2012年第6期。
宋伟轩、陈培阳、徐昀：《内城区户籍贫困空间剥夺式重构研究——基于南京10843份拆迁安置数据》，《地理研究》2013年第8期。
宋伟轩、吴启焰、朱喜钢：《新时期南京居住空间分异研究》，《地理学报》2010年第6期。
宋伟轩、朱喜刚：《新时期南京居住社会空间的“双重碎片化”》，《现代城市研究》2009年第9期。
苏贾：《后现代地理学：重申批判社会理论中的空间》，王文斌译，商务印书馆2004年版。
孙立平：《转型与断裂——改革以来中国社会结构的变迁》，清华大学出版社2004年版。
孙佳宁：《上海传统社区邻里环境研究——基于石库门里弄的实证研究》，硕士学位论文，上海同济大学，2007年。
唐晓峰：《文化转向与地理学》，《读书》2005年第6期。
唐正东：《苏贾的“第三空间”理论：一种批判性的解读》，《南京社会科学》2016年第1期。
唐子来、陈琳：《经济全球化时代的城市营销策略：观察和思考》，《城市规划学刊》2006年第6期。
田艳平：《旧城改造与城市社会空间重构——以武汉市为例》，北京大学出版社2009年版。
汪丽、李九泉：《西安城中村改造中流动人口的空间剥夺——基于网络文本的分析》，《地域研究与开发》2014 年第 4 期。
汪毅：《欧美邻里效应的作用机制及政策响应》，《城市问题》2013 年第 5 期。
汪毅、何淼、宋伟轩：《侵入与接替：内城区更新改造地块的社会空间演变——基于南京 6907 个外迁安置家庭属性数据》，《城市发展研究》2016 年第 3 期。
汪毅：《城市社会空间的历时态演变及动力机制——聚焦南京 1949—1998 年的空间结构形成》，《上海城市管理》2016 年第 1 期。
汪毅：《从中心到边缘：内城外迁安置群体的社会空间变迁研究》，博士学位论文，南京大学，2010 年。
汪原：《亨利·列斐伏尔研究》，《建筑师》2005 年第 5 期。
王承慧、汤楚荻：《救济—福利—补贴：民国以来南京住房保障制度、机制及空间演变》，李百浩《城市规划历史与历史 02》，东南大学出版社 2016 年版。
王春兰：《上海城市更新中利益冲突与博弈的分析》，《城市观察》2010 年第 6 期。
王德胜、李雷：《“日常生活审美化”在中国》，《文艺理论研究》2012 年第 1 期。
王冬梅：《从小区到社区——社区“精神共同体”的意义重塑》，《学术月刊》2013 年第 7 期。
王福民：《论马克思哲学的日常生活维度及其当代价值》，《教学与研究》2008 年第 5 期。
王辉耀：《中国经济模式“全解读”》，《中国经贸》2010 年第 4 期。
王锦花：《国外社会排斥测量经验及启示》，《华东理工大学》（社会科学版）2015 年第 3 期。
王凌曦：《中国城市更新的现状、特征及问题分析》，《理论导报》2009 年第 9 期。
王宁：《代表性还是典型性？——个案的属性与个案研究方法的逻辑基础》，《社会学研究》2008 年第 5 期。
王宁：《回归生活世界与提升人文精神——兼对当前城市规划技术化倾向的批评》，《城市规划汇刊》2001 年第 6 期。

王毅:《南京城市空间营造研究》，博士学位论文，武汉大学，2010 年。
王毅杰、童星:《流动农民社会支持网探析》,《社会学研究》2004 年第 2 期。
王远峰:《南京老城南保护与更新中的居住整合研究》，硕士学位论文，东南大学，2011 年。
王志弘等《文化治理与空间政治》，台北：群学出版社 2011 年版。
王志弘:《都市社会运动的显性文化转向？1990 年代迄今的台北经验》,《台湾大学建筑与城乡研究学报》2010 年第 16 期。
王志弘:《多重的辩证：列斐伏尔空间生产概念三元组演绎与引申》,《（台湾）地理学报》2009 年第 55 期。
魏立华、闫小培:《大城市郊区化中社会空间的“非均衡破碎化”——以广州市为例》,《城市规划》2006 年第 5 期。
魏立华、李志刚:《中国城市低收入阶层的住房困境及其改善模式》,《城市规划学刊》2006 年第 2 期。
魏霞:《夕阳下的胡同——以北京市东城区某社区为例》，博士学位论文，中央民族大学，2011 年。
魏成、沈静、范建红:《尺度重组——全球化时代的国家角色转化与区域空间生产策略》,《城市规划》2011 年第 6 期。
吴春:《大规模旧城改造过程中的社会空间重构——以北京市为例》，博士学位论文，清华大学，2010 年。
吴缚龙:《中国城市社区的类型及其特质》，《城市问题》1992 年第 5 期。
吴明伟:《走向全面系统的旧城更新》,《城市规划》1996 年第 1 期。
吴宁:《日常生活批判——列斐伏尔哲学思想研究》，人民出版社 2007 年版。
吴宁:《卢森堡资本积累的空间理论及其得失》，《社会科学管理与评论》2006 年第 3 期。
吴启焰、崔功豪:《南京市居住空间分异特征及其形成机制》,《城市规划》1999 年第 12 期。
吴启焰、甄峰:《建成环境供给结构的转型与都市景观的演化——以南京为例》,《地理科学》2001 年第 4 期。

吴晓庆、夏璐、罗震东：《文化符号在旧城更新中的异化与反思——以“新天地系列”为例》，《城乡治理与规划改革——2014 中国城市规划年会论文集（08 城市文化）》，2014 年。

伍江：《保留历史记忆的城市更新》，《上海城市规划》2015 年第 5 期。

夏铸九、王志弘：《空间的文化形式与社会理论读本》，明文书局 1994 年版。

夏永久、朱喜钢：《城市被动式动迁居民社区满意度评价研究——以南京为例》，《地理科学》2013 年第 8 期。

谢涤湘、朱雪梅：《社会冲突、利益博弈与历史街区更新改造——以广州市恩宁路为例》，《城市发展研究》2014 年第 3 期。

谢涤湘、常江：《文化经济导向的城市更新：问题、模式与机制》，《昆明理工大学学报》（社会科学版）2015 年第 3 期。

谢熠、罗玮：《城市空间社会学：溯源与拓展》，《荆楚学刊》2015 年第 4 期。

徐建：《机动性：社会排斥的一个新维度》，《兰州学刊》2008 年第 8 期。

徐建：《社会排斥视角的城市更新与弱势群体——以上海为例》，博士学位论文，复旦大学，2008 年。

徐延平、徐龙梅：《追寻明代十八坊的辉煌》，《江苏地方志》2010 年第 6 期。

辛自强、凌欢喜：《城市居民的社区认同：概念、测量和相关因素》，《心理研究》2015 年第 5 期。

许学强等：《城市地理学》，高等教育出版社 2009 年版。

许华琼、胡中锋：《社会科学研究中自然主义范式之反思》，《自然辩证法研究》2010 年第 8 期。

严若谷、周素红、闫小培：《西方城市更新研究的知识图谱演化》，《人文地理》2011 年第 6 期。

阎嘉：《戴维哈维的地理学与空间想象的维度》，《四川师范大学学报》（社会科学版）2013 年第 6 期。

颜亮一、许肇源、林金城：《文化产业与空间重构：塑造莺歌陶瓷文化城》，《台湾社会研究季刊》2008 年第 71 期。

杨保军:《城市公共空间的失落与新生》,《城市规划学刊》2006年第6期。

阳建强:《秦淮门东门西地区历史风貌的保护与延续》,《现代城市研究》2003年第2期。

阳建强:《中国城市更新的现状、特征及趋向》,《城市规划》2000年第4期。

姚亦峰:《南京城市地理变迁及现代景观》,南京大学出版社2006年版。

叶丹、张京祥:《日常生活实践视角下的非正规空间生产研究——以宁波市孔浦街区为例》,《人文地理》2015年第5期。

易晓峰:《从地产导向到文化导向》,《城市规划》2009年第6期。

于长江:《走中国的城市化社区道路——费孝通与社会学的社区研究》,http://www1.mmzy.org.cn/html/article/1247/5116593.htm,2008年5月28日。

于海:《城市更新的空间生产与空间叙事——以上海为例》,《上海城市管理》2011年第2期。

于海:《三重社会命名意义下的城市内城复兴——以上海田子坊的产业空间品牌诞生为例》,《上海城市管理》2015年第3期。

于海、钟晓华:《旧城更新叙事的权力维度和理念维度——以上海“田子坊”为例》,《南京社会科学》2011年第4期。

于一凡、李继军:《保障性住房的双重边缘化陷阱》,《城市规划》2013年第6期。

袁锦富等:《保障性住房@城市》,《城市规划》2012年第1期。

袁奇峰、马晓亚:《保障性住区的公共服务设施供给——以广州市为例》,《城市规划》2012年第2期。

袁媛:《社会空间重构背景下的贫困空间固化研究》,《现代城市研究》2011年第3期。

袁雯、朱喜钢、马国强:《南京居住空间分异的特征与模式研究——基于南京主城拆迁改造的透视》,《人文地理》2010年第2期。

曾群、魏雁滨:《失业与社会排斥:一个分析框架》,《社会学研究》2004年第3期。

湛东升、孟斌、张文忠:《北京市居民居住满意度感知和行为意向研究》,《地理研究》2014 年第 2 期。
詹明信:《晚期资本主义的文化逻辑》,生活·读书·新知三联书店 1997 年版。
张桂蓉:《解读失地农民社会保障的困境——从一个社会排斥的视角》,《宁夏社会科学》2008 年第 6 期。
张鸿雁:《城市定位的本土化回归与创新:“找回失去 100 年的自我”》,《社会科学》2008 年第 8 期。
张鸿雁:《城市空间的社会与“城市文化资本”论——城市公共空间市民属性研究》,《城市问题》2005 年第 5 期。
张鸿雁:《城市形象与“城市文化资本”论——从经营城市、行销城市到“城市文化资本”运作》,《南京社会科学》2002 年第 12 期。
张鸿雁:《城市中心区更新与复兴的社会意义——城市社会结构变迁的一种表现形式》,《城市问题》2001 年第 6 期。
张鸿雁:《中国“非典型现代都市病”的社会病理学研究》,《社会科学》2010 年第 10 期。
张鸿雁:《侵入与接替:城市社会结构变迁新论》,东南大学出版社 2000 年版。
张鸿雁:《中国城市化理论的反思与重构》,《城市问题》2010 年第 12 期。
张鸿雁、谢静:《城市进化论——中国城市化进程中的社会问题与治理创新》,东南大学出版社。
张鸿雁、谢静:《“制度投入主导型”城市化论(1)》,《上海城市管理职业技术学院学报》2006 年第 2 期。
张鸿雁、殷京生:《当代中国城市社区社会结构变迁论》,《东南大学学报》(哲学社会科学版)2000 年第 4 期。
张佳、华晨:《城市的文化符号及其资本化重组——对国内城市历史地区仿真更新的解析》,《马克思主义与现实》2014 年第 5 期。
张杰、庞骏:《论消费文化涌动下城市文化遗产的克隆》,《城市规划》2009 年第 6 期。
张京祥、邓化媛:《解读城市近现代风貌型消费空间的塑造——基于空间生产理论的分析视角》,《国际城市规划》2009 年第 1 期。

张京祥、胡毅：《基于社会空间正义的转型期中国城市更新批判》，《规划师》2012 年第 12 期。

张京祥、赵丹、陈浩：《增长主义的终结与中国城市规划的转型》，《城市规划》2013 年第 1 期。

张京祥、陈浩：《增长主义视角下的中国城市规划解读——评〈为增长而规划：中国城市与区域规划〉》，《国际城市规划》2016 年第 3 期。

张菁芬：《社会排除现象与对策：欧盟的经验分析》，松慧有限公司 2005 年版。

张乃和：《认同理论与世界区域研究》，《吉林大学社会科学学报》2004 年第 3 期。

张倩：《老城空间碎片化和绅士化的调研样本与思索》，《现代城市研究》2012 年第 6 期。

张品：《新韦伯主义城市空间研究述评》，《理论与现代化》2011 年第 3 期。

张永波：《城市中低收入阶层居住空间布局研究——基于可承受成本居住的北京实证研究》，硕士学位论文，中国城市规划设计研究院，2006 年。

郑震：《空间：一个社会学的概念》，《社会学研究》2010 年第 5 期。

郑震：《论日常生活》，《社会学研究》2013 年第 1 期。

周黎安：《转型中的地方政府：官员激励与治理》，格致出版社 2008 年版，第 2—13 页。

周岚、童本勤：《快速现代化进程中的南京老城保护与更新》，东南大学出版社 2004 年版。

周岚、童本勤：《现代化进程中的南京老城保护与更新》，《现代城市研究》2006 年第 2 期。

周林刚：《论社会排斥》，《社会》2004 年第 3 期。

周晓虹：《中产阶级：何以可能与何以可为?》，《江苏社会科学》2002 年第 6 期。

周晓虹：《中国中产阶层调查》，社会科学文献出版社 2005 年版。

周素红、程璐萍、吴志东：《广州市保障性住房社区居民的居住—就业选择与空间匹配性》，《地理研究》2010 年第 10 期。
周学鹰、张伟：《简论南京老城南历史街区之文化价值》，《建筑创作》2010 年第 2 期。
朱冬梅、方纲：《城郊失地农民就业意向、就业选择与社会支持网络研究——以成都市龙泉驿区、郫县、都江堰为例》，《城市发展研究》2008 年第 1 期。
朱静：《城市居住空间分异的结构与文化解释》，《城市问题》2011 年第 4 期。
朱建刚：《国家、权力与街区空间——当代中国街区权力研究导论》，《中国社会科学季刊（香港）》2002 年第 2—3 期。
朱喜钢、周强、金俭：《城市绅士化与城市更新——以南京为例》，《城市发展研究》2004 年第 4 期。
朱轶佳、李慧、王伟：《城市更新研究的演进特征与趋势》，《城市问题》2015 年第 9 期。
庄翰华、蔡国士、曾宇良等：《资本主义都市的空间生产考察——以台中市丰乐重划区为例》，《华冈地理学报》2012 年第 29 期。
Alan Walker, "Social Policy, Social Administration and the Social Construction of Welfare", *Sociology*, Vol. 15, No. 2 (1981), pp. 225 – 250.
Alan Walks, Martine August, "The Factors Inhibiting Gentrificationin Areas with Little Non-market Housing: Policy Lessons from the Toronto Experience", *Urban Studies*, Vol. 45, No. 12 (2008), pp. 2594 – 2625.
Albert W. Ti Wai, "Place Promotion and Iconography in Shanghai's Xintiandi", *Habitat International*, Vol. 30, No. 2 (2006), pp. 245 – 260.
Alison Blunt, Pyrs Gruffud, Miles Ogborn, *Cultural Geography in Practice*, London: Edward Arnold, 2003.
Andrew Tallon, *Urban Regeneration in the UK* (*second edition*), London, New York: Routledge, 2013.
Andy C. Pratt. "Creative Cities: Tensions Within and Between Social, Culture and Economic Development: A Critical Reading of the UK Experience", *City*, *Culture and Society*, Vol. 1, issue 1 (2010), pp. 13 – 20.
Anne-Marie Broudehoux, The Making and Selling of Post-Mao Beijing, Lon-

don: Routledge, 2004, p. 24.

Amos H. Hawley, “Human Ecology: Persistence and Change”, American Behavioral Scientist, Vol. 24, No. 3 (1981), pp. 424 - 444.

Bas van Heur, Creative Networks and the City, Bielefeld: Transcript-Verlag, 2010.

Beatriz Garcia, “Deconstructing the City of Culture: The Long-term Cultural Legacies of Glasgow 1990”, *Urban Studies*, Vol. 42, No. 5 - 6 (2005), pp. 841 - 868.

Bella Dicks, *Culture on Display: The Production of Contemporary Visitability*, Maidenhead: Open University Press, 2003.

Bob Jessop, “Spatial Fixes, Temporal Fixes, and Spatio-temporal Fixes”, in N. Castree and D. Gregory, eds., *David Harvey: A Critical Reader*, Oxford: Blackwell, 2006, pp. 142 - 166.

Bourdieu Pierre, *Distinction: A Social Critique of the Judgment of Taste*, trans, by Richard Nice, Cambridge, M. A.: Harvard University Press, 1984.

Brenda S. A. Yeoh, “The Global Cultural City? Spatial Imagineering and Politics in the (Multi) Cultural Marketplaces of South-east Asia”, *Urban Studies*, Vol. 42, No. 5 - 6 (2005), pp. 945 - 958.

Byron W. Groves, Robert Sampson, “Community Structure and Crime: Testing Social-Disorganization Theory”, *The American Journal of Sociology*, Vol. 94 (1989), pp. 774 - 802.

C. P. Pow, “Urban Entrepreneurialism and Downtown Transformation in Marina Centre, Singapore: A case Study of Suntec City”, in: Tim Bunnell, Lisa Barbara Welch Drummond, Ho Kong Chong, eds., *Critical Reflections on Cities in Southeast Asia*, Singapore: Times Academic Press, 2001, pp. 153 - 184.

Carol-Ann Beswick, Sasha Tsenkova, “Overview of Urban Regeneration Policies”, in Sasha Tsenkova (ed.), Urban Regeneration: Learning from the British Experience, 2002, pp. 9 - 16.

Charis E. Kubrin, Hiromi Ishizawa, “Why Some Immigrant Neighborhoods Are Safer than Others: Divergent Findings from Los Angeles and Chicago", *The ANNALS of the American Academy of Political and Social Science*, Vol. 641, issue 1 (2012), pp. 148 – 173.

Charles Landry, *The Creative City: A Toolkit for Urban Innovators*, London: Earthscan Publications, 2000.

Cheng-Yi Lin, Woan-Chiau Hsing, "Culture-led Urban Regeneration and Community Mobilisation: The Case ofthe Taipei Bao-an Temple Area", *Urban Studies*, Vol. 46, No. 7 (2009), pp. 1317 – 1342.

Clarence N. Stone, "Urban Regimesandthe Capacityto Govern: A Political Economy Approach", *Journal of Urban Affairs*, Vol. 15, No. 1 (1993), pp. 1 – 28.

Clifford R. Shaw, Henry H. McKay, *Deliquency and Urban Areas*, Chicago: University of Chicago Press, 1969.

Chris Barker, *Cultural Studies: Theory and Practice*, London: Sage, 2000.

Daniela Sandler, "Placeand Process: Culture, Urban Planning, and Social Exclusion in São Paulo", *Social Identities*, Vol. 13, No. 4 (2007), pp. 471 – 493.

Darel E. Paul, "World Cities as Hegemonic Projects: The Politics of Global Imagineering in Montreal", *Political Geography*, Vol. 23, issue 5 (2004), pp. 571 – 596.

David Harvey, Social Justice and the City, *American Political Science Association*, Vol. 69, No. 2 (1973), pp. 180 – 192.

David Harvey, *Consciousness and Urban Experience*, Oxford: Basil Blackwell Ltd., 1985.

David Harvey, *The Urbanization of Capital*, Baltimore: Johns Hopkins University Press, 1985.

David Harvey, *The Condition of Postmodernity: An Enquiry into the Origins of Cultural Change*, Oxford: Blackwell Publishers, 1989.

David Harvey, *The Condition of Postmodernity*, London: Blackwell, 1990.

David Harvey, "Social Justice, Postmodernism, and the City", *International Journal of Urban and Regional Research*, Vol. 16, No. 4 (1992), pp. 588 – 601.

David Harvey, *Justice, Nature and the Geography of Difference*, Cambridge: Blackwell, 1996.

David Harvey, *Spaces of Hope*, Edinburgh: Edinburg University Press, 2000.

David Harvey, "The Art of Rent: Globalization, Monopoly and the Commodification of Culture", in Leo Panitch, Colin Leys eds., Socialist Register 2002: A World of Contradictions, New York: Monthly Review Press, 2002, pp. 93 - 110.

David Harvey, "Spaces as A Key Word", in *Spaces of Neoliberalization: Towards a Theory of Uneven Geographical Development*, Marx and Philosophy Conference, London: May 29 2004, p. 103.

David Harvey, "New Imperialism: Accumulation by Dispossession", in L. Panitch and C. Leys, eds., *Socialist Register*, London: Merlin, 2004, pp. 63 - 87.

"David Harvey on Gentrification in Baltimore and Barcelona", http://www.reVolutionbythebook.akpress.org/david-harvey-on-gentrification-in-baltimore-and-barcelona/, May 12, 2010.

David M. Smith, "Moral Progress in Human Geography: Transcending the Place of Good fortune", *Progress in Human Geography*, Vol. 24, No. 1, pp. 1 - 18.

David T. Ellwood, "The Spatial Mismatch Hypothesis: Are There Teenage Jobs Missing in the Ghetto?", in Richard B. Freeman, Harry J. Holzer eds., *The Black Youth Employment Crisis*, Chicago: University of Chicago Press, 1986, pp. 147 - 190.

Daniel Beland, RandallHanson, "Reforming the French Welfare State: Solidarity, Social Exclusion and the Three Crises of Citizenship", *West European Politics*, Vol. 31, No. 1 (2007), pp. 47 - 64.

Deborah Leslie, Shauna Brail, "The Productive Role of 'Quality of Place': A Case Study of Fashion Designers in Toronto", *Environment and Planning A*, Vol. 43, No. 12 (2011), pp. 2900 - 2917.

Donald S. Houston, "Methods to Test the Spatial Mismatch Hypothesis", *Economic Geography*, Vol. 81, No. 4 (2005), pp. 407 - 434.

Donald S. Strong, "Reviewed Work: Community Power Structure: A Study of Decision Makers by Floyd Hunter", *The American Political Science Review*, Vol. 48, No. 1 (1954), pp. 235 - 237.

Douglas S. Massey, Shawn M. Kanaiaupuni, "Public Housing and the Concentration of Poverty", *Social Science Quarterly*, Vol. 74, Issue 1 (1993), pp. 109 - 122.

Earl Smith, *Sociology of Sport and Social Theory*, Champaign: Human Kinetics Publishers, 2009.

Edward W. Soja, The Socio-Spatial Dialectic, *Annals of the Association of American Geographers*, Vol. 70, No. 2 (1980), pp. 207 - 225.

Edward W. Soja, "Postmodern Geographies and the Critics of Historicism", in J. P. Jones and W. Natter, eds., *Reassessing Modernity and Postmodernity*, New York: Guilford Press, 1991.

Edward W. Soja, *Journeys to Los Angeles and Other Real-and-Imagined Places*, Oxford: Blackwell, 1996.

Ernest W. Burgess, Donald J. Bogue, *Contributions to Urban Sociology*, Chicago: The University of Chicago Press, 1964.

Esther H. K. Yung, Edwin H. W. Chan, "Re-examining the Growth Machine Ideology of Cities: Conservation of Historic Properties in Hong Kong", *Urban Affairs Review*, Vol. 52, No. 2 (2016), pp. 182 - 210.

Franco Bianchini, "Remaking European Cities: The Role of Cultural Policies", in Michael Parkinson, Franco Bianchini, eds., *Cultural Policy and Urban Regeneration: The West European Experience*, Manchester: Manchester University Press, 1993.

George A. Hillery, Definitions of Community: Areas of Agreement, *Rural Sociology*, Vol. 20, No. 2 (1955), pp. 111 - 123.

George C. Galster, Sean P. Killen, "The Geography of Metropolitan Opportunity: A Reconnaissance and Conceptual Framework", *Housing Policy Debate*, Vol. 6, No. 1 (1995), pp. 7 - 44.

Graeme Evans, "Creative Cities, Creative Spaces and Urban Policy", *Urban Studies*, Vol. 46, No. 5 - 6 (April 2009), pp. 1003 - 1040.

Graeme Evans, “Measure for Measure: Evaluating the Evidence of Culture's Contribution to Regeneration”, *Urban Studies*, Vol. 42, No. (2005), pp. 959 –983.

Haeran Shin, Quentin Stevens, “How Culutre and Economy Meet in South Korea: The Politics of Cultural Economy in Culture-led Urban Regeneration”, *International Journal of Urban and Regional Research*, Vol. 37, No. 5 (2013), pp. 1707 –1723.

Henri Lefebvre, *The Survival of Capitalism*, London: Allison & Busby Press, 1976.

Henri Lefebvre, “Space: Social Product and Use Value”, Freiberg, J. W. eds. , *Critical Sociology: European Perspective*, New York: Irvington, 1979.

Henri Lefebvre, *The Production of Space*, trans, by Donald Nicholson-Smith, Malden, Oxford, Carlton: Blackwell Publishing Ltd. , 1991.

Henri Lefebvre, “Space: Social Product and Use Value”, in J. W. Freiberg, ed. , *Critical Sociology: European Perspective*, New York: Irvington, 1979, pp. 285 –295.

Henri Tajfel, “The Social Identity Theory of Intergroup Behavior”, *Social Science Information*, Vol. 13, No. 2 (1974), pp. 65 –93.

Herbert J. Gans, “Urbanism and Suburbanism as Ways of Life: A Re-evaluation of Definitions”, in Alexander B. Callow ed. , *American Urban History* (2nd edition), London: Oxford University Press, 1977, pp. 507 –521.

Hilary Silver, “Social Exclusion and Social Solidarity: Three Paradigms”, *International LabourReview*, Vol. 133, No. 5 –6 (1994), pp. 161 –180.

JZhu, “Local Growth Coalition: The Context and Implications of China's Gradualist Urban Land Reforms”, International Journalof Urban and Regional Research, Vol. 23, No. 3 (1999), pp. 534 –548.

James C. Fraser, “Beyond Gentrification: Mobilizing Communities and Claiming Space”, *Urban Geography*, Vol. 5, No. 25 (2007), pp. 437 –457.

Jamie Peck, J. , “The Creativity Fix”, *Eurozine*, No. 28 (2007), pp. 1 –12.

Jennifer Wolch, *The Power of Geography: How Territory Shapes Social Life*, Boston: Unwin Hyman, 1989.

Joaquim Rius Ulldemolins, "Culture and Authenticity in Urban Regeneration Processes: Place Branding in Central Barcelona", *Urban Studies*, Vol. 51, No. 14 (2014), pp. 3026 –3045.

John P. Catungal, Deborah Leslie, Yvonne Hii, "Geographies of Displacement in the Creative City: the Case of Liberty Village, Toronto", *Urban Studies*, Vol. 46, No. 5 –6 (May 2009), pp. 1095 –1114.

John Myerscough, *The Economic Importance of the Arts in Britain*, London: Policy Studies Institute, 1988.

John E. Puddifoot, "Dimensions of Community Identity", *Journal of Community & Applied Psychology*, Vol. 5, No. 5 (1995), pp. 357 –370.

John Rex, Robert Moore *Race*, *Community and Conflict*, Oxford: Oxford University Press, 1967.

John Urry, *Mobilities*, London: Polity, 2007.

Jonathan Hughes, Simon Sadler, *Non-Plan*, Oxford: Architectural Press, 2000.

KBassett, 1993 "Urban Cultural Strategiesand Urban Regeneration: A Case Study and Critique", *Environment and Planning A*, Vol. 25, No. 12 (1993), pp. 1773 –1788.

Karen Witten, Daniel Exeter, Adrian Field, "The Quality of Urban Environments: Mapping Variation in Access to Community Resources", *Urban Studies*, Vol. 40, No. 1 (2003), pp. 161 –177.

Kathe Newman, Elvin K. Wyly, "The Right to Stay Put, Revisited: Gentrification and Resistance to Displacement in New York City", *Urban Studies*, Vol. 42, No. 1 (2006), pp. 23 –57.

Kevin F. Gotham, "Urban Redevelopment, Past and Present", in Ray Hutchison, ed. , *Research in Urban Sociology*, Bradford: Emerald Group Publishing Limited, 2001, pp. 1 –31.

Kevin F. Gotham, Jon Shefner, Krista Brumley, "Abstract Space, Social Space, and the Redevelopment of Public Housing", *Research in Urban Sociology*, No. 6 (2001), pp. 313 –335.

Laurent Gobillon, Harris Selod, Yves Zenou, The Mechanisms of Spatial

Mismatch, *Urban Studies*, Vol. 44, No. 12 (2007), pp. 2401 - 2427.

Linda McCartney, "Review: Global Metropolitan: Globalizing Cities in a Capitalist World", *Professional Geographer*, Vol. 57, No. 4 (2005), pp. 618 - 620.

Liza Weinstein, Xuefei Ren, "The Changing Right to the City: Urban Renewal and Housing Rights in Globalizing Shanghai and Mumbai", *City and Community*, Vol. 8, No. 4 (2009), pp. 407 - 432.

Loretta Lees, Tom Slater, Elvin Wyly, *Gentrification*, New York: Routledge, 2008.

Luca Pattaroni, Yves Pedrazzini, "Insecurity and Segregation: Rejectingan Urbanism of Fear", in P. Jacquet, R. Pachauri, L. Tubiana, eds., *Cities: Steering towards Sustainability*, Delhi: TERI Press, 2010, pp. 177 - 187.

Malcolm Miles, *Cities and Cultures*, London: Routledge, 2007.

Manuel Castells, "Theory and Ideology in Urban Sociology", in C. Pickvance, ed., *Urban Sociology: Critical Essays*, London: Tavistock, 1976.

Manuel Castells, *The Urban Question*, London: Edward Arnold Publish Press, 1977, p. 17.

Mark Davidson, Loretta Lees, "New - build 'Gentrification' and London's Riverside Renaissance", *Environment and Planning A*, Vol. 37, No. 7 (2005), pp. 1165 - 1190.

Mark Gottdiner, *The Theming of America: Dreams, Visions, and Commercial Spaces*, Boulder, C. O.: Westview Press, 1997.

Mark Gottdiner, Ray Hutchison, *The New Urban Sociology: Fourth Edition*, Boulder, Colorado: Westview Press, 2010.

Mark Purcell, "Excavating Lefebvre: The Right to the City and Its Urban Politics of the Inhabitant", *Geojournal*, Vol. 58 (2002), pp. 99 - 108.

Mary R. Jackman, Robert W. Jackman, "An Interpretation of the Relation Between Objective and Subjective Social Status", *American Sociological Review*, Vol. 38, No. 5 (1973), pp. 569 - 582.

Max Rousseau, "Re-imaging the City Centre for the Middle Classes: Regeneration, Gentrification and Symbolic Policies in 'Loser Cities'", *International Journal of Urban and Regional Research*, Vol. 33, No. 3 (2009), pp. 770 – 788.

Mi Shih, "The Evolving Law of Disputed Relocation: Constructing Inner-city renewal Practices in Shanghai, 1990 – 2005", *International Journal of Urban and Regional Research*, Vol. 34, No. 2 (2010), pp. 350 – 364.

Michel De Certeau, *The Practice of Everyday*, Berkeley: University of California Press, 1984.

Michael E. Porter, "New Strategiesfor Inner-City Economic Development", *Economic Development Quarterly*, Vol. 11, No. 1 (1997), pp. 11 – 27.

Mike Featherstone, *Consumer Culture and Postmodern*, London: Newbury Park Sage, 2007.

Neil J. Smelser and Paul B. Baltes, *International Encyclopedia of the Social & Behavioral Science*, Cambridge: Cambridge University Press, 2001, pp. 14807 – 14811.

Neil Smith, "Toward a Theory of Gentrification: A Back to the City Movement by Capital, not People", *Journal of American Planning Association*, No. 45 (1979), pp. 538 – 548.

Neil Smith & Peter Williams, *Gentrification of the City*, Boston, M. A.: Allen & Unwin, 1986.

Neil Smith, "Gentrification and the Rent Gap", *Annals of Associationof American Geographers*, Vol. 77, No. 3 (1987), pp. 462 – 478.

Neil Smith, "New Globalism, New Urbanism: Gentrification as Global Urban Strategy", *Antipode*, Vol. 34, No. 3 (2002), pp. 427 – 450.

Paul D. Gotlieb, Barry Lentnek, "Spatial Mismatch is Not Always a Central-city Problem: An Analysis of Commuting Behavior in Cleveland, Ohio, and its Suburbs", *Urban Studies*, Vol. 38, No. 7, (2001), pp. 1161 – 1186.

Paul L. Knox, *Urban Social Geography: An Introduction. 4th ed.*, London: Prentice Hall, 2000.

Paul Littlewood, Ignace Glorieux, Ingrid Jönsson, *Social Exclusion in Europe: Problems and Paradigms*, London: Routledge, 1999.

Peter Dreier, John Mollenkopf, Todd Swanstrom, *Place Matters*: *Metropolitics for the Twenty-first Century*, Lawrence: University Press of Kansas, 2004.

Peter Merriman, *Mobility*, *Space and Culture*, New York: Routledge, 2013, p. 36.

Peter Roberts, Hugh Sykes, *Urban Regeneration*: *A Handbook*, London: Sage Publications, 1999.

Peter J. Taylor, "Space and Sustanablity: An Explortary Essay on the Production of Social Space Through City-Work", *The Geographical Journal*, Vol. 173, No. 3 (2007), pp. 197 – 206.

Peter Townsend, *Poverty in the United Kingdom*: *A Survey of Household Resources and Standards of Living*, Harmondsworth: Penguin, 1979.

Peter Williams, "Urban Managerialism: A Concept of Relevance?", *Area*, Vol. 10, No. 3 (1978), pp. 236 – 240.

Pierre Strobel, "From Poverty to Exclusion: A Wage-Earning Society to Human Rights?", *International Social Science Journal*, Vol. 48, No. 148 (1996), p. 173 – 189.

R. A. Beauregard, "Trajectories of Neighborhood Change: The Case of Gentrification", *Environment and Planning A*, Vol. 22, No. 7 (July 1990), pp. 855 – 874.

R. Haddon, "A Minority in a Welfare State Society", *New Atlantis*, Vol. 2, No. 1 (1970), pp. 80 – 133.

Ray Forrest, Ying Wu, "People Like Us? Public Rental Housing and Social Differentiation in Contemporary Hong Kong", *Journal of Social Policy*, Vol. 43, No. 1 (2013), pp. 135 – 151.

Ray Pahl, *Patterns of Urban Life*, London: Longman, 1970.

Richard Florida, *The Rise of the Creative Class*, New York: Basic Books, 2002.

Richard Senett, *The Uses of Disorder*: *Personal Identity and City Life*, London: Faber Press, 1996.

Rita M. Kelly, *Community Participation in Directing Economic Development*, Cambridge, MA: Center for Community Economic Development, 1976.

Robert E. Park, Ernest W. Burgess, Roderick D. McKenzie, *The City*, Chicago: Chicago University Press, 1925.

Robert Sampson, Jeffrey D. Morenoff, Thomas Gannon-Rowley, "Assessing 'neighborhood Effects': Social Processes and New Directions in Research", *Annual Review of Sociology*, Vol. 28 (2002), pp. 443 –478.

Robinson I. William, "Saskia Sassen and the Sociology of Globalization: A Critical Appraisal", Sociological Analysis, Vol. 3, No. 1 (2009), pp. 5 –29.

Ron Griffiths, "The Politics of Cultural Policyin Urban Regeneration", *Policy and Politics*, Vol. 21, No. 1 (1993), pp. 39 –46.

Ron Johnston, Joost Hauer, GHoekveld, *Regional Geography: Current Developments and Future Prospects*, London: Routledge, 2014.

Ronald V. Kempen, A. S. Ozuekren, "Ethnic Segregation in Cities: New Forms and Explanations in a Dynamic World", *Urban Studies*, Vol. 35, No. 10 (1998), pp. 1631 –1656.

Rob Shields, *Lefebvre, Love and Struggle: Spatial Dialectics*, New York: Routledge, 1999.

Ronald K. Vogel, Bert E. Swanson, "The Growth Machine Versusthe Antigrowth Coalition: The Battle for Our Communities", *Urban Affairs Review*, Vol. 25, No. 1 (1989), pp. 63 –85.

Robert K. Yin, *Case Study Research: Design and Methods* (*2nd Edition*), Campell: Sage, 1994.

Ruth Levitas, "The Concept and Measurement of Social Exclusion", in C. Pantazis, D. Gordon, R. Levitas, eds., *Poverty and Social Exclusion in Britain*, Bristol: The Policy Press, 2006, pp. 123 –160.

Sandra Huning, NinaSchuster, "'Social Mixing' Or 'Gentrification'? Contradictory Perspectives on Urban Change in theBerlin District of Neukölln", *International Journal of Urban and Regional Research*, Vol. 39, No. 4 (2015), pp. 738 –755.

Scott Lash and John Urry, *Economies of Signs and Space*, London: Routledge, 1994.

Shahid Yusuf, Weiping Wu, "Pathway to a World City: Shanghai Rising in an Era of Globalisation", *Urban Studies*, Vol. 39, No. 7 (2002), pp. 1213 – 1240.

Sharon Zukin, S. , *The Cultures of Cities*, London: Blackwell, 1995.

Sharon Zukin, “Space and Symbols in an Age of Decline”, in Anthony King, ed. , *Re-presenting the City*, London: Macmillan, 1996, pp. 43 – 59.

Sharon Zukin, *Naked City: The Death and Life of Authentic Urban Places*, New York: Oxford University Press, 2010.

Shenjing He, Fulong Wu, “Property-led Redevelopment in Post-reform China: A Case Study of Xintiandi Redevelopment Project in Shanghai”, *Journal of Urban Affairs*, Vol. 27, No. 1 (2005), pp. 1 – 23.

Stefan Krätke, *The Creative Capital of Cities: Interactive Knowledge Creation and the Urbanization Economies of Innovation*, Malden and Oxford: Wiley-Blackwell, 2011.

Stephen Knack, Social Capital, Growth, and Poverty: A Survey of Cross-country Evidence, *The Role of Social Capital in Development* [C], Cambridge: Cambridge University Press, 2002.

Stephen Moore, Eric G. Gale, *The Manipulated City: Perspectives on Spatial Structure and Social Issues in Urban America*, Chicago: Maaroufa Press, 1975.

Steven Tiesdell, TanerOc and Tim Heath, *Revitalising Historic Urban Quarters*, London: Routledge, 1996.

Stuart Cameron, “Gentrification, Housing Redifferentiation and Urban Regeneration: ‘Going for Growth’ in Newcastle upon Tyne”, *Urban Studies*, Vol. 40, No. 12 (2003), pp. 2367 – 2382.

Stuart Hall, *Representation: Cultural Representations and Signifying Practice*, London: SAGE Publisher in Association of the Open University, 1997.

Talja Blokland, “ ‘You Got to Remember you Live in Public Housing’: Place-Making in an American Housing Project”, *Housing Theory & Society*, Vol. 25, No. 1 (2008), pp. 31 – 46.

Tania Burchardt, Julian Le Grand and David Piachaud, “Social Exclusion in Britain 1991 – 1995”, *Social Policy and Administration*, Vol. 3, No. 33 (1999), pp. 227 – 244.

Tania Burchardt, Julian Le Grand, David Piachaud, "Degress of Exclusion: Developing a Dynamic, Multidimensional Measure", In HILLS, J., LE GRAND, J., PIACHAUD, D., eds., *Understanding Social Exclusion*, Oxford: Oxford University Press, 2002, pp. 30 – 43.

Tim Butler, *Gentrification and the Middle Classes*, Sydney: Ashgate, 1997, pp. 36 – 37.

Tony Bennett, "Putting Policy into Cultural Studies", in G. Lawrence, C. Crossberg, P. Treichler, eds., *Cultural Studies*, London: Routledge, 2000, pp. 23 – 34.

W. J. T. Mitchell, *Lanscape and Power*, Chicago: University of Chicago Press, 1994.

Weiping Wu, "Cultural Strategies in Shanghai: Regenerating Cosmopolitanism in an Era of Globalization", *Progress in Planning*, Vol. 61, No. 3 (2004), pp. 159 – 180.

William F. Whyte, *Street Corner Society*, Chicago: University of Chicago Press, 1943.

William G. Flanagan, *Contemporary Urban Sociology*, Cambridge: Cambridge University Press, 1993, pp. 143 – 144.

William J. Wilson, *The Truly Disadvantaged: The Inner City, the Underclass, and Public Policy*, Chicago: University of Chicago Press, 1987.

Winifred Curran, "In defense of Old Industrial Spaces: Manufacturing, Creativity and Innovationin Williamsburg, Brooklyn", *International Journal of Urban and Regional Research*, Vol. 34, No. 4 (2010), pp. 871 – 885.

Y. S. Lee, B. S. A. Yeoh, "Introduction: Globalisation and the Politics of Forgetting", *Urban Studies*, Vol. 41, No. 12 (2004), pp. 2295 – 2301.

Yi-Fu Tuan, *Topophilia: A Study of Environmental Perception*, New Jersey: Prentice-Hall, 1972.

Y. R. Yang, C. H. Chang, "An Urban Regeneration Regime in China: A Case Study of Urban Redevelopment in Shanghai's Taipingqiao Area", *Urban Studies*, Vol. 44, No. 9 (2007), pp. 1809 – 1826.

Zhen Yang, Miao Xu, “EVolution, Public use and Design of Central Pedestrian Districts in Large Chinese Cities: A Case Study of Nanjing Road, Shanghai”, *Urban Design International*, Vol. 14 (Summer 2009), pp. 84 - 98.